数据可视化技术

张 乐　李佳洋　肖 倩
何 蕊　王 军　编著

清华大学出版社
北 京

内 容 简 介

本书较全面地介绍了数据可视化技术及应用,分为数据可视化概论、数据可视化技术基础、数据可视化方法、可视化工具 D3 基础、基本图形绘制、比例尺及坐标轴、图像动态效果的实现、可视化布局设计 8 章,展现了行业新业态、新水平、新技术,旨在培养学生综合工程素养,提高学生解决复杂工程问题的能力。

本书参考了大量的大数据技术相关资料,强调大数据领域的专业知识与工程应用的紧密结合,内容选材新颖,配有大量的可视化应用代码。

本书可作为高等院校数据科学与大数据技术、计算机科学与技术等专业学生的核心课程教材或教学参考用书,也可以作为从事大数据工作的专业技术人员的培训教材或参考资料。

本书封面贴有清华大学出版社防伪标签,无标签者不得销售。
版权所有,侵权必究。举报:010-62782989,beiqinquan@tup.tsinghua.edu.cn

图书在版编目(CIP)数据

数据可视化技术 / 张乐等编著. -- 北京:清华大学出版社, 2025.7. -- ISBN 978-7-302-69652-0

Ⅰ. TP31

中国国家版本馆 CIP 数据核字第 202584DA80 号

责任编辑:李　阳
封面设计:常雪影
版式设计:思创景点
责任校对:成凤进
责任印制:丛怀宇

出版发行:清华大学出版社
　　　　网　　址:https://www.tup.com.cn,https://www.wqxuetang.com
　　　　地　　址:北京清华大学学研大厦 A 座　　　邮　编:100084
　　　　社 总 机:010-83470000　　　　　　　　　　邮　购:010-62786544
　　　　投稿与读者服务:010-62776969,c-service@tup.tsinghua.edu.cn
　　　　质 量 反 馈:010-62772015,zhiliang@tup.tsinghua.edu.cn
印 装 者:北京鑫海金澳胶印有限公司
经　　销:全国新华书店
开　　本:190mm×260mm　　　印　张:15.75　　　字　数:343 千字
版　　次:2025 年 7 月第 1 版　　　　　　　　　　　印　次:2025 年 7 月第 1 次印刷
定　　价:59.80 元

产品编号:091766-01

前 言

随着信息技术的快速发展和不断演变，大数据可视化技术应运而生，在各个领域中的应用日益增多，并逐渐成为大数据时代中不可或缺的一部分。大数据可视化技术是利用计算机图形学、图像处理等技术，以图形图像形式表示大数据，并利用数据分析和开发工具发现其中未知信息的处理过程。该技术在商业智能、医疗健康、教育科研和城市管理等领域发挥着重要作用。当前大数据可视化正朝着智能化、交互化、实时化和多维度的方向发展，掌握大数据可视化技术的相关知识显得尤为重要。

《数据可视化技术》是"十四五"高等教育教材建设团队共同开发的新一代信息技术（大数据）领域的系列教材之一，该团队是由沈阳大学、东软集团股份有限公司、清华大学出版社所组成的教材建设团队，致力于为新兴战略领域培养应用型人才。本书内容分为8章，主要讲解战略性新型产业密切相关的数据可视化技术的相关知识。第1章介绍数据可视化发展历史和趋势、可视分析学和可视化类型。第2章介绍数据对象与属性类型、基本数据统计方法、图像及视觉基础等内容。第3章介绍数据可视化流程、映射方法以及相关设计软件。第4章介绍可视化工具D3基础。第5章介绍SVG等基本图形绘制及相关应用实例。第6章介绍比例尺及坐标轴相关知识。第7章介绍数据可视化动态效果实现及实例。第8章结合实例介绍力导图等11种可视化布局设计。

本书深度对接行业、企业标准，体现新时代产业人才新要求。同时，以多个实际案例的数据为例，对数据可视化、大数据算法基础等理论方法、技术进行详细讲解。本教材配有课堂案例数据、电子课件等数字资源，以助力线上线下混合式教学，充分发挥数字化资源价值，推动新时代工程应用型人才教育改革。

本书引用了许多国内外专家、学者的有关大数据方面的相关书籍和文献，在此对有关著者表示衷心的感谢。另外还要感谢崔朔铭、王可心、潘滕滕对本书进行了资料整理和书稿校对工作。

由于我国大数据相关技术发展日新月异，资料和数据引用不够全面，作者水平有限，书中的疏漏、欠妥之处在所难免，敬请读者和同行们批评指正。

目 录

第1章 数据可视化概论 1
1.1 数据可视化发展历史 1
1.1.1 数据可视化在中国的发展史 1
1.1.2 数据可视化世界发展简史 4
1.2 数据可视化的作用与优势 9
1.2.1 数据可视化的优势 10
1.2.2 数据可视化的作用 11
1.3 数据可视化的未来趋势 11
1.3.1 数据可视化面临的挑战 11
1.3.2 数据可视化的发展趋势 12
1.4 可视分析学 12
1.4.1 可视分析学概述 13
1.4.2 可视分析学的应用 13
1.5 数据可视化类型 15
本章小结 20

第2章 数据可视化技术基础 21
2.1 数据对象与属性类型 21
2.1.1 数据对象 21
2.1.2 属性定义 22
2.1.3 属性类型 23
2.2 基本数据统计方法 25
2.2.1 集中趋势的度量 25
2.2.2 离散趋势的度量 28
2.2.3 数据相似性的度量 30
2.3 数据可视化图像及视觉基础 32
2.3.1 视觉基础 32
2.3.2 图像色彩 33
2.3.3 视觉通道及类型 34
本章小结 36

第3章 数据可视化方法 37
3.1 数据可视化流程 37
3.1.1 数据可视化的流程 37
3.1.2 数据收集和准备 38
3.1.3 数据清洗 39
3.1.4 数据处理 40
3.1.5 数据分析 42
3.1.6 数据可视化及工具选择 43
3.2 可视化映射方法 44
3.2.1 可视化图形标记方法 44
3.2.2 可视化图像编码方法 45
3.3 数据可视化设计软件 47
3.3.1 Tableau 47
3.3.2 QlikView 49
3.3.3 Power BI 50
3.3.4 D3.js 52
3.3.5 ggplot2 53
3.3.6 Matplotlib 55
本章小结 56

第 4 章 可视化工具 D3 基础 ·············· 57

4.1 技术基础 ·············· 57
- 4.1.1 HTML 基础 ·············· 57
- 4.1.2 JavaScript ·············· 66
- 4.1.3 XML ·············· 72

4.2 D3 开发基础 ·············· 73
- 4.2.1 D3 入门 ·············· 73
- 4.2.2 D3 的数据集选择 ·············· 74
- 4.2.3 数据绑定 ·············· 76
- 4.2.4 元素的基本操作 ·············· 77
- 4.2.5 加载外部数据 ·············· 79

本章小结 ·············· 80

第 5 章 基本图形绘制 ·············· 81

5.1 SVG 基础知识 ·············· 81
- 5.1.1 图片存储方式 ·············· 81
- 5.1.2 SVG 的概念及优势 ·············· 83
- 5.1.3 SVG 的添加方式 ·············· 84

5.2 色彩基础 ·············· 85

5.3 SVG 基础图形设计 ·············· 88
- 5.3.1 SVG 的 XML 元素 ·············· 88
- 5.3.2 滤镜和渐变 ·············· 100

5.4 Canvas 图形绘制操作 ·············· 107
- 5.4.1 Canvas 元素的定义语法 ·············· 107
- 5.4.2 绘制直线 ·············· 108
- 5.4.3 绘制矩形 ·············· 110
- 5.4.4 圆弧生成器 ·············· 111
- 5.4.5 色彩效果 ·············· 113
- 5.4.6 添加图片效果 ·············· 116
- 5.4.7 符号生成器 ·············· 117
- 5.4.8 图形叠加效果 ·············· 117

5.5 综合图形绘制实例 ·············· 119
- 5.5.1 实例一 ·············· 119
- 5.5.2 实例二 ·············· 120

本章小结 ·············· 122

第 6 章 比例尺及坐标轴 ·············· 123

6.1 比例尺 ·············· 123
- 6.1.1 序数比例尺 ·············· 123
- 6.1.2 时间比例尺 ·············· 126
- 6.1.3 颜色比例尺 ·············· 126
- 6.1.4 线性比例尺 ·············· 128
- 6.1.5 面积比例尺 ·············· 132
- 6.1.6 其他比例尺 ·············· 132

6.2 坐标轴 ·············· 133
- 6.2.1 添加坐标轴 ·············· 133
- 6.2.2 绘制坐标轴 ·············· 134

6.3 绘制有坐标轴的折线图 ·············· 140

6.4 绘制有坐标轴的柱状图 ·············· 143

6.5 绘制有坐标轴的散点图 ·············· 145

本章小结 ·············· 148

第 7 章 图像动态效果的实现 ·············· 149

7.1 SVG 图像动态效果的实现 ·············· 149
- 7.1.1 SVG 的动画效果 ·············· 150
- 7.1.2 符号生成器 ·············· 154

7.2 D3 动态效果的实现 ·············· 156
- 7.2.1 D3 动态效果 ·············· 156
- 7.2.2 D3 实现动态的方法 ·············· 156
- 7.2.3 实现简单的动态效果 ·············· 157

7.3 交互可视化效果的实现 ·············· 160
- 7.3.1 交互的定义 ·············· 160
- 7.3.2 添加交互的方法 ·············· 161

7.4 数据可视化动态效果应用 ·············· 166

本章小结 ·············· 178

第 8 章 可视化布局设计 ·············· 179

8.1 力导图 ·············· 180
- 8.1.1 力导图的概念和属性 ·············· 180
- 8.1.2 力导图的布局步骤 ·············· 181
- 8.1.3 力导图的实例 ·············· 184

目录

- 8.2 饼状图 ·········186
  - 8.2.1 饼状图的属性 ·········186
  - 8.2.2 饼状图的布局步骤 ·········186
  - 8.2.3 饼状图的实例 ·········188
- 8.3 弦图 ·········189
  - 8.3.1 弦图的原理和属性 ·········190
  - 8.3.2 弦图的布局步骤 ·········191
  - 8.3.3 弦图的实例 ·········193
- 8.4 树状图 ·········197
  - 8.4.1 树状图布局的属性 ·········197
  - 8.4.2 树状图的布局步骤 ·········198
  - 8.4.3 树状图的实例 ·········200
- 8.5 集群图 ·········203
  - 8.5.1 集群图的原理和属性 ·········203
  - 8.5.2 集群图的布局步骤 ·········204
  - 8.5.3 集群图的实例 ·········206
- 8.6 捆图 ·········208
  - 8.6.1 捆图布局的属性 ·········208
  - 8.6.2 捆图的布局步骤 ·········208
  - 8.6.3 捆图的实例 ·········211
- 8.7 打包图 ·········213
  - 8.7.1 打包图布局的属性 ·········213
  - 8.7.2 打包图的布局步骤 ·········214
  - 8.7.3 打包图的实例 ·········216
- 8.8 直方图 ·········218
  - 8.8.1 直方图的数学知识和属性 ·········218
  - 8.8.2 直方图的布局步骤 ·········220
  - 8.8.3 直方图的实例 ·········221
- 8.9 分区图 ·········225
  - 8.9.1 分区图布局的属性 ·········225
  - 8.9.2 分区图的布局步骤 ·········225
  - 8.9.3 分区图的实例 ·········227
- 8.10 堆栈图 ·········229
  - 8.10.1 堆栈图布局的属性 ·········229
  - 8.10.2 堆栈图的布局步骤 ·········229
  - 8.10.3 堆栈图的实例 ·········231
- 8.11 矩阵树图 ·········233
  - 8.11.1 矩阵树图布局的属性 ·········233
  - 8.11.2 矩阵树图的布局步骤 ·········234
  - 8.11.3 矩阵树图的实例 ·········236
- 本章小结 ·········239

参考文献 ·········241

第1章
数据可视化概论

> **教学提示**
>
> 本章主要介绍数据可视化的发展历程。数据可视化在商业、科学、医疗等领域都有广泛的应用,了解数据可视化的基本知识能够帮助学生更好地利用数据进行决策和创新,为后续的数据分析工作奠定基础。

1.1 数据可视化发展历史

1.1.1 数据可视化在中国的发展史

数据可视化是关于数据视觉表现形式的科学技术研究,主要是借助于图形化手段,清晰有效地传达和沟通信息。数据可视化是一个处于不断演变之中的概念,其边界在不断扩大。在中国,目前数据可视化的发展可分为4个阶段(如图1-1所示)。

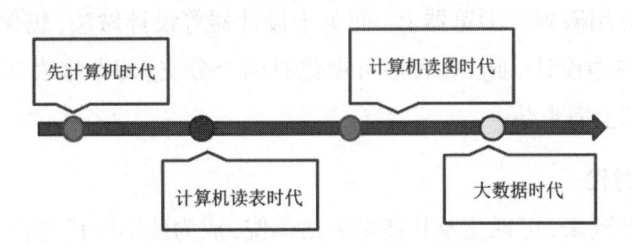

图1-1 数据可视化发展的4个阶段

1. 先计算机时代

计算机刚开始普及时期,受制于不发达的网络,主要盛行单机版软件和局域网软件。同样,这个时期的数据可视化BI(商业智能)工具也是单机版客户端,主要是通过局域网访问数据库。自1850年起欧洲和美国相继出现了很多经典的数据可视化作品。中国在数据可视化领域起步较晚,虽然借助简单的图形来表达数据在中国历史发展中由来已久,但数据可视化是更高层次的寓数于图,数据、设计缺一不可,更为重要的是蕴含美学和艺术的元素。在这方面,中国落后于欧美国家,类似的作品直到20世纪40年代前后,才开始在中国的民间出现,而具有代表性的作品确实较少。

到20世纪上半叶,中国出现一位先驱——陈正祥。陈正祥一生致力于绘图,主张用地图说话,用地图反映历史,利用地图对政治、经济、文化、生态、环境等现象进行描绘和阐述。陈正祥认为"有些长篇大论说不清楚的现象,用地图来表示却可一目了然",这些思想正是数据可视化的目的和精髓。直到今天,他的不少作品还被世界各国的专家视为精品,被称为数据可视化的经典之作。他利用中国各地方的方志,基于中国历史上闹蝗灾的地方通常都会供蝗神、建蝗神庙的原理,制作出中国蝗虫灾害分布图。

2. 计算机读表时代

网络的提速让各种原本单机版的应用逐渐往网络上迁移。例如视频、音乐等应用软件,都逐渐迁移到互联网上,无须安装其他播放器,只需要"浏览器+网络"就可以随时随地欣赏。鉴于这种背景,数据可视化工具也开始摆脱单机客户端的设计,将应用展示逐渐搬到浏览器之上。此时,国际上出现了如水晶报表等数据可视化产品,随着C++的SO库走向了全球。但水晶报表在中国却遭遇到了"水土不服",导致最后其产品被BO收购,转而BO又被SAP收购。后期本土厂商华表应运而生,它解决了中国式复杂报表和买一次无限分发的问题,但随后被用友收购,到2008年就基本不维护了。

这个阶段还有思达报表,该报表是第一款纯Java报表和Web报表工具。2000年在国内成立了思达报表的研发公司,但由于人员动荡的原因,他们曾一度退出中国市场,目前为止在国内只有部分用户。2004年,国内出现两大报表厂商——润乾报表和帆软报表。润乾通过创新应用非线性报表模型和类Excel的设计风格,解决了中国式复杂报表的难题;帆软则是国内第一家只卖产品就把销售额带到近1亿元的厂商。不过源于从原始阶段发展过来,这些工具只是将最终展示等用户端应用搬到了浏览器上。而关于设计器等设计做法,仍保留原始阶段的功能,支持本地化单机客户端设计。此外,表格可视化有两个分支(即席报表和OLAP),国内代表厂商分别是广州尚南和上海炎鼎。

3. 计算机读图时代

随着读图时代的到来,可视化及其技术渐露端倪,成为读图时代舞台上一个不可或缺的角色。可视化及其技术研究和应用开发已经从根本上改变了我们表达和理解复杂数据的方式。数据图形可视化有3种方案解决,第一种方式是传统表格可视化软件厂商提供的图表控件,这种基本上能解决大家的核心需求。以下是6种常见的Excel表格数据可视化方式的详细介绍。

(1) 条形图(Bar Chart):用于比较不同类别或组之间的数据。条形图通常用于显示离散数据,例如销售额按月份或产品类别的对比等。

(2) 折线图(Line Chart):用于展示数据随时间或其他连续变量而变化的趋势,例如股票价格随时间的变化或温度随季节的变化等。

(3) 饼图(Pie Chart)：用于展示不同类别之间比例关系的图表类型，例如销售部门的销售额占总销售额的比例。

(4) 散点图(Scatter Chart)：用于展示两个变量之间的关系或趋势，例如身高和体重之间的关系或广告投资和销售额之间的关系。

(5) 柱状图(Column Chart)：用于比较不同类别或组之间的数据，尤其适用于展示数量数据，例如不同产品的销售量。

(6) 面积图(Area Chart)：用于显示数据随时间或其他连续变量而变化的趋势，例如公司销售额随时间的变化。

第二种方式是独立图表控件，需要将基本代码集成到企业信息系统中。

(1) AnyChart图表控件

AnyChart控件使客户可以创建交互的、生动的图表、仪表和地图。该控件提供极好的视觉外观和配色方案，能够使客户根据不同的需求设计图表。

(2) FusionCharts图表控件

FusionCharts帮助开发人员创建动态的和交互式的图表应用程序。该控件使用Flash和JavaScript(HTML5)来创建图表，使用XML或JSON作为数据输入，支持ASP、ASP.NET、PHP、JSP、ColdFusion、Ruby on Rails等脚本语言和多种数据库，支持多种图表类型、仪表和地图。

第三种方式是图表可视化软件，其代表软件有Tableau和帆软的FineBI。

(1) Tableau软件

Tableau公司将数据运算与美观的图表完美地嫁接在一起。它的程序简便易上手，是基于斯坦福大学突破性技术的软件应用程序。各公司可以用它将大量数据拖放到数字"画布"上，分析实际存在的任何结构化数据，以在几分钟内生成美观的图表、坐标图、仪表盘与报告。

(2) FineBI软件

FineBI应用于金融、电信、地产、制造、医药等行业。它全程可视化操作，不用SQL取数和手动建模，只需要基于业务分析逻辑。不仅支持Hadoop、GreenPlumn、Kylin等大数据平台，还支持SAP HANA、SAP BW、SSAS、EssBase等多维数据库。

从以上发展趋势不难看出，图形的可视化成为数据可视化中越来越重要的一部分。

4. 大数据时代

最早提出大数据时代到来的是全球知名咨询公司麦肯锡。大数据分析常和云计算联系到一起，因为实时的大型数据集分析需要像MapReduce一样的框架来向数十、数百甚至数千的电脑分配工作。大数据带给我们3个颠覆性观念转变：是全部数据，而不是随机采样；是大体方向，而不是精确制导；是相关关系，而不是因果关系。在大数据时代，我们可以分析更多的数据，有时甚至可以处理和某个特别现象相关的所有数据，而不再依赖随机采样。随着规模的扩大，以至于我们不再热衷于追求精确度，适当忽略微观层面上的精确度，会让我们在宏观层面拥有更好的洞察力。在大数据时代，我们无须再紧盯事物之间的因果关系，而应该寻找事物之间的相关关系,相关关系也许不能准确地告诉我们某件事情为何会发生,但是它会提醒我们这件事情正在发生。

大数据时代对数据可视化提出了两个挑战:一个是传统小数据变成了"传统小数据+现代大记录",另一个是结构化数据变成了"结构化数据+非结构化数据"。大数据时代的管理模式从金字塔向扁平化转移,中基层员工拥有了决策权、用人权和分配权,因此产生了很多个性可视化诉求。此时,数据可视化之路从原来的全部由IT部门运作转移成IT部门做一部分,业务部门也做一部分。因此,大数据时代的IT厂商产品升级需要既能支持高性能,又能支持自助分析。

1.1.2 数据可视化世界发展简史

可视化发展史与测量、绘画、人类现代文明的启蒙和科技的发展一脉相承。在地图、科学与工程制图、统计图表中,可视化理念与技术已经应用和发展了数百年。

1. 20世纪之前

(1) 16世纪:萌芽

当时,人类已经掌握了精确的观测技术和设备,也采用手工方式制作可视化作品。可视化的萌芽出自几何图表和地图生成,其目的是展示一些重要的信息。1569年8月,世界上第一张具有科学意义的世界地图被墨卡托绘出,那是真正的创新之作,一个地理学史上的里程碑,如图1-2所示。墨卡托的创新性发明使得圆柱投影法得以应用在地图绘制上,这种方法旨在保持横线的直线性。当航行者在地图上读取指南针时,他们能够获取精准的方向线,这使得航海过程更加便捷和安全。因此,墨卡托圆柱投影法很快被证明深受欢迎,它可以打印出大量的副本,并且至今仍然是全球地图绘制过程中最常用的投影方式。

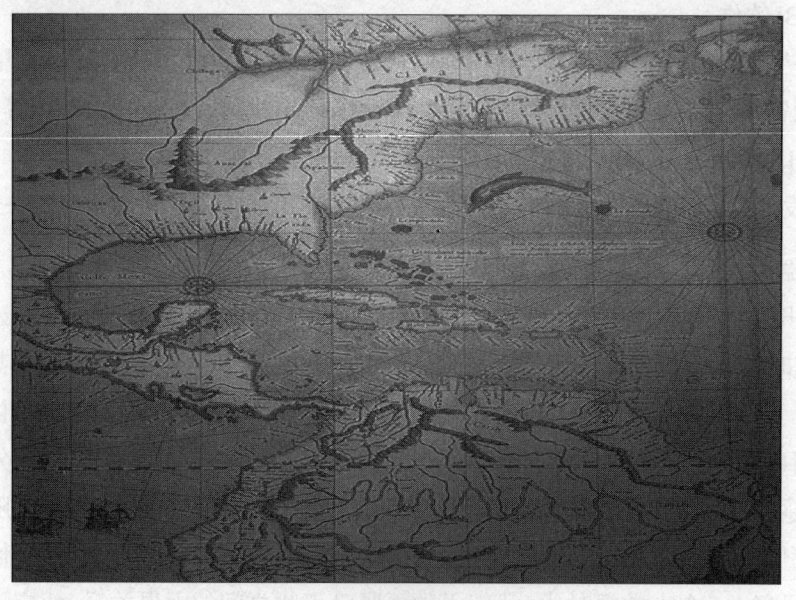

图1-2 墨卡托投影的世界地图

(2) 17世纪：测量与理论

17世纪理论上有了巨大的新发展：解析几何的兴起，测量误差的理论和概率论的诞生，以及人口统计学的开端和政治版图的发展。最重要的科学进展是对物理基本量(时间、距离和空间)的测量设备与理论的完善，它们被广泛用于航空、测绘、制图、浏览和国土勘探等。同时，制图学理论与实践也随着分析几何、测量误差、概率论、人口统计和政治版图的发展而迅速提升。1626年，克里斯托弗·施纳(Christopher Scheiner)画出了表现太阳黑子随时间变化的图，图上展示的是多个小图序列，具有开创性的邮票图表法就此诞生，如图1-3所示。这是太阳黑子研究的里程碑，它标志着我们对太阳活动的理解进入了一个新的阶段。17世纪末，甚至产生了基于真实测量数据的可视化方法。从这时起，人类开始了可视化思考的新模式。

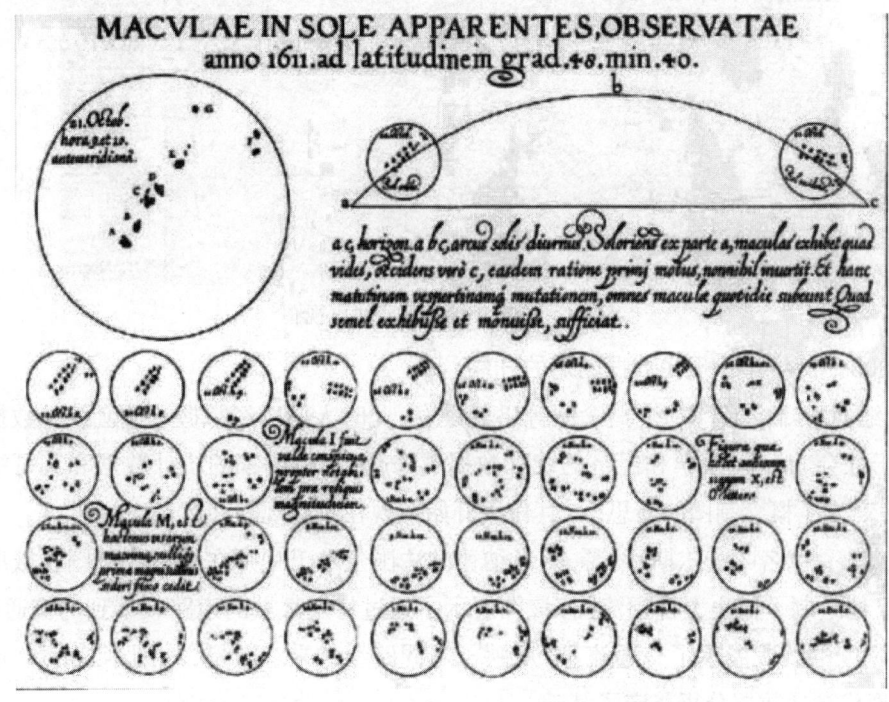

图1-3　诞生于1626年表达太阳黑子随时间变化的图

(3) 18世纪：图形与符号

随着社会的进步和科技的发展，数据的价值越来越受到人们的重视。人们不再满足于在地图上展示简单的几何图形，而是开始追求更丰富、更直观的数据可视化方式。无论是抽象图形还是函数图形，其功能都得到了极大的扩展。这让人们在面对海量数据时，能够更快速、清晰地洞察其中蕴藏的信息。人们还发明了新的图形化形式(等值线、轮廓线)和其他领域信息(地理、经济、医学)的概念图。随着统计理论、实验数据分析的发展，抽象图和函数图被广泛发明。

1701年，哈雷创作了《大西洋电磁图》，如图1-4所示，这是一项具有里程碑意义的成就。这张图表采用坐标网格，并用等值线表示磁偏角，是第一个使用等值线来绘制的图表，意义非凡。从此，等值线作为图像表示的一种手段，被广泛地运用在气象、地理等各个领域中。如今，等值线的命名类型已经超过50种，成为科学研究和数据可视化的重要工具。

图1-4　1701年地球等磁线可视图

(4) 1800—1849年：现代数据图形的开端

19世纪上半叶，统计图形、概念图等迅猛爆发，此时人们已经掌握了整套统计数据可视化工具。关于社会、地理、医学和经济的统计数据越来越多，将国家的统计数据和其可视表达放在地图上，产生了概念制图的新思维，其作用开始体现在政府规划和运营中。

1845年，一位名叫查尔斯·约瑟夫·米纳德的法国土木工程师在统计与制图领域取得了突破性进展。他绘制了历史上首幅流图，该图展示了通过特定区域的道路收集到的交通数据。图中以可变宽度的线段展示了交通流量，反映了不同路线的乘客数量，如图1-5所示。这一创新性成果为现代交通数据分析奠定了基础。

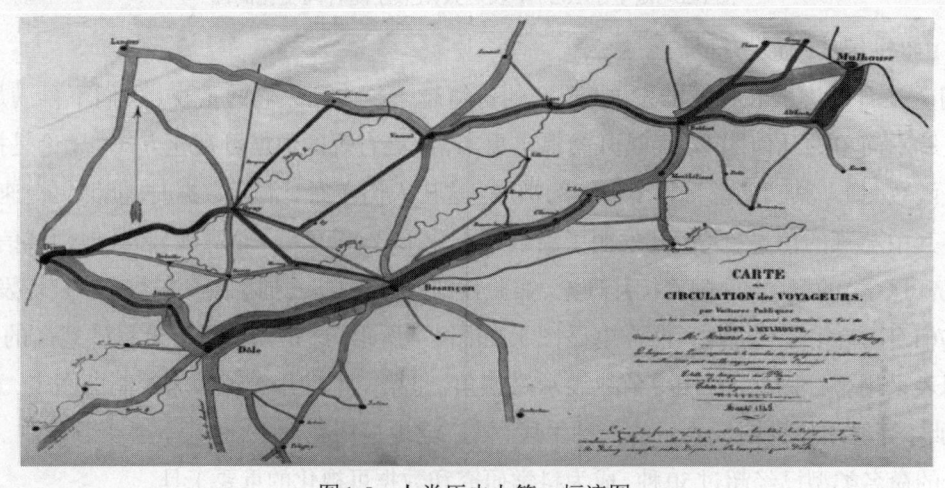

图1-5　人类历史上第一幅流图

(5) 1850—1899年：数据图形的黄金时代

至19世纪中叶，可视化迅速发展的诸多要素已然备齐。人们开始意识到数字信息对于社会规划、工业化、商业和运输等方面的作用日渐提升，官方国家统计局在欧洲各地渐次成立。由高斯与拉普拉斯所开创的统计学理论，经盖瑞与克特莱特之手扩展至社会领域，借此为分析海量数据提供了途径。

1854年，约翰·斯诺(John Snow)的《伦敦爆发的霍乱病例群》深刻描绘了霍乱的疫情历史。他用点图展示了1854年伦敦宽街霍乱疫情的地图，并通过统计数据证实了水质与霍乱病例之间的密切联系，如图1-6所示。这表明，霍乱是通过污染的水源传播的，而非过去所认为的空气传播。斯诺的研究在公共卫生和地理领域具有里程碑意义，被视为流行病学的开创性事件。

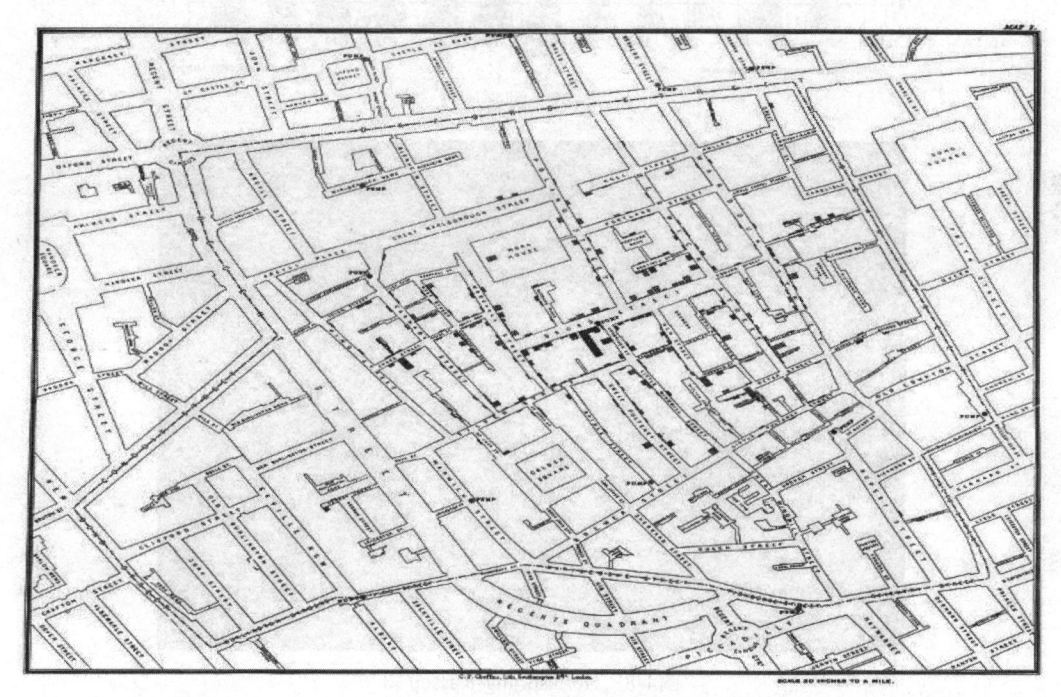

图1-6 《伦敦爆发的霍乱病例群》

2. 20世纪之后

(1) 1900—1949年：现代启蒙

20世纪初叶可以被视为可视化领域的"现代黑暗时代"。当时鲜有图形创新，直至20世纪30年代中期，社会科学领域开始兴起量化和正式化的研究方法，这些方法通常是以统计模型为基础，从而逐渐取代了19世纪后期可视化激情时代的特征。1904年，Manuder描绘了蝴蝶图(如图1-7所示)，对太阳黑子的演变进行了深入研究。随着时间的推移，这些研究结果证实了太阳黑子周期性的科学理论。1911年，Hertzsprung-Russell图这种作为温度函数呈现的恒星亮度对数图阐明了恒星的演化规律，被视为现代天体物理学的重要基石之一(如图1-8所示)。

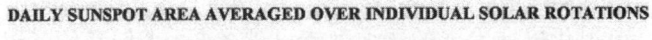

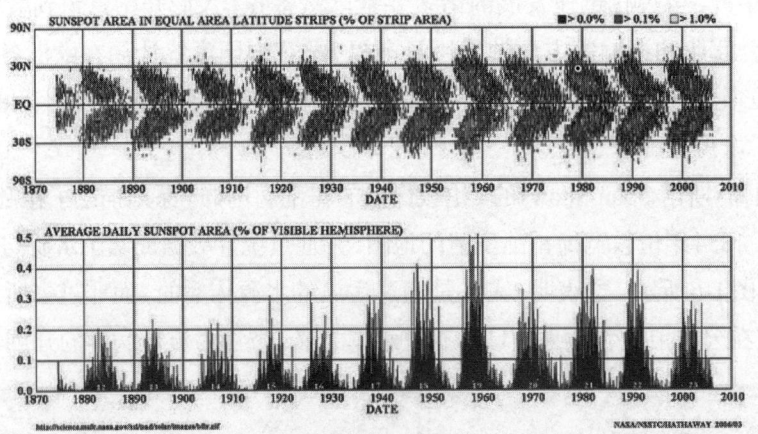

图1-7 蝴蝶图

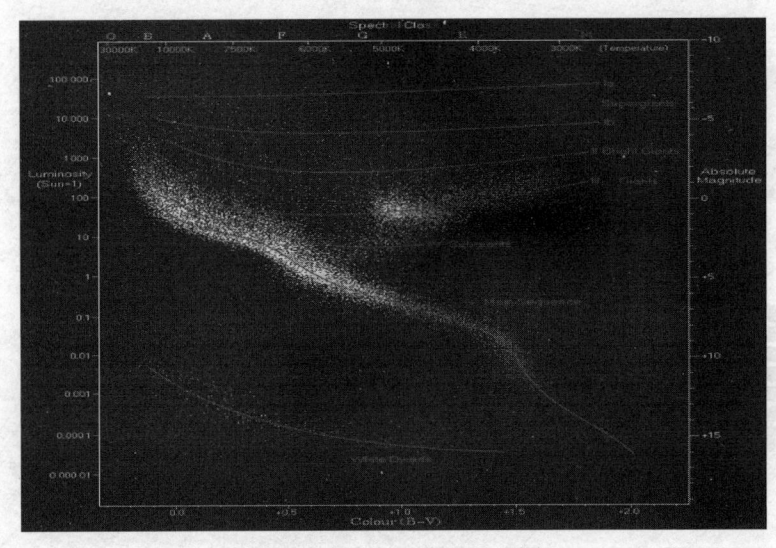

图1-8 Hertzsprung-Russell图

(2) 1950—1974年：数据可视化的重生

计算机的诞生极大地革新了数据分析领域。到了20世纪60年代末，大型计算机已广泛分布于西方各高校及研究机构，通过计算机程序绘制数据可视化图形逐渐取代手工绘图。计算机对数据可视化的贡献显著，高分辨率图形和交互式图形分析展现了手工绘图所无法实现的表现力。同时，随着统计应用的不断发展，逐步以数理统计为支撑，将数据可视化转化为科学探索的有效手段。近代全球大战及随后的工业与科技蓬勃发展，使数据处理方面的需求骤增，进而将此科学领域广泛运用到各行业领域。

(3) 1975—1987年：多维数据可视化

随着各种计算机系统、计算机图形学、图形显示设备以及人机交互技术的不断发展，人们对于可视化的热情日益高涨。数据密集型计算器的出现极大地拓展了数据计算的可能性，同时带来了对于数据分析和呈现的更高要求。1975年，William S. Cleveland和Beat Kleiner制作的散点图的增强型带有3条移动统计的均线,如图1-9所示。John Hartigan的散点图矩阵概念主张在表格显示中描绘 n 个变量之间的所有成对散点图关系。George W. Furnas制作的鱼眼视图可以针对大量信息中用户感兴趣的区域突出显示细节,同时以较少的细节保留周围环境。

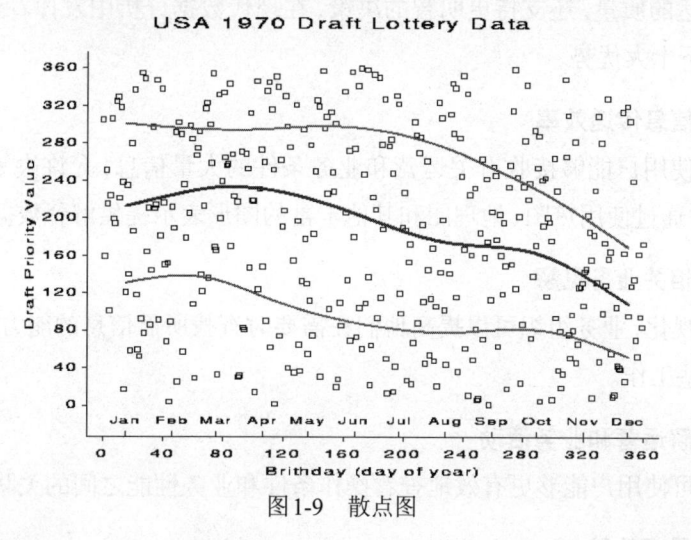

图1-9 散点图

(4) 1987年—2004年:交互可视化

1987年,美国国家科学基金会首次举办了有关科学可视化的会议。此次会议的报告正式确定了科学可视化这一概念,并指出可视化有助于整合计算机图形学、图像处理、计算机视觉、计算机辅助设计、信息处理以及人机交互等领域的相关问题。交互式的可视化必须具备与人类互动的方式,如同按下按钮、移动滑块,以及具备足够快速的响应速度以展示输入和输出之间的真正关联。20世纪80年代末,视窗操作系统的问世使人们能够直接与信息进行交互。

(5) 2004年至今:可视分析学

进入21世纪后,原有的可视化技术已难以应对海量、高维、多源和动态的数据分析挑战。大数据、数据分析行业迎来了高速发展的时期,国家与企业更加重视数据价值,强调数字化建设的重要性。人类需要综合可视化、图形学、数据挖掘以及新的理论模型、用户交互手段等技术,辅助现代社会用户应对当下的挑战。可视分析学应运而生,它综合了图形学、数据挖掘和人机交互等技术,以可视交互界面为通道,将人的感知和认知能力以可视的方式融入数据处理过程,形成人脑智能和机器智能的优势互补,建立螺旋式信息交流与知识提炼途径,完成有效的分析推理和决策。

1.2 数据可视化的作用与优势

数据可视化为专业技术人员、管理人员以及其他知识工作者带来了一种全新的方式,从而显著提升了他们解读隐藏在数据背后的信息的能力。

1.2.1 数据可视化的优势

数据可视化是分析和展示数据的重要工具，能够有效提升信息传递的质量和效率。它不仅提升了信息传达的质量，还支持更明智的决策，在现代数据分析中发挥着至关重要的作用。数据可视化有以下十大优势。

1. 加强商业信息传递效率

数据可视化使用户能够接收有关运营和业务条件的大量信息，允许决策者查看多维数据集之间的连接，并通过使用热图、地理图和其他丰富的图形表示提供解释数据的新方法。

2. 快速访问相关业务见解

通过数据可视化，业务组织可以提高他们在需要时查找所需信息的能力，并且比其他公司更高效地完成这些工作。

3. 更好地理解运营和业务活动

数据可视化可使用户能够更有效地查看操作条件和业务性能之间的关联。

4. 快速识别最新趋势

使用数据可视化，决策者能够更快地掌握跨多个数据集的客户行为和市场条件的变化。

5. 准确的客户情感分析

利用数据可视化，公司可以更深入地了解客户情绪和其他数据，从而揭示他们向客户推出新服务的新机遇。

6. 与数据直接交互

数据可视化还可以帮助公司以直接方式操纵和交互数据。与只能查看的一维表格和图表不同，数据可视化工具使用户能够与数据进行直接交互。

7. 预测销售分析

借助实时数据可视化，销售主管可以根据销售数据进行高级预测分析，查看最新销售数据，了解某些产品表现不佳以及销售滞后的原因。

8. 深入销售分析

热图数据可视化可用于定位某客户群的促销活动，以提高此类别的转化率和收入增长率。

9. 轻松理解数据

利用数据可视化，公司可以处理大量数据并使其易于理解，无论是娱乐、时事、财务问题还是政治事务。

10. 定制数据可视化

数据可视化不仅提供数据的图形表示，还允许更改表单，省略不需要的内容，以及更深入地浏览以获取详细信息。

1.2.2 数据可视化的作用

数据可视化将数据转换为易于理解且引人入胜的图表、图形或其他可视形式,帮助用户快速理解数据背后的含义,这种直观性使得观众能够轻松识别出关键趋势和模式,从而更有效地进行分析。数据可视化的具体作用如下。

(1) 对数据进行直观展示。通过可视化处理,数据变得易于理解和掌握。人们能够通过图表和图形更快地解读数据,进而更好地挖掘数据所蕴含的信息。

(2) 挖掘数据关联与模式。借助可视化,人们能够发现数据之间的关联、趋势和模式,从而帮助分析师和决策者更深入地掌握数据背后的规律和趋势。

(3) 提升数据沟通效能。通过可视化,数据分析结果能够更加直观地展示给他人,从而提高了数据沟通的效率。这有助于与非技术领域的人分享数据分析结果,以及向决策者传达数据见解,益处明显。

(4) 支持决策制定。可视化可为决策者提供更清晰的数据支撑,助其更好地了解数据,做出更为明智的决策。

(5) 探究数据。数据可视化能够帮助分析师和研究人员更深入地探究数据,发现新的见解,进而推动数据驱动的决策和创新。

(6) 增强数据分析效能。利用可视化工具,分析师能够更高效地进行数据分析和探究,从而节省时间并提高分析效率。

1.3 数据可视化的未来趋势

1.3.1 数据可视化面临的挑战

数据可视化可以增强数据的呈现效果,方便用户以更加直观的方式观察数据,进而发现数据中隐藏的信息。可视化应用领域十分广泛,主要涉及网络数据可视化、交通数据可视化、文本数据可视化、数据挖掘可视化、生物医药可视化、社交可视化等。

虽然数据大屏可视化展示技术日益成熟,但是数据可视化仍存在许多问题,面临着巨大的挑战。数据可视化存在以下问题。

(1) 视觉噪声。在数据集中,当大多数数据具有极强的相关性时,无法将其分离作为独立的对象显示。

(2) 信息丢失。减少可视数据集的方法可行,但会导致信息的丢失。

(3) 大型图像感知。数据可视化不只受限于设备的长度比及分辨率,也受限于现实世界的感受。

(4) 高速图像变换。用户虽然能够观察数据,却不能对数据强度变化作出反应。

1.3.2 数据可视化的发展趋势

未来，数据可视化会结合高清高分大屏幕拼接可视化技术，超高分辨率、超大画面，以及实时数据更新，炫酷动感的画质和音效，带动数据的可视化展示大屏现场的气氛。数据可视化还可以结合数据可视场景仿真、GIS空间数据可视化、大屏实时交互等技术，便于操作者理解、控制和使用。以下是数据可视化领域的五大新兴趋势。

1. 数据故事

数据故事是一种以图形形式解释数据的方式，这是理解分析的最常见方式。人类对讲故事的反应是多样的，而不只是被动接受随机提供的信息。

2. 实时数据

云计算有利于公司和组织从不同位置访问和查看实时数据。通过使用云财务管理解决方案，管理人员可以实时编制报告并展示他们的数据，进而更轻松地分析数据。

3. 视频信息图表

大多数消费者选择视频是为了更好地了解信息。因此，数据科学家正在使用视频信息图表为消费者创建有趣且易于访问的方式来理解数据。

4. 增强现实和虚拟现实

增强现实(AR)和虚拟现实(VR)正在将行业和数据转变为高度沉浸式的体验。AR和VR与数据可视化软件结合使用时，可以查看内容以及与内容进行交互。

5. 人工智能

通过部署机器学习和自动化来分析数据并提取人类无法发现的模式，人工智能一直发挥着巨大的作用。人工智能在数据的可视化表示方面有很大帮助，如基于机器学习算法，智能可视化工具能够根据用户的需求和历史行为推荐最适合的数据展示方式，帮助用户更好地理解数据。

综上所述，传统的可视化大屏显示技术已经不足以满足当下需求，未来数据可视化的发展趋势是技术更高端、功能更丰富。

1.4 可视分析学

可视分析学是一门数据分析学科，通过运用可视化工具和技术来解析数据，从而使人们能够更加清晰、直观地理解数据的内涵和趋势。这门学科将数据分析和可视化技术相结合，有助于人们发现数据背后的模式和关联。

1.4.1 可视分析学概述

可视分析学是一门涉及多个学科的领域，涵盖以下几个方面：①分析推理技术，该技术可以帮助用户获得深入的见解，而这些见解则直接支持评价、计划和决策等行为；②可视化表示和交互技术，它充分利用了人眼具备的高带宽通道的视觉能力，使人们能够立即观察、浏览和理解大量的信息；③数据表示和变换技术，它能够以支持可视化和分析的方式将各种类型的异构和动态数据转换为合适的形式；④支持分析结果产生、演示和传播的技术，它能够与各种观众交流具有适当背景资料的信息。

可视分析学的核心理念是通过将可视化作为半自动分析过程中的沟通桥梁，实现人与机器的紧密协作，进而充分利用各方独特优势，从而取得最优结果。具体而言，可视分析学将创新性交互技术与可视化表示完美融合，创新性地应用于新型计算转换和数据分析工具。此类工具的设计遵循认知、设计以及感知的原则，信息可视化成为用户与机器之间直接的交互界面。由分析推理科学提供理论框架，在此基础之上构建战略及战术分析技术，使使用者具备深度洞察力，直接支持情境评估、计划制订以及决策的制定。通过这种独特的协作方式，可视化分析学成功地将人和机器的优势相结合，提高了分析过程的效率和准确性，为各种复杂的问题提供了强大的解决方案。

1.4.2 可视分析学的应用

可视化的应用领域非常广泛，涵盖了自然科学、工程技术、金融、农业以及商业等多个方面，其中包括医学、气象预测、油气勘探、地质学和地理学等在内的诸多领域，都成为了可视化技术的典型应用场景。

1. 数据挖掘可视化

数据挖掘的概念可分为狭义和广义两种。狭义的数据挖掘主要是通过对已处理和分析的数据进行进一步提炼，从中获取有价值的信息。广义的数据挖掘则是通过对数据库的分析，挖掘出具有实际应用价值的数据信息。

数据挖掘可视化可分为以下4个阶段：数据准备、模型生成、数据使用、流程可视化。

(1) 数据准备。主要采用可视化数据挖掘技术将数据预处理的过程清晰地呈现出来，保证数据质量和挖掘效果。所用的可视化技术主要包括数据的转换、丢失值的处理、数据的裁剪以及数据的采样等。

(2) 模型生成。这个阶段主要是通过数据挖掘操作技术，对目标数据库进行分析，构建出能够反映数据特征和规律的模型。其中包括模型的选择、参数的设计、训练集的使用、挖掘细节以及结果的存储等方面。

(3) 数据使用。在数据利用阶段，可视化数据发掘技术的运作目标是运用某种可视化方法呈现出数据发掘的成果，进而为数据使用者提供更为逼真、准确且翔实的数据分析结果。

(4) 流程可视化。数据挖掘过程可视化的根本目标是呈现出数据挖掘全过程的一种可视化形式。

2. 复杂网络可视化

通过深入探讨Web网络、社会关系网络以及生物网络等领域，我们发现仅依靠数据表格或文字形式来呈现网络结构非常困难。为了更好地展示复杂网络，实现其便捷、直观的表达，人们开始研究复杂网络可视化。其中最受关注的一个问题便是可视化算法，包括布点算法与可视化压缩算法。

(1) 布点算法

最著名的一种作图方法是1984年由Eades提出的力导引算法。基本思想是将网络看成一个顶点为钢环，边为弹簧的物理系统，系统被赋予某个初始状态后，弹簧弹力(引力和斥力)的作用会导致钢环移动，这种运动直到系统总能量减少到最小值停止。FR算法改进了弹簧算法，是现在用途最为广泛的布点算法。FR受到了天体重力系统的启发，使用力来计算每个节点的速度，而不是加速度，从而得到每个节点应当移动的距离。

(2) 可视化压缩算法

为了更全面地展示复杂网络架构的概览，可视化压缩算法应运而生。Feder与Motwani在将大规模图形进行小规模转换的过程中，成功地保持了原始图形的若干核心特性(如连通性等)。使用这种压缩方式处理的图形适用于更快速地计算某些图形变量，例如两点之间的最短路径。Adler和Mitzenmacher等人亦在WebGraph的存储和访问问题上实现了一种无损压缩。来自AT&T Research的Gilbert与Levchenko则分别提出了他们的可视化压缩算法，根据节点的重要性和相似性来定义各自的压缩策略。这些算法作为开源图形可视化项目Graphviz的一部分，对于后者的成功作出了巨大的贡献。

3. 物流可视化

物流可视化可视为可视化技术在物流领域的全面应用，涵盖了物流信息的收集、传输、分类、汇总、图形化显示等各个步骤以及执行这些步骤所需的软件和硬件。实现物流可视化的主要目的是帮助人们更深入地理解物流信息的本质，并更便捷地操作信息。物流可视化具有交互性、多维性、可视性等特点。

从物流过程中产生的信息类型看，它主要以信息可视化为主，例如商品属性、配送信息、出入库信息等都属于非空间数据；同时，物流可视化也广泛涉及科学计算可视化的内容，例如地理信息系统、仓库物品堆垛的空间仿真等都是以空间数据为主体的可视化应用。

4. 农业可视化

"智慧农业数据可视化"是现代新型科技农业技术，通过三维的形式详细呈现现代化农业的工作流程。其内容涵盖了农业生产的要求、规划布局及各方面的流通。智慧农业数据可视化系统具有精确的生产管理能力，通过全面远程监控，监测农作环境的温度、空气湿度、降雨量、光照、风速、虫蚁等状况，精确控制环境参数。例如，当空气温度过高时，系统会发出警报，让农业人员及时发现并解决问题。智慧农业数据可视化系统记录农作物施肥、浇水的时间和用量，同时分析农作物的生长状况、生长周期，预测生产量，检测土壤成分以及化学农药的超标情况。它实时地储存和管理培育、质检、生产和运输数据信息，有效提高农业生产量和质量，降低各种风险带来的问题和损失。

此外，该系统减轻了农业人员的负担，提升了农业生产效率和品质。针对农业生产中难以解决的问题，智慧农业数据可视化系统会进行分析，并提供在线专业人员咨询、指导等服务，实现远程在线浏览答疑，更加方便快捷，为农业生产所遇到的"瓶颈"提供及时高效的解决方案。这种智能机械科技取代了人力劳动，减少了人力资源的投入，使农业资源问题变得可控，全方位、多维度展示了现代农业与大数据的完美融合。

1.5 数据可视化类型

数据可视化类型是指，为了便于理解和分析用不同的图形和图表来展示数据的方式。对于数据可视化类型，应该根据想要传达的信息和数据的特点进行选择。在选择可视化类型时，需要考虑数据的维度、度量和所要传达的信息，以及受众的理解能力和习惯。有时也可以尝试不同类型的可视化，以找到最适合数据和目的的表达方式。下面是一些常见的数据可视化类型，以及它们适合的场景。

1. 折线图

折线图通常用于通过简洁准确的图表线格式可视化数据来帮助用户扫描信息和了解趋势，可以用来比较不同类别的数据在不同时间点上的表现，如图1-10所示。可在以下情况下使用折线图。

(1) 让用户了解数据的趋势、模式和波动。

(2) 允许用户比较不同的数据集但与多个系列相关。

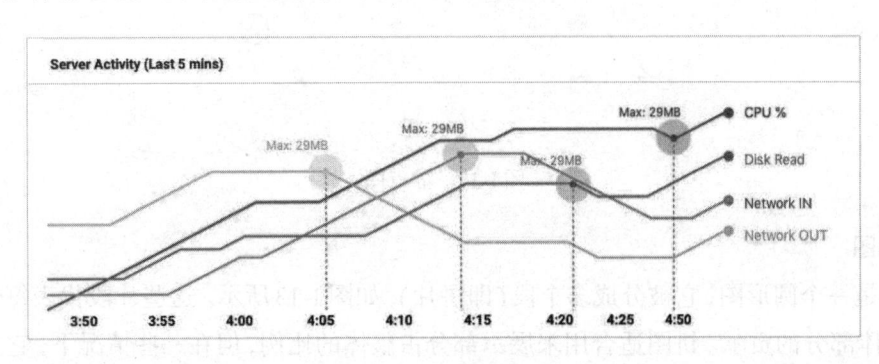

图1-10 折线图

2. 柱状图

柱状图又称条形图，是最流行的数据可视化方法之一，如图1-11所示。它是将数据组织成矩形条，适合用来比较不同类别之间的数量或大小，尤其是对于离散的数据，便于比较相关数据集。可在以下情况下使用条形图。

(1) 比较同一类别中的两个或多个值。

(2) 让用户了解多个相似的数据集是如何相互关联的。

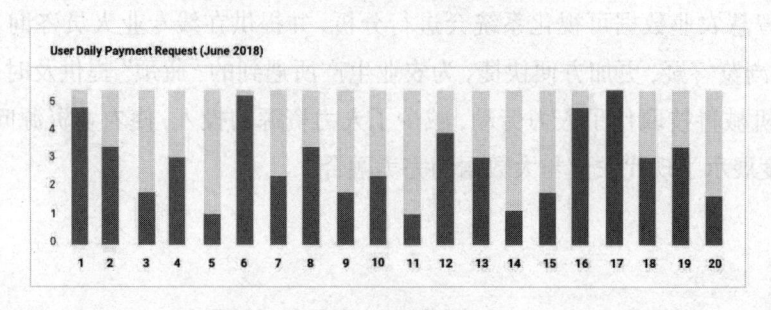

图1-11 柱状图

3. 散点图

散点图是一种二维数据可视化，如图1-12所示。它使用点来表示为两个不同变量获得的值——一个沿x轴绘制，另一个沿y轴绘制，用于展示两个变量之间的关系，可以帮助发现变量之间的相关性或异常值。可在以下情况下使用散点图。

(1) 构建交互式报告。

(2) 显示紧凑的数据可视化。

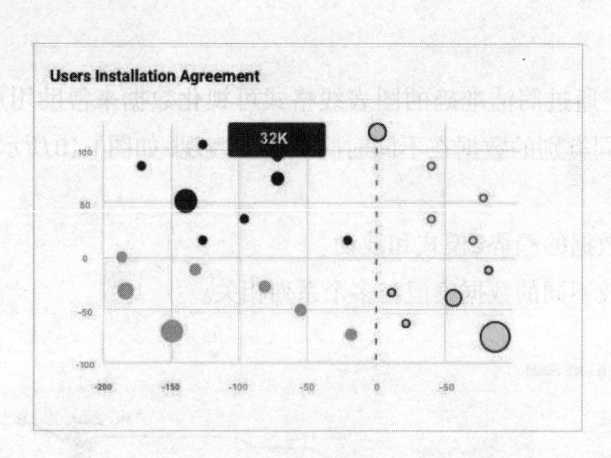

图1-12 散点图

4. 饼图

饼图是一个圆形图，它被分成多个段(即饼片)，如图1-13所示。这些片段代表每个类别对显示的整体部分的贡献。饼图适合用来展示部分占整体的比例，但在一些情况下，它并不是最有效的可视化方式，因为人们不太擅长比较扇形的大小。可在以下情况下使用饼图。

(1) 计算出某物的构成。
(2) 快速扫描指标。

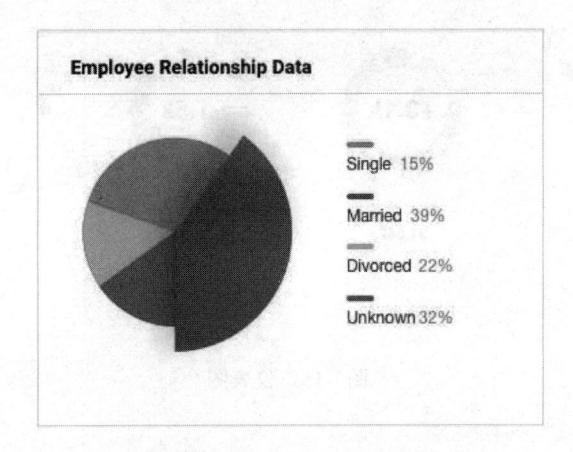

图1-13　饼图

5. 热图

热图主要通过色彩变化来显示数据，如图1-14所示。它适合用来交叉检查多变量的数据，方法是把变量放置于行和列中，再将表格内的不同单元格进行着色。热图用于展示数据的密度分布，特别适合用来表现二维数据的分布情况。可在以下条件下使用热图。

(1) 对实验数据进行质量控制和差异数据的展现，如比较全年多个城市的温度变化、查看最热或最冷的地方在哪里。

(2) 展示重点研究对象的表达量数据的差异变化情况。

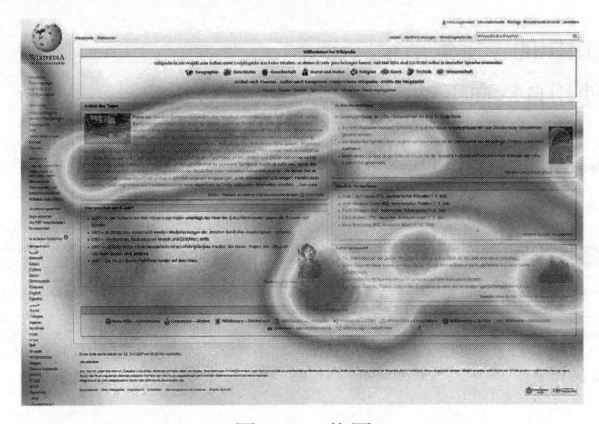

图1-14　热图

6. 仪表图

仪表通常用于可视化单值指标，例如年初至今的总收入，如图1-15所示。换句话说，仪表显示单行中的一个或多个度量值，并非旨在显示多行数据。可在以下情况下使用仪表。

(1) 跟踪具有明确目标的单一指标。
(2) 要显示的数据不需要与其他数据集进行比较。

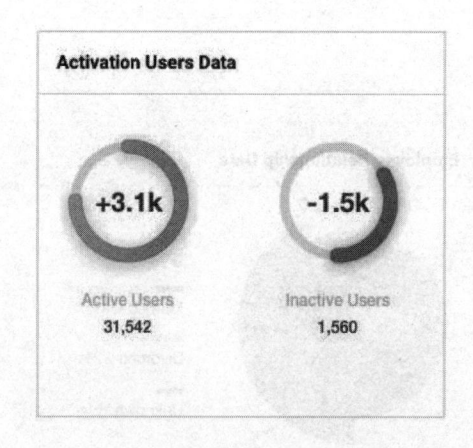

图1-15　仪表图

7. 地图
这种类型适合展示地理位置相关的数据,能够直观地显示数据在地图上的分布情况。可在以下情况下使用地图。

(1) 显示涉及特定位置的客户数据。

(2) 让客户查看他们附近的数据点。

(3) 显示客户数据的清晰地理分布。

8. 表格
表格是一种以列和行显示数据的可视化类型,非常适合数据的发布,如图1-16所示。可在以下情况下使用表格。

(1) 显示可以分类组织的二维数据集。

(2) 向下钻取,以使用自然向下钻取路径分解大型数据集。

图1-16　表格

9. 子弹图
子弹图的样子形似子弹射出后带出的轨道,如图1-17所示。随着行业数量变得更加多样化,该图表对于想要在不同经济部门之间进行比较的人们来说可带来一种有用的视觉效果。可在以下情况下使用子弹图。

(1) 用于将度量的绩效可视化,并与目标值和定性刻度作比较。
(2) 展示数据分类和数值排名。

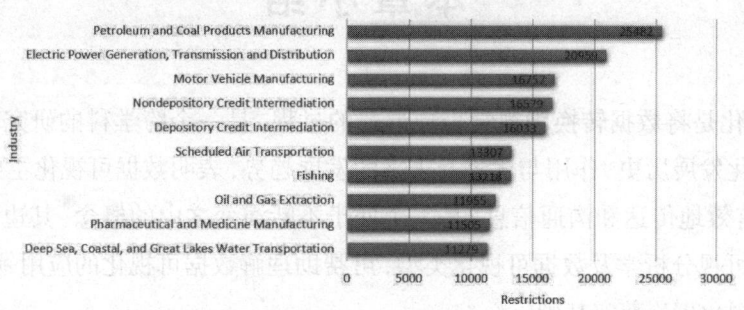

图1-17　子弹图

10. 面积图

面积图有多种,包括堆积面积图和重叠面积图,如图1-18所示。可在以下情况下使用面积图。

(1) 表示多个时间序列。
(2) 使用颜色高光和中性色的组合来提供对比和强调。

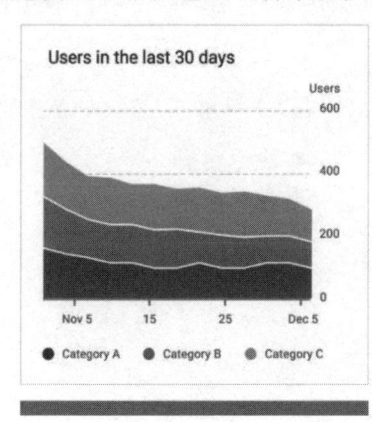

图1-18　面积图

所有这些数据可视化类型都包括以下功能。

(1) 指标:这些指标显示给定主题的数据集合的层次结构和组织。它们突出显示最重要的信息。
(2) 简单:信息清晰。"一幅图胜过千言万语",读者能够立即了解当前信息。
(3) 简洁:信息简短明了,没有可见的不必要信息。
(4) 原创性:以一种为读者提供对该主题的新视角的方式收集和显示。
(5) 色彩:为吸引读者注意最重要的信息,使用清晰易懂的调色板。
(6) 美学:图形生动,设计精良,赏心悦目。

本 章 小 结

　　数据可视化是将数据转换为视觉表现形式的过程，是一个跨学科的研究领域。本章通过介绍数据可视化发展历史、作用与优势及未来的发展趋势，表明数据可视化主要是借助于图形化手段，清晰有效地传达和沟通信息，是一个处于不断演变之中的概念，其边界在不断扩大。本章还介绍了可视分析学及数据可视化类型，可帮助理解数据可视化的应用领域及表现形式，为后续学习可视化理论奠定基础。

第 2 章
数据可视化技术基础

> **教学提示**
>
> 本章对数据可视化的相关概念进行介绍,旨在通过本章的教学,使学生了解数据可视化的基本概念;掌握数据对象定义、属性以及基本的数据统计方法,从不同的角度分析和表达数据,熟知图形的种类、视觉通道及视觉基本知识,从而更有利于后续章节的学习。

2.1 数据对象与属性类型

2.1.1 数据对象

1. 数据对象定义

数据对象(Data Object)是指具有相同性质的数据元素集合,它是数据的一个子集。它采用了编程语言所允许的字符命名方式,对软件中必须理解的复合信息进行抽象化处理。这里所提及的复合信息,是指那些拥有多种独特属性或特点、具有整体性、不局限于单一因素的事物。因此,数据对象被定义为一种处于运行中的概念,它可能涵盖外部实体、事物、行为、事件、角色、单位、地点或结构等,而并非只是具有单值(例如温度)的集合。简而言之,任何由多个属性所定义的实体都可以被视为数据对象。

2. 数据对象联系

数据对象联系即数据对象之间的相互连接方式。在数据库中,由于存在着不同数据项之间的相互关联和相互作用,因此我们称这种关系为联系,也可以称之为关系。总的来说,联系可以被划分为3个不同的类别:一对一联系、一对多联系和多对多联系。

(1) 一对一联系(1∶1)

即实体集A1中的一个实体最多只与实体集A2中的一个实体相联系。例如,电影院中的座位与观影群体中的人所存在的相互关联的关系。

(2) 一对多联系(1∶N)

即实体集A1中的一个实体可与实体集A2中的多个实体相联系。例如，公司部门和职工两个实体集之间的联系：一个部门会与N个职工存在关系，而一个职工只会与一个部门存在关系。

(3) 多对多联系(M∶N)

即实体集A1中的多个实体可与实体集A2中的多个实体相联系。例如，工程项目和职工两个实体集之间存在多对多的联系：一名职工可以参加多个工程项目，而每个工程项目可以由多名职工来参加。

2.1.2 属性定义

属性(attribute)被定义为数据字段，它代表了数据对象的某一特性，描述了所研究对象的某种特性或功能。一个属性的种类是由该属性可能包含的值集合来确定的。属性包括值域和非值域两类，可以是标称的、二元的、序数的或者是数据值。

在数据领域，属性被视作数据对象的某一特定属性，它经常被用来阐述数据对象的某些特性。由于数据集往往具有大量不同类型和数量的数据项，因此可以把这些数据项抽象为属性集合进行研究。例如，一个人的属性可以是种族、国籍、爱好、身高和性格等信息；一个商品的属性可以是名称、定价、颜色、大小和重量等信息。

属性既可以是定量的，也可以是定性的。定性属性主要用于描述事物间相互关系，而定量属性用来确定某一变量对指标所产生的影响程度。在数值计算和统计分析中，我们可以使用定量属性，而在分类和组织数据时，我们更倾向于使用定性属性。由于定量与定性之间存在复杂的关系，因此人们往往将两者结合起来使用。例如，在销售数据集合中，销售额可以被视为量化的，而产品的种类则可以被看作定性的。

属性可以进一步划分为原始属性和派生属性。原始属性是通过直接观察或测量获得的属性，而派生属性则是基于原始属性进行计算或推导所得出的属性。例如，在"学生"实体数据集中有"生日"和"年龄"等属性，由"生日"可以计算得到"年龄"属性的值。因此，"年龄"属性被视为派生属性。

属性既可以是离散的，也可以是连续的。由于不同的变量具有不同程度的不确定性和模糊性，使得我们需要用一种新方法去处理这类问题。离散属性只能选择有限和离散的数值，连续属性则可以选择任意数值。例如，在某一人口统计数据集中，性别被视为一个离散的特性，而年龄则被看作一个持续的特性。

简而言之，属性可以被定义为数据对象的某一特定属性或特点，它经常被用来描述数据对象的某几个特点。不同数据表示方式所对应的数据属性具有一定的差异，属性可以是量化的、定性的、原始的、派生的、离散的或连续的。不同属性之间可能存在一定差异，但也有相同或相似的关系，这些差别就是我们所说的数据表中所包含的信息。对数据属性的特性和种类有深入的了解，对于数据的准确解读和分析至关重要。

2.1.3 属性类型

1. 标称属性

标称属性(nominal attribute)与名称紧密相关,代表了某些符号或事物的名字。因此,标称属性也被视为一种分类型属性,每一个数值都代表特定的类别或状态,例如,职业属性的取值可能包括老师、程序员、医生等;但是,这些数值并不需要有明确的顺序,而且它们不是量化的。

值得一提的是,标称属性的数值可能是某些符号或物体的名称,我们可以使用特定的数字来表示这些标称属性的值,用以代表特定的类别、编码或状态。例如,对于商品的颜色,这个属性可能有红、黑、白、黄、蓝、棕等不同的取值。因此,我们可以设定0代表红色,1代表黑色,并按照顺序向后延伸。

此外,标称属性是对数据的定性描述,对其进行数学计算是没有意义的。因此,虽然可以用数字来表示标称属性的值,但是这些数字并不是真正的数值,只是一种表示,不过可以用众数来度量中心趋势。

2. 二元属性

二元属性(binary attribute)是一种特定的标称属性,它只分为两个类别或状态:0和1。其中,0通常意味着该属性不会出现,而1则代表它会出现。同样,1也可以代表一个特定的类别或状态,而0则代表其他的类别或状态。例如,在性别这一属性下,只能选择男或女,可以选择用0代表男,而1代表女。另外,当0和1的状态分别与true和false对应时,我们可以将二元属性称为布尔属性。

当一个二元属性的两个状态在价值和权重上都一致时(也就是说,关于哪一个结果应该使用0或1编码并没有偏好),它们会呈现出对称性,如性别。而当一个二元属性出现两种不同状态时,其结果并不具有相同的重要性,就会导致不对称性,例如新型冠状病毒的阳性和阴性检测结果。

3. 序数属性

序数属性(ordinal attribute)描述的是属性的级别、排列顺序和先后次序,例如,学习能力的数值可以是优秀、良好或合格。因此,它适用于记录那些难以客观衡量的主观质量评价,经常被用于等级评定的调查中,以某旅游景点的服务人员质量评估为例:0表示极度不满,1表示不是很满意,2表示持中立态度,3表示非常满意,4表示极度满意。

此外,序数属性的可能取值之间存在有意义的序或秩评定,但是相继值之间的差异是未知的。例如,在语言测试中,学生的语言技能可以被分为初级、中级和高级;在进行交通安全管理时,驾驶行为可以被分为高风险、中风险和低风险等几种类型;但是,确切地说"高"比"中"多出多少仍然是个未知数。

在数据预处理的规约过程中,我们可以通过对数据值域进行有限的有序分类,并对数值属性进行离散化处理,从而获得序数属性。然而,需要强调的是,标称属性、二元属性和序数属性都具有定性特点，它们仅描述了样本的特性，而并没有明确指出具体的规模或数量。然而，除无法明确定义均值外，序数属性的中心趋势是可以通过众数和中位数来表示的。

4. 数值属性

数值属性(numeric attribute)是一种量化的属性，可以用整数或实数值来表示和度量。这种属性可分为区间标度(interval-scaled)属性和比率标度(ratio-scaled)属性两大类。

(1) 区间标度属性

区间标度属性是指使用相同的单位尺度进行度量。除秩评定外，这一属性允许比较和定量评估值之间的差。它不仅用于评价事物或现象的性质，而且在许多情况下也可用来衡量不同程度的差别大小。以日期为例，它具有区间标度的特性，但我们不能简单地说某一日期是另一日期的整数倍，例如，4月24日不能被视为2月12日的两倍。就像虽然我们能够估算温度的差异，但由于缺乏真正的零值，这些数值是无法通过比率来描述和比较的。

然而，区间标度属性是一种能够为样本提供定量度量的数值属性。例如，温度属性具有区间标度性。如果我们假设有一个星期的温度统计值数据集，将其视为一个样本，并对这些天的温度进行排序，就可以量化不同值间的差异，例如星期一的温度23摄氏度比星期二的温度22摄氏度高1摄氏度。

(2) 比率标度属性

比率标度属性是一种带有固定零点的数值特性，其度量标准是比率。比率标度的应用非常广泛，包括经济分析和统计推断、数学规划和最优化等。在比率标度属性中，我们可以利用比率来描述两个不同的值的相对大小关系：一个是另一个的多少倍。因此，对于不同性质或指标的事物，可以利用不同类型的比率来表示它们的特征和变化情况。例如，在字数、重量、高度、工作年限和速度等方面，我们可以通过倍数来比较两个数值。此外值得注意的是，与区间标度属性中提到的摄氏温度不同，开氏温度存在一个绝对的零点，因此可以被视为一个比率标度属性。

5. 离散属性与连续属性

不同于之前的分类准则，离散与连续是基于不同维度来进行属性划分的。其中，离散属性拥有有限或无限的可数数值，这些数值可以用整数或者不用整数来表示。以年龄为例，我们通常可以选择0~110这个范围内的任意整数。此外，所谓的无限可数是指该属性的可能取值集合是无限的，但可以建立一个与自然数一一对应的关系。例如，顾客编号可以从1开始往后编，但实际的值的集合是可数的，因此它也是离散的属性。如果某一属性并不是离散的，那么它可以被视为连续的。

前四种属性类型之间是不互斥的，当然，我们也可以用许多其他方法来组织属性类型，使类型间不互斥，各种不同的类型都有其独特的处理方式。在机器学习的分类算法中，属性经常被划分为离散或连续两种类型。

2.2 基本数据统计方法

2.2.1 集中趋势的度量

集中趋势(central tendency)描述的是一组数据集中于某一特定中心值的趋势,其核心目标是寻找数据在一般水平上的代表性或中心值。在同一现象的整体中,不同单位的标志值存在差异。如果我们的目标是对整体数量水平有一个概括和普遍的了解,那么显然不能仅用单一单位的标志值来表示。统计平均数是一种用于展示整体水平和集中发展趋势的度量标准。简单来说,这意味着在不改变总体数量的前提下,对整体内的所有标志值进行"截长补短",确保各单位在同一水平上有统一的数量表现,而这个水平上的数值则是平均值,也就是所谓的集中趋势指标。

在处理统计相关的问题时,我们称研究对象的整体为总体,而这个总体中的每一个成员称为个体。我们可以使用数据表来描述整体情况,或者采用多种图形来呈现,包括条形图、线形图、频数图、圆形(饼)图以及散点图等。

用于集中趋势的常见度量方法有算术平均数、中位数、调和平均数、几何平均数、众数和四分位数。这些指标都有各自的优势和劣势,也各有自己的适用范围。接下来,我们将对这些度量进行详细分析,并深入探讨它们的集中趋势度量方式,以便更好地理解数据的核心位置。针对各种数据类型和数据分布状况,使用不同的度量手段。在实际应用场景中,我们可以依据数据的具体特性来选择最适合的度量方式,以准确描述数据的集中趋势。

1. 算数平均数

设样本中有 n 个元素,分别为 $x_1, x_2, \ldots, x_n$,则算术平均数计算公式如下。

$$\bar{x} = \frac{1}{n}(x_1 + x_2 + \ldots + x_n) \tag{2-1}$$

例如,考虑以下5个数值:6、8、9、11、14,则这些数值的算术平均数可以计算为:(6 + 8 + 9 + 11 + 14) / 5 = 48 / 5 = 9.6。

因此,这组数值的算术平均数是9.6。这意味着,如果用一个单一的数字来代表这5个数值,那么可以用9.6来代表它们。

2. 中位数

将 n 个样本从小到大排列,如果 n 为奇数,则位于该数列正中位置的数叫作样本中位数;如果 n 为偶数,则位于该数列正中位置的两个数的平均数叫作中位数。

例如，考虑以下6个数值：4、9、10、5、12、8。

首先，将这些数值按升序排列为：4、5、8、9、10、12。

其次，因为这些数值的个数为偶数，所以中位数应该为中间两个数的平均值，即(8+9) / 2= 8.5。

因此，这组数值的中位数是8.5。这意味着，在这组数值中，50%的数值小于或等于8.5，而另外50%的数值大于或等于8.5。

3. 调和平均数

调和平均数是根据变量值倒数计算的一种算术平均数，也称倒数平均数。调和平均数根据资料的不同，分为简单调和平均数和加权调和平均数。

(1) 简单调和平均数往往是根据未分组资料计算的。其公式为

$$x_h = \frac{1}{\frac{\sum \frac{1}{x}}{n}} = \frac{n}{\sum \frac{1}{x}} \tag{2-2}$$

式中：x_h表示简单调和平均数；x表示各变量值；n表示变量值个数。

例如，考虑以下3个数值：4、6、8。

首先，计算这些数值的倒数：1/4、1/6、1/8。

其次，计算这些数值的平均值：(1/4 + 1/6 + 1/8) / 3 = 13/72。

最后，将这个平均值取倒数：1 / (13/72) = 72/13。

因此，这组数值的调和平均数是72/13，约为5.53。这种情况下，我们可以用单独的数字5.53来代表这3个数值。

(2) 加权调和平均数是根据分组资料计算的。其公式为

$$x_h = \frac{1}{\sum \frac{1}{x} \cdot \frac{f}{n}} = \frac{n}{\sum \frac{f}{x}} \tag{2-3}$$

式中：x_h表示加权调和平均数；x表示各组变量值；f表示各组变量值所出现的次数；n表示各组变量值次数之和。

例如，考虑以下3个数值(4、6、9)，以及数值相对应的权重(1、2、3)。

首先，计算这些数值的倒数：1/4，1/6，1/9。

其次，将它们分别乘以相应的权重：1/4 * 1 = 1/4，1/6 * 2 = 1/3，1/9 * 3 = 1/3。

然后，将这些乘积相加：1/4 + 1/3 + 1/3 = 11/12。

最后，将这个总和除以权重的总和：11/12 / (1 + 2 + 3) = 11/72。

因此，这组数值的加权调和平均数是72/11，约为6.54。在考虑到每个数值的相对重要性时，我们可以用单独的数字6.54来代表它们。

4. 几何平均数

几何平均数是 n 个变量值连乘积的 n 次方根，计算公式为

$$\bar{x}_g = \sqrt[n]{x_1 x_2 \ldots x_n} = \sqrt[n]{\prod x} \tag{2-4}$$

式中：$\bar{x}_g$ 表示几何平均数；x 表示各变量值；n 表示变量值个数；$\prod$ 是连乘符号。

例如，考虑以下3个数值：1、2、4。

首先，计算这些数值的乘积：1*2*4=8。

然后，将这个乘积开 n 次方根，其中 n 是数值的数量(在这个例子中，n=3)：$\sqrt[3]{8} = 2$。

因此，这组数值的几何平均数为2。在考虑到每个数值的比例关系时，我们可以用单独的数字2来代表这3个数值。

5. 众数

众数是指总体中出现次数最多的变量值，它能够鲜明地反映数据分布的集中趋势。一组数据分布的最高峰点所对应的变量值即为众数。在商业活动中，众数应用较为普遍。依据资料的不同，众数的计算可以有两种不同的方法。

(1) 未分组资料

在未分组资料条件下，只要用目测法找出次数最多的变量值即找到众数。

例如，考虑以下一组数值：1、4、5、5、5、6、7、7、8。

在这个例子中，数字5出现了3次，出现最频繁；而其他数字只出现了1次或2次，因此，这组数值的众数是5。在考虑到数值的出现频率时，我们可以用5来代表它们。

(2) 分组资料

在分组资料条件下，也要先确定众数所在的组，然后用下限公式计算众数的估计值。

$$M_0 = L + \frac{d_1}{d_1 + d_2} \cdot i \tag{2-5}$$

式中：M_0 为众数；L 为众数组下限；d_1 为众数组次数与上一组次数之差；d_2 为众数组次数与下一组次数之差；i 为众数组的组距。

6. 四分位数

四分位数是用来描述数据分布中25%、50%、75%位置的分位点，将数据分为四个等份。四分位数的确定方式如下。

首先，把变量的数值从小到大进行排序。

第一四分位数(Q_1)也称作"下四分位数"的确定方法。

(1) 首先进行 $n/4$ 的数值计算。

(2) 如果 $n/4$ 的结果是整数，那么将 $n/4$ 位置和 $(n/4)+1$ 位置上的两个变量值的算术平均数作为下四分位数。

(3) 如果 $n/4$ 的结果不是一个整数，那么向上取整，得到的结果就是下四分位数的位置，这

个位置上的数字就是下四分位数。

第二四分位数(Q_2)也称作"中位数"的确定方法。

(1) 如果(n+1)/2是一个整数,那么该位置上的变量就被定义为中位数。

(2) 如果(n+1)/2并非一个整数,那么该位置旁的两个变量的算术平均值将被视为中位数。

第三四分位数(Q_3)也称作"上四分位数"的确定法。

(1) 首先进行3n/4的数值计算。

(2) 如果3n/4的结果是一个整数,那么将3n/4位置和(3n/4)+1位置上的两个变量的算术平均数作为上四分位数。

(3) 如果3n/4的数值不是一个整数,那么向上取整,得到的结果就是上四分位数的位置,这个位置上的数字就是上四分位数。

2.2.2 离散趋势的度量

1. 极差

极差也称全距,它是一组数据的最大值与最小值之差。在组距式数列中,极差是最高组上限与最低组下限之差。极差是最简单的标志变异指标。用公式表示为

$$R = x_{\max} - x_{\min} \tag{2-6}$$

式中:R表示极差;$x_{\max}$与$x_{\min}$分别表示数据的最大值和最小值。

例如,考虑以下一组数值:4、6、11、8、3、14。

在这个例子中,最大值是14,最小值是3,因此这组数值的极差是14−3=11。我们可以用单一的数字11来代表这组数值的范围大小。

2. 平均差

平均差是各标志值与其算术平均数离差的平均数。由于各标志值与其算术平均数离差总和等于零,因此要用离差的绝对值来计算平均差。用公式表示为如下。

(1) 在未分组资料情况下

$$\mathrm{AD} = \frac{\sum |x - \bar{x}|}{n} \tag{2-7}$$

式中:AD表示平均差;x表示各变量值;$\bar{x}$表示算术平均数;n表示变量值个数。

例如,考虑以下一组数值:4、6、10、8。

首先,计算这组数值的算术平均数:(4 + 6 + 10 + 8)/4 = 7。

然后,计算每个数值与算术平均数之差的绝对值:|4−7|=3, |6−7|=1, |10−7|=3, |15−7|= 8。

最后,将这些绝对值相加,并除以数值的数量(n=4):(3+1+3+8)/4=3.75。

因此,这组数值的平均差是3.75。

(2) 在分组资料情况下

$$AD = \frac{\sum |x - \bar{x}| f}{\sum f} \text{ 或 } AD = \sum |x - \bar{x}| \cdot \frac{f}{\sum f} \tag{2-8}$$

式中：AD 表示平均差；x 表示各变量值；$\bar{x}$ 表示算术平均数；f 表示各组中变量值出现的次数。

3. 总体方差

总体方差是各变量值与其算术平均数离差平方的平均数。

$$\sigma^2 = \frac{1}{n}\left[(x_1 - \mu)^2 + (x_2 - \mu)^2 + \ldots + (x_n - \mu)^2\right] = \frac{1}{n}(x_1^2 + x_2^2 + \ldots + x_n^2) - \mu^2$$

例如，考虑以下一组数值：1、2、4、8、10。

首先，计算这组数值的算术平均数：(1+2+4+8+10)/5=5。

然后，计算每个数值与算术平均数之差的平方：(1−5)^2 = 16, (2−5)^2 = 9，(4−5)^2 = 1, (8−5)^2 = 9, (10−5)^2 = 25。

接下来，将这些平方相加，并除以数值的数量(n=5)：(16 + 9 + 1 + 9 + 25) / 5 = 12。

因此，这组数值的总体方差是 12。

4. 总体标准差

总体标准差是总体各单位变量值与其算术平均数离差平方平均数的平方根，也称均方差。它是方差的平方根。

$$\sigma = \sqrt{\frac{1}{n}\left[(x_1 - \mu)^2 + (x_2 - \mu)^2 + \ldots + (x_n - \mu)^2\right]} \tag{2-9}$$

假设有一组学生的成绩：70、75、80、85、90。

首先，计算这组数据的平均值：(70 + 75 + 80 + 85 + 90) / 5 = 80。

然后，计算每个数据点与平均值之差的平方，并将它们相加：(70−80)^2 + (75−80)^2 +(80−80)^2 + (85−80)^2 + (90−80)^2 = 250。

接下来，将这个总和除以数据点的数量：250 / (5) =50。

最后，将这个结果的平方根作为总体标准差的值：$5\sqrt{2} \approx 7.07$。

因此，这组学生的成绩的总体标准差为 7.07。这个数字表示了整个数据集中成绩与平均值的偏离程度。总体标准差越大，表示数据点越分散。

5. 异众比率

异众比率(variation ratio)是统计学名词，是统计学当中研究离中趋势的指标之一。异众比率指的是总体中非众数次数与总体全部次数之比，换句话说，异众比率指非众数组的频数占总频数的比例。公式为

$$V_r = \frac{\sum f_i - f_m}{\sum f_i} = 1 - \frac{f_m}{\sum f_i} \tag{2-10}$$

式中：V_r表示异众比率；$\sum f_i$ 为变量值的总频数；f_m为众数组的频数。

假设一组人的年龄为：20、21、25、25、26、26、27、28、29、30、31。

该数据集中最常出现的数值是25，出现了2次，变量值的总频数为11，因此异众比率为：11−2/11=9/11。

异众比率常用于描述数据集的峰态，即数据的分布形态是否偏向于某个特定值。

6. 四分位差

四分位差(quartile deviation)也称为内距或四分间距(inter-quartile range)，它是上四分位数(Q_U，即位于75%)与下四分位数(Q_L，即位于25%)的差。计算公式为：$Q_d = Q_U - Q_L$。四分位差反映了中间50%数据的离散程度，其数值越小，说明中间的数据越集中；其数值越大，说明中间的数据越分散。四分位差不受极值的影响。

假设有一组数值：10、20、30、40、50、60、70、80、90、100。

首先，将这组数值按大小顺序排列：10、20、30、40、50、60、70、80、90、100。

接着，计算这组数据的中位数(即第二个四分位数Q_2)：(50 + 60) / 2 = 55。

然后，将数据分成两个部分：小于或等于中位数的数值和大于中位数的数值。对于这个例子，两个部分分别为：10、20、30、40、50和60、70、80、90、100。

接下来，分别计算这两个部分的中位数(即第一个四分位数Q_1和第三个四分位数Q_3)：Q_1 = (30 + 40) / 2 = 35，Q3 = (80 + 90) / 2 = 85。

最后，四分位差(IQR)可以通过计算Q_3与Q_1之差得到：IQR =$Q_3 - Q_1$ = 85−35 = 50。

因此，这组数值的四分位差为50。四分位差常用于描述数据的离散程度，即数据集中50%的数值分布在IQR范围内。

2.2.3 数据相似性的度量

相似性度量即对某两者直接的相似性进行度量。在做分类时常常需要估算不同样本之间的相似性度量(similarity measurement)，这时通常采用的方法就是计算样本间的"距离"。采用什么样的方法计算距离很有讲究，甚至关系到分类的正确与否，例如欧氏距离和曼哈顿距离。

1. 欧氏距离

欧氏距离(Euclidean Distance)是最易于理解的一种距离计算方法，源自欧氏空间中两点间的距离公式。

(1) 二维平面上两点a(x_1, y_1)与b(x_2, y_2)间的欧氏距离：

$$d_{12} = \sqrt{(x_1 - x_2)^2 + (y_1 - y_2)^2} \tag{2-11}$$

三维空间中两点a(x_1, y_1, z_1)与b(x_2, y_2, z_2)间的欧氏距离：

$$d_{12} = \sqrt{(x_1 - x_2)^2 + (y_1 - y_2)^2 + (z_1 - z_2)^2} \tag{2-12}$$

(2) 两个 n 维向量 $a(x_{11},x_{12},\ldots x_{1n})$ 与 $b(x_{21},x_{22},\ldots x_{2n})$ 间的欧氏距离：

$$d_{12}=\sqrt{\sum_{K=1}^{n}\left(x_{1K}-x_{2K}\right)^{2}} \tag{2-13}$$

也可以用表示成向量运算的形式：

$$d_{12}=\sqrt{(a-b)(a-b)^{\mathrm{T}}} \tag{2-14}$$

(3) MATLAB 计算欧氏距离。

MATLAB 计算距离主要使用 pdist 函数。若 X 是一个 $M \times N$ 的矩阵，则 pdist(X) 将 X 矩阵 M 行的每一行作为一个 N 维向量，然后计算这 M 个向量两两间的距离。

【例】计算向量(0,1)、(1,0)、(0,2)两两间的欧式距离。

```
X= [0 1 ; 1 0 ; 0 2]
D= pdist(X,'euclidean')

结果：
D=
    1.4142    1.0000    2.2361
```

2. 曼哈顿距离

曼哈顿距离(Manhattan Distance)又称绝对值距离。假设在曼哈顿要从一个十字路口开车到另外一个十字路口，那么驾驶距离就是两点间的直线距离吗？显然不是，除非驾驶者能穿越大楼。那么，实际驾驶距离就是这个"曼哈顿距离"，而这也是曼哈顿距离名称的来源。曼哈顿距离也称为城市街区距离。

(1) 二维平面上两点 $a(x_1,y_1)$ 与 $b(x_2,y_2)$ 间的曼哈顿距离：

$$d_{12}=|x_1-x_2|+|y_1-y_2| \tag{2-15}$$

(2) 两个 n 维向量 $a(x_{11},x_{12},\ldots,x_{1n})$ 与 $b(x_{21},x_{22},\ldots,x_{2n})$ 间的曼哈顿距离：

$$d_{12}=\sum_{K=1}^{n}|x_{1K}-x_{2K}| \tag{2-16}$$

(3) MATLAB 计算曼哈顿距离。

【例】计算向量(0,0)、(1,0)、(0,2)两两间的曼哈顿距离。

```
X= [0 1 ; 1 0 ; 0 2]
D= pdist(X, 'cityblock')

结果：
D=
    2    1    3
```

2.3 数据可视化图像及视觉基础

第1章讲过,数据可视化是关于数据视觉表现形式的科学技术研究。其中,数据的视觉表现形式被定义为一种以某种概要形式抽提出来的信息,包括相应信息单位的各种属性和变量。它主要指的是技术上较为高级的方法,而这些技术方法允许利用图形、图像处理、计算机视觉及用户界面,通过表达、建模以及对立体、表面、属性和动画的显示,对数据加以可视化解释。与立体建模之类的特殊技术方法相比,数据可视化所涵盖的技术方法要广泛得多。

数据可视化是一个重要的工具,可以帮助人们更好地理解数据。视觉基础是创建有效的数据可视化的基础,下面是视觉基础中的知识分类和内涵。

2.3.1 视觉基础

1. 可视化数据类型

(1) 连续性(数值型):用于量化事物的具体大小,如金额、年龄。

(2) 离散型(分类型):用于反映事物类别的数据。离散型数据可分为有序离散和无序离散两种,如大中小为有序离散,它们之间有明显的数量级大小关系;同理,无序离散则没有这层关系,如男女性别。

(3) 时序类型:也称时间序列数据,按时间顺序记录的数据;如年月日、时分秒。

(4) 空间类型:空间数据是最为复杂的一种类型,GIS信息可视化就是基于空间类型数据绘制的。理论上地球上的任何一个事物都可以用空间数据来描述:基本信息+时间信息+空间信息;空间数据是定量、定性、定时、定位的综合信息。

2. 可视化数据视觉元素

(1) 位置:位置即坐标,用于数据的定位,如散点图的坐标。

(2) 方向:方向可以指渲染方向,如饼图顺时针排序;柱状图以0为分界点,数值为正向上,数值为负向下;折线图的方向则随时间波动变化。

(3) 形状:如柱状图的基本元素是长方形;气泡图的基本元素是圆形;饼图的基本元素是扇形。

(4) 角度:如饼图是把不同大小的数值映射成对应的角度。

(5) 长宽度:如条形图是把数值映射成宽度;柱状图把数值映射成高度。

(6) 色彩:如离散变量可以映射成不同颜色区分类别;数值大小映射成颜色的深浅。

(7) 尺寸:尺寸即大小,不同数值可映射成不同大小。

(8) 纹理:如条形图可以加上不同纹理区分类别,与颜色作用一样。

3. 数据与视觉元素关系

对于视觉映射，需要理解视觉映射与数据类型之间的关系。不同的视觉映射要求的数据类型不同，如分类变量不可能映射成长宽度、角度等。因此，需要根据数据类型结构来选择合适的视觉映射方式，常见的映射关系如图2-1所示。

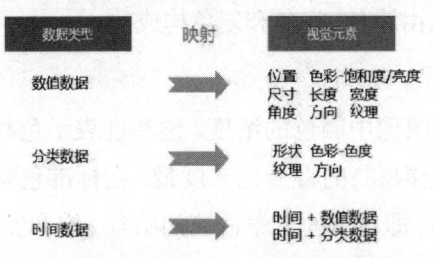

图2-1 数据与视觉元素映射关系

因此做信息图表时，要考虑清楚图形所需的变量维度、变量类型，常见的图表数据视觉映射关系如表2-1所示。

表2-1 图表数据视觉映射关系

图表类型	所需最小变量维度	数据视觉映射关系
条形图/柱状图	2	横轴/纵轴：类别与数值
饼图	2	每个扇区：类别与数值占比
散点图	2	横轴：一个变量；纵轴：另一个变量
气泡图	3	横轴：X变量；纵轴：Y变量；气泡大小：Z变量
折线图	2	横轴：时间/类别；纵轴：数值
...	...	...

2.3.2 图像色彩

在数据可视化图像及视觉基础中，图像色彩是一个非常重要的概念。良好的色彩选择可以使数据更加易于理解和传达。同时，应该考虑到不同的受众和可能存在的色盲问题，以确保数据的准确传达。颜色可以用来表示不同的数据类别或显示数据中的变化。在图像处理中，常见的颜色模式包括HSB(色相、饱和度、亮度)、RGB(红色、绿色、蓝色)、CMYK(青色、品红、黄色、黑色)等。在HSB颜色模式中，色相、饱和度、亮度是对图像属性的基本描述。以下是一些关于图像色彩的概念。

1. 色调

色调是各种图像色彩模式下原色的明暗程度，范围级别是0~255，共256级。例如，对于灰色图像，当色调级别为255时，就是白色，当级别为0时，就是黑色，中间是各种不同程度的灰色。在RGB模式中，色调代表红、绿、蓝3种原色的明暗程度，对绿色有淡绿、浅绿、深绿等不同的色调。色调是指色彩外观的基本倾向。在明度、纯度、色相这3个要素中，某种要素起主导作用时，就可以称之为某种色调。

2. 色相

色相就是颜色的种类，调整色相就是调整景物的颜色，例如，彩虹由红、橙、黄、绿、青、蓝、紫7种颜色组成，那么它就有7种色相。顾名思义即各种色彩的相貌称谓，如大红、普蓝等。色相是色彩的首要特征，是区别各种不同色彩的最准确的标准。事实上任何黑白以外的颜色都有色相的属性，而色相是由原色、间色和复色构成的。

3. 饱和度

饱和度(又称彩度)是指图像中颜色的浓度。饱和度表示色相中灰色分量所占的比例，它使用0%(灰色)至100%(完全饱和)的百分比来度量。在标准色轮上，饱和度从中心到边缘递增。饱和度越高，颜色越饱满，即所谓的青翠欲滴的感觉。饱和度越低，颜色就会显得越陈旧、惨淡。饱和度为0时，图像就为灰度图像。

4. 对比度

对比度是指不同颜色之间的差别。对比度越大，不同颜色之间的反差越大，即所谓的黑白分明，对比度过大，图像会显得很刺眼。对比度越小，不同颜色之间的反差就越小。

5. 亮度

亮度是各种图像色彩模式下原色的明暗程度。通常使用0%(黑色)至100%(白色)的百分比来度量图像的色调，是指图像的整体明暗度。例如，如果图像亮部像素较多，则图像整体看起来较为明快。反之，如果图像中暗部像素较多，则图像整体上看起来较为昏暗。对于彩色图像而言，图像具有多个色调。通过调整不同颜色通道的色调，可对图像进行细微的调整。

2.3.3 视觉通道及类型

数据可视化的核心内容是可视化编码，是将数据信息映射成可视化元素的技术。

1. 可视化编码

可视化编码由两部分组成：几何标记(图形元素)和视觉通道。

(1) 几何标记：可视化中标记通常是一些几何图形元素，例如点、线、面、体。

(2) 视觉通道：用于控制几何标记的展示特性，包括标记的位置、大小、形状、方向、色调、饱和度、亮度等，具体如图2-2所示。

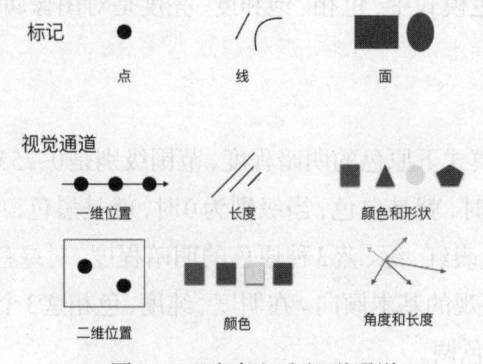

图2-2 几何标记和视觉通道

2. 视觉通道的类型

人类对视觉通道的识别有两种基本的感知模式。第一种感知模式得到的信息是关于对象本身的特征和位置等，对应视觉通道的定性性质和分类性质；第二种感知模式得到的信息是对象某一属性在数值上的大小，对应视觉通道的定量性质或定序性质。因此将视觉通道分为两大类。

(1) 定性(分类)的视觉通道，如形状、颜色的色调、空间位置。

(2) 定量(连续、有序)的视觉通道，如直线的长度、区域的面积、空间的体积、斜度、角度、颜色的饱和度和亮度等。

然而两种分类不是绝对的，例如位置信息，既可以区分不同的分类，又可以分辨连续数据的差异。

3. 视觉通道的表现力

进行可视化编码时，我们需要考虑不同视觉通道的表现力和有效性，主要体现在下面几个方面。

(1) 准确性，即是否能够准确地在视觉上表达数据之间的变化。

(2) 可辨认性，指同一个视觉通道能够编码的分类个数，即可辨识的分类个数上限。

(3) 可分离性，即不同视觉通道的编码对象放置到一起是否容易分辨。

(4) 视觉突出，即重要的信息是否用更加突出的视觉通道进行编码。

视觉通道的表现力具体如图2-3所示。

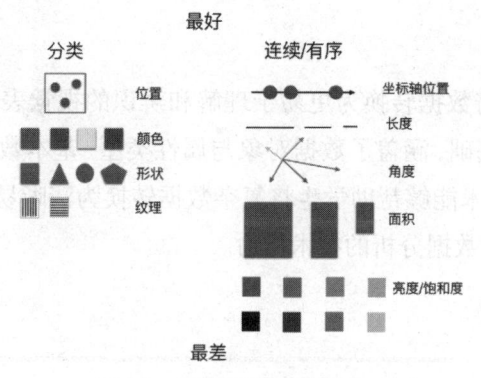

图2-3 视觉通道的表现力

4. 视觉可视化控件

视觉可视化控件是指用于交互式数据可视化中的用户界面元素，可以帮助用户控制和操作可视化数据，是交互式数据可视化中非常重要的组成部分。正确地使用视觉可视化控件可以使用户更加容易地探索和理解数据，从而得出更准确的结论。在设计数据可视化时，应该根据用户需求和数据特征选择适合的视觉可视化控件。

以下是一些常见的视觉可视化控件的概念和种类。

(1) 滑块控件

滑块控件通常用于控制数值范围的选择。用户可以通过拖动滑块来选择特定的数值范围。

(2) 下拉列表控件

下拉列表控件通常用于在选项列表中选择一个选项。用户可以单击下拉列表，然后选择所需的选项。

(3) 复选框控件

复选框控件通常用于选择多个选项。用户可以单击复选框来选择或取消选择特定的选项。

(4) 单选按钮控件

单选按钮控件通常用于从几个选项中选择一个选项。用户可以单击单选按钮来选择所需的选项。

(5) 文本框控件

文本框控件通常用于输入文本或数值。用户可以在文本框中输入所需的文本或数值。

(6) 颜色选择器控件

颜色选择器控件通常用于选择特定的颜色。用户可以使用颜色选择器选择所需的颜色。

(7) 时间选择器控件

时间选择器控件通常用于选择特定的时间。用户可以使用时间选择器选择所需的时间。

本章小结

数据可视化是一种将数据转换为更易于理解和辨识的视觉表现形式的过程。本章深入探讨了数据可视化技术的基础，涵盖了数据对象与属性类型、基本数据统计方法、数据可视化图像及视觉基础。可视化技术能够帮助学生将复杂数据转换为清晰易懂的视觉信息，学习本章内容可以有效提升学生进行数据分析的技术能力。

第3章 数据可视化方法

> **教学提示**
> 本章对数据可视化方法进行介绍。通过本章的教学,可以使学生深入学习数据可视化方法,了解常见数据可视化设计软件,培养学生的实际应用能力;可以使学生掌握数据可视化流程和可视化映射方法,掌握可视化设计软件工具的功能和特性,从而为后续章节的学习奠定基础。

3.1 数据可视化流程

数据可视化流程是数据科学和机器学习中的重要部分,是将数据转换为可视化图形的系统化步骤,旨在通过视觉手段更有效地传达信息和洞察。它涉及将原始数据转换为便于分析和建模的形式,主要目标是使复杂数据变得易于理解,帮助决策和分析。常见的数据可视化操作可以使用各种工具(例如 Python 的 Pandas 库)进行实现。有效的数据可视化流程可发现数据中的隐含模式和关联,并为进一步的分析和决策提供有力支持,以帮助建立更加高效的机器学习模型。

3.1.1 数据可视化的流程

数据可视化是数据分析和科学的重要组成部分,它是将数据转换为图形和图表的过程,可以帮助更直观地理解数据;正确的数据可视化还可以帮助更有效地传达数据信息。数据可视化流程主要包括数据收集、数据清洗、数据分析、数据可视化和结果解释这几个步骤。首先从不同来源收集数据,然后对数据进行清洗,以去除噪声和异常值。接下来,根据数据类型和目标进行分析,最后将分析结果进行可视化呈现,以便于理解和解释。

一般来说,数据可视化的具体流程如下。

1. 数据收集和准备

数据可视化流程中的数据收集和准备是确保后续分析和可视化效果的基础。数据收集是指获取相关数据的过程,数据准备包括数据清洗和预处理。清洗过程涉及处理缺失值、重复数据和异常值,确保数据质量。预处理可能还包括数据转换、标准化和特征工程,以使数据更适合可视化和分析。

2. 数据清洗

收集到的原始数据中可能存在错误值、缺失值或不一致的格式,需要进行数据清洗。这包括去除重复数据、填补缺失值、纠正错误值、统一数据格式等步骤。

3. 数据处理

数据处理在数据可视化流程中指的是对原始数据进行清洗、转换和整合的过程,以确保数据的准确性和一致性。其主要目的是将数据转化为适合分析和可视化的形式。这包括识别和修正错误、处理缺失值、数据格式转换、合并不同来源的数据等。

4. 数据分析

数据分析在数据可视化流程中指的是对数据进行系统性检查和解读的过程,旨在提取有意义的信息和洞察。它包括描述性分析、探索性分析和推断性分析,通过统计方法和可视化工具,帮助理解数据背后的趋势、模式和关系。

5. 选择合适的可视化工具

根据数据的特点和可视化的目的,选择合适的可视化工具。常见的可视化工具包括Tableau、Power BI、Matplotlib、ggplot2等,选择合适的工具有助于更好地表达数据。

3.1.2 数据收集和准备

要实现数据可视化首先得有数据,因此数据采集是数据可视化的第一步,同时这一步也在很大程度上决定了数据可视化的最终效果。数据收集和准备是指获取需要进行可视化的数据,在这个阶段,需要明确想要解决的问题并确定所需的数据来源。常见的数据来源包括数据库、文件、API接口等。收集到的数据可以是结构化数据(如表格数据),也可以是非结构化数据(如文本、图片等)。数据准备是指对数据进行清洗和预处理,以便进行可视化。具体包括如下。

(1) 明确可视化的目的:在进行数据收集和准备之前,首先需要明确数据可视化的目的。不同的可视化目的可能需要收集不同类型的数据,因此要清楚自己希望通过可视化表达什么信息,是为了展示趋势、比较不同数据、识别异常还是其他目的。

(2) 确定数据来源:确定需要使用的数据来源,可以是现有的数据库、数据仓库、实验室实验数据、网络抓取的数据,或者通过调查问卷等方式收集的数据。确保数据来源的可靠性和完整性是十分重要的。

3.1.3 数据清洗

数据清洗是指清洗脏数据,是在数据文件中发现和纠正可识别错误的最后一个程序。哪些数据被称为脏数据?例如,从数据仓库中提取的数据,由于数据仓库通常是针对某一主题的数据集合,这些数据是从多个业务系统中提取的,因此不可避免地包含不完整的数据、错误的数据和重复的数据,这些数据被称为脏数据。我们需要借助工具,按照一定的规则清理这些脏数据,以确保后续分析结果的准确性。这个过程就是数据清洗,数据清洗概念示意图如图3-1所示。

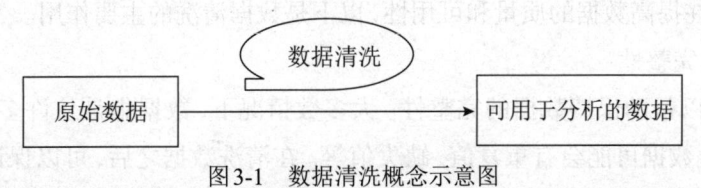

图3-1 数据清洗概念示意图

数据清洗是数据科学和机器学习中的一个重要步骤,其必要性在于原始数据存在着较多的瑕疵,那些直接从内外部获取的信息、自然收集或生产系统自然生成的数据,在未进行必要的加工整理之前,并不能够满足直接分析或建模的需求,因此需要对原始数据进行清理,以便删除不需要的数据,修复错误数据和格式化数据。

数据清洗主要包括去除重复值、缺失值处理、异常值处理和数据类型转换。去除重复值是为了保证数据的独立性。缺失值处理通常包括填充缺失值、删除缺失值或者采用插值方法。异常值处理则是为了剔除不符合实际情况的数据。数据类型转换是将数据从一种类型转换为另一种类型,以便于分析。

1. 数据清洗的常见操作

数据清洗的常见操作包括以下几个步骤。

(1) 数据去重:数据中存在重复数据是常见的情况,去除重复数据可以避免对统计分析结果产生不必要的影响。常用的去重方法是根据某个或多个字段的数值唯一性进行去重,删除数据集中的重复数据,以便减少数据冗余。

(2) 删除缺失数据:删除数据集中的缺失数据,以便减少缺失数据对数据分析和建模的影响。其中缺失值是指数据集中某些字段缺少数值或者为NaN的情况。处理缺失值的常用方法包括删除缺失值、替换缺失值和插值法。删除缺失值适用于数据集中缺失值较少的情况,对于缺失值较多的情况,可以使用替换缺失值的方法,如用平均值、中位数或众数进行替换。插值法可根据数据的分布情况进行插值处理,如线性插值、多项式插值等。

(3) 修复错误数据:修复数据集中的错误数据,以便提高数据准确性,其中异常值是指在数据集中与其他观测值存在显著差异的数值。异常值处理可以通过删除异常值、替换异常值或者分析异常值的原因进行修正。删除异常值适用于数据集中异常值较少的情况,替换异常值可采用均值、中位数等替换方法,而分析异常值的原因有助于发现数据采集或记录过程中的问题。

(4) 格式化数据：不同的数据源通常会有不同的数据格式，统一数据格式是进行数据清洗的重要步骤之一，将数据转换为统一的格式，以便更好地进行分析和建模。对于日期类数据，需要根据实际情况进行格式转换；对于字符串数据，需要进行大小写转换、去除空格等处理；对于数值类数据，需要进行单位换算等操作。

(5) 数据规范化：将数据转换为具有相同尺度的形式，以便更好地进行分析和建模。

2. 数据清洗的作用

数据清洗旨在提高数据的质量和可用性，以下是数据清洗的主要作用。

(1) 保持数据完整性

数据清洗可以帮助保持数据的完整性。大多数情况下，数据集是从许多不同的来源和格式中获取的，因此数据可能会有重复值、缺失值等。在清洗数据之后，可以保证数据的完整性，从而提高后续分析的可靠性。

(2) 提高数据分析的效率

清洗数据可以减少数据集中的噪声和冗余信息，避免计算非必要的部分，并减少分析和处理数据集所需的时间和计算资源。原始数据集通常包含了很多无用的信息或格式，数据清洗可以消除这些冗余的信息，使数据更易于分析和处理。

(3) 更好地满足需求

数据清洗可以确保数据集符合假定的模型和假设，并为后续分析提供更准确和明确的数据，从而更好地发现数据的价值和特征。通过清洗数据，可以更好地了解数据的特征和模式，从而更好地对数据进行建模和预测。

综上所述，数据清洗是保证数据分析过程正确性和准确性的重要步骤之一。通过深入了解数据集，清除错误和冗余数据，并确保数据集完整性和准确性，可以更好地发现数据特征和模式，从而更好地满足业务需求和分析目标。通过使用工具（如Python的Pandas库），可以帮助实现数据清洗过程。

3.1.4 数据处理

数据处理是指对数据进行数据变换、数据整合等步骤。数据处理的目标是保证数据的准确性、可用性等。

1. 数据变换

数据变换是指对数据进行变换，以便更好地捕捉数据的内在结构。数据变换主要包括数据规范化、数据聚合和数据降维。数据规范化是将数据转换为统一的度量标准，便于比较和分析；数据聚合是将多个数据项合并为一个数据项，以简化数据结构；数据降维是通过降低数据的维度来减少数据的复杂性，提高计算效率。

常见的数据变换操作包括如下。

(1) 标准化：将数据转换为具有相同尺度的形式，以便更好地进行分析和建模。

(2) 归一化：将数据归一化到 [0,1] 范围内，以便更好地进行分析和建模。

(3) 对数变换：将数据转换为对数，以便更好地处理数据的偏斜。

(4) 幂变换：将数据转换为幂，以便更好地处理数据的偏斜。

(5) 因子分析：将数据转换为因子分析的形式，以便更好地捕捉数据的内在结构。

2. 数据整合

数据整合是数据可视化流程中的一个重要概念，指的是将来自不同来源或格式的数据汇集在一起，以形成一个统一的数据集。其主要目标是确保数据的一致性、完整性和可用性。通过数据整合可以确保可视化的基础数据既全面又一致，便于后续的分析和呈现。

其关键步骤包括如下。

(1) 识别数据源：识别数据源是指确定和选择可以用于整合的数据来源。数据源可以是内部系统(如数据库、CRM)和外部来源(如API、公共数据集)。然后需要评估数据源，考虑数据源的质量、可靠性、可用性和更新频率，确保其适合分析需求。最后要根据识别的数据源，制订整合方案，确定整合方法和流程。

(2) 数据匹配：数据匹配是指识别和关联来自不同数据源中相同或相似的记录。它确保不同数据集中的相同变量或字段能够正确对应，例如通过主键或共同特征进行匹配。有效的数据匹配可以确保整合后的数据集是准确和完整的。其主要步骤包括如下。

① 选择用于识别相似记录的关键字段(如 ID、姓名、地址等)，并定义匹配的规则。

② 对待匹配的数据进行预处理，如统一格式、消除冗余和规范化字段(例如，将所有字符串转换为小写)。

③ 使用算法(如 Jaccard 相似度、余弦相似度等)计算记录之间的相似性。

④ 利用匹配算法(如精确匹配、模糊匹配)来识别匹配记录。

⑤ 对匹配结果进行人工验证，以提高准确性，特别是在高风险领域。

⑥ 将匹配的记录合并，形成一个综合的视图，确保信息不重复且数据完整。

(3) 合并数据：数据合并是数据整合中的一项基本操作，它使用适当的方法将数据集整合在一起，确保信息的完整性。通过将多个数据源的数据合并在一起，可以方便地进行数据比较、计算和统计。

① 水平合并

水平合并是指将具有相同字段类型的多个数据表按照行索引进行合并，合并后的结果按照水平方向增加列数。常用的水平合并方式有列拼接和列合并。

② 垂直合并

垂直合并是指将具有相同字段类型的多个数据表按照列索引进行合并，合并后的结果按照垂直方向增加行数。常见的垂直合并方式有行追加和行合并。

③ 数据连接合并

数据连接合并是指将两个具有相同或不同字段类型的数据表根据一些特定的关联字段(连接键)进行合并。常见的数据连接合并方式有内连接、外连接、左连接和右连接。

3.1.5 数据分析

数据分析是指用适当的统计分析方法对收集的大量数据进行分析，为提取有用信息和形成结论而对数据加以详细研究和概括总结的过程。数据分析有狭义和广义之分。狭义的数据分析是指根据分析目的，采用对比分析、分组分析、交叉分析和回归分析等分析方法对收集的数据进行处理与分析，提取有价值的信息，发挥数据的作用，并得到一个统计量结果的过程；广义的数据分析是指针对收集的数据运用基础探索、统计分析、深层挖掘等方法，发现数据中有用的信息和未知的规律与模式，进而为下一步的业务决策提供理论与实践依据。

常用的数据分析方法有以下几种。

1. 描述统计分析

描述统计分析是对数据进行总结和描述的方法。它可以通过计算各种统计指标来了解数据的分布和特性，包括均值、中位数、众数、标准差等。描述统计分析可以帮助理解数据的中心趋势、离散程度和偏态。

2. 相关性分析

相关性分析可以用来研究不同变量之间的关系。通过计算变量之间的相关系数，可以了解它们之间的线性相关程度。常用的相关性分析方法包括皮尔逊相关系数和斯皮尔曼相关系数。

3. 回归分析

回归分析是一种用来研究因变量与自变量之间关系的方法。通过构建回归模型，可以预测因变量的值并了解自变量对因变量的影响程度。常用的回归分析方法包括线性回归、多元回归和逻辑回归。

4. 聚类分析

聚类分析是一种将相似对象归为一类的方法，它可以帮助发现数据中的隐藏分组结构。聚类分析可以通过计算对象之间的距离或相似性度量来划分不同的簇，常用的聚类方法包括层次聚类和K均值聚类。

5. 主成分分析

主成分分析是一种通过线性变换将多个变量转换为少数几个主成分的方法。主成分分析可以降低数据的维度，减少变量之间的相关性，并帮助解释数据的变异性。通过分析主成分的贡献率和因子载荷，可以了解变量对主成分的贡献程度。

6. 时间序列分析

时间序列分析是一种用于处理按时间顺序排列的数据的方法。它可以帮助预测未来的趋势、周期和季节性，并发现数据中的长期和短期变动。常用的时间序列分析方法包括移动平均法、指数平滑法和ARIMA模型。

7. 关联规则挖掘

关联规则挖掘是一种发现数据中频繁出现的项集之间关联关系的方法。通过分析不同项集的支持度和置信度，可以找到经常同时出现的项集，并发现它们之间的关联规则。关联规则挖掘可以应用于市场篮子分析、推荐系统等领域。

实际上，数据分析领域还涵盖了很多的技术方法。不同的数据分析和分析目标可能需要不同的方法来进行处理和分析。因此，应该根据具体情况选择合适的方法，并结合领域知识和经验进行分析。

3.1.6 数据可视化及工具选择

数据可视化是将大型数据集中的数据以图形图像形式表示，并利用数据分析和开发工具，通过可视化手段帮助人们发现其中的未知信息或洞察。数据可视化旨在借助于图形化手段，清晰有效地传达与沟通信息，它与信息图形、信息可视化、科学可视化以及统计图形密切相关。

可视化工具可以提供多样的数据展现形式、多样的图形渲染形式、丰富的人机交互方式、支持商业逻辑的动态脚本引擎等。选择合适的数据可视化工具需要考虑多个因素，包括数据的类型、功能需求、工具的性能等。以下是一些选择工具时应考虑的关键因素。

1. 数据类型

不同的工具适合不同类型的数据。例如，时间序列数据可能更适合使用折线图，而分类数据则可能更适合使用柱状图。

2. 功能需求

选择数据可视化工具时，首先需要明确功能需求。例如，有些工具适合生成复杂报表的场景，可以支持多种数据源和复杂的数据计算；有些工具适合进行深入数据分析的场景，提供强大的数据挖掘和分析功能；而有些工具适合互动性强的数据展示场景，提供丰富的图表和互动功能。明确功能需求可以帮助快速筛选出适合的工具。

3. 数据处理能力

数据处理能力是选择数据可视化工具时的另一个重要因素。有些可视化工具支持多种数据源，可以处理大规模数据，提供丰富的数据计算和处理功能；有些能够提供强大的数据处理和分析能力，支持多维数据分析和数据挖掘；还有一些工具则专注于数据展示，提供高效的数据处理和图表生成能力。选择数据处理能力强的工具可以确保数据可视化效果更加准确和高效。

4. 集成性

集成性是选择数据可视化工具时需要考虑的因素之一。有些可视化工具提供丰富的 API 接口，可以与其他系统无缝集成，实现数据的自动化处理和可视化展示；有些提供多种集成方式，可以与业务系统、数据库和第三方工具进行数据集成。选择集成性强的工具可以确保数据可视化流程更加顺畅和高效。

5. 易用性

易用性是选择数据可视化工具时的重要考虑因素。例如，有些工具提供拖曳式报表设计界面，用户无须编程也能轻松上手；有些提供可视化的分析界面，用户可以通过简单的操作完成复杂的数据分析；还有一些提供直观的图表编辑界面，用户可以通过拖曳和点击完成图表设计。选择易用性高的工具可以大大提高工作效率，减少学习成本。

6. 性能和稳定性

性能和稳定性是选择数据可视化工具时不可忽视的因素。大多可视化工具都经过大量用户的验证，具有良好的性能和稳定性。选择性能和稳定性高的工具可以确保数据可视化过程更加流畅和可靠。

后面的 3.3 节中将介绍一些常用的数据可视化工具。

3.2 可视化映射方法

可视化映射是整个数据可视化的核心，是指将定义好的指标信息映射成可视化元素的过程。同一个指标的数据，从不同维度分析会有不同结果。可视化映射方法是指将数据转换为图形的方法。其中数据映射是将数据属性与可视化编码之间建立关联的过程。以下是一些常见的数据映射方式。

(1) 定量映射

将数值属性映射到连续的视觉编码上，例如将温度数据映射到颜色的渐变上。

(2) 类别映射

将离散的类别属性映射到不同的视觉编码上，例如将产品类别映射到不同的符号或颜色上。

(3) 时间映射

将时间属性映射到可视化元素的位置、动画或尺度上，以展示数据随时间的变化。

3.2.1 可视化图形标记方法

可视化图形标记方法是将数据映射为图形元素，如点、线、面等。这些图形元素可以通过颜色、大小、形状等视觉属性来表示数据的特征和关系。

可视化图形标记方法是指在可视化图形中添加额外信息的方法。常见的可视化图形标记方法包括如下。

(1) 标题：为图形添加标题，以说明图形的内容。

(2) 图例：为图形添加图例，以说明图形中的不同元素。

(3) 轴标签：为图形的坐标轴添加标签，以说明坐标轴的含义。

(4) 刻度标签：为图形的坐标轴添加刻度标签，以说明坐标轴的范围。

(5) 注释：在图形中添加文字注释，以说明图形的重要部分。

(6) 网格线：在图形中添加网格线，以帮助读者更好地理解图形。

(7) 数据点标记：在图形中标记数据点，以说明数据点的位置。

3.2.2 可视化图像编码方法

图像编码是一种能让图像数据更高效地存储或传输的方法。在现代科技发展的背景下，图像编码已经成为我们生活中不可或缺的一部分。

从属性上讲，可视化图像编码主要包括视觉编码。视觉编码是将数据属性映射到可视化元素上的过程。以下是一些常用的视觉编码方式。

(1) 位置编码：使用位置来表示数据的差异和关系。

(2) 长度编码：使用长度来表示数值大小或数据的比例关系。

(3) 颜色编码：使用颜色来表示不同的类别、数值范围或数据属性。

(4) 面积编码：使用面积来表示数值大小或数据的比例关系。

(5) 亮度编码：使用亮度来表示数值大小或数据的顺序关系。

从方法上讲，常用的图像编码方法包括无损编码和有损编码。

1. 无损编码方法

(1) 区域编码

区域编码是一种将图像划分为连续区域并分别编码的方法。常用的区域编码方法有行程编码和连续高斯模型编码。行程编码以图像中连续相向像素值的行程作为编码单元，通过记录像素值和行程长度来进行编码。连续高斯模型编码则利用高斯模型对像素值进行建模，将像素的差异编码为高斯分布的参数。

(2) 预测编码

预测编码是一种利用图像中像素之间的相关性进行编码的方法。常用的预测编码方法有差分编码和自适应预测编码。差分编码将每个像素的值与前一个像素的值进行差分计算，并将差分值进行编码。自适应预测编码根据图像中像素值的统计特征自适应选择预测模型，从而提高编码效率。

2. 有损编码方法

(1) 变换编码

变换编码是一种通过将图像数据进行变换来提取能量集中的频率系数,进而进行编码的方法。常用的变换编码方法有离散余弦变换(DCT)和离散小波变换(DWT)。DCT将图像数据变换为频率域数据,利用频率系数的能量集中性将其进行编码。DWI则将图像数据分解为不同尺度和频带的小波系数,通过对小波系数进行编码来实现压缩。

(2) 预测编码

有损预测编码是一种通过对图像进行预测并对预测残差进行编码的方法。常用的有损预测编码方法有基于区块的运动补偿编码和基于预测误差统计的编码。运动补偿编码通过预测当前图像帧的运动向量,将预测误差进行编码。基于预测误差统计的编码则通过对预测误差进行统计分析,从而实现压缩。

3. 图像编码方法的优缺点比较

无损编码方法在图像数据的传输和存储过程中能够保持数据的原始精度,不会引入误差,但无损编码的压缩率较低,不能实现高效的图像压缩。有损编码方法能够实现更高的压缩率,但由于引入了信息的丢失和误差,会对图像质量造成一定程度的损失。

无损编码和有损编码是常用的图像编码方法,它们各有特点和适用场景,在选择时需要根据具体需求进行取舍。随着科技的发展,图像编码方法也在不断创新和改进,未来的图像编码技术将更加先进和高效,为我们的生活带来更多便利。

4. 编码方式

下面介绍一些具体的编码方式,并对其原理和特点进行阐述。

(1) Huffman编码

Huffman编码是一种常用的无损压缩方法,它利用字符在图像中的出现频率来进行编码。出现频率高的字符使用较短的编码,而出现频率低的字符使用较长的编码。这种方法能够有效地减少图像的存储空间,同时保证解码的准确性。Huffman编码的原理是构建一棵哈夫曼树,树的根节点是所有字符的权值之和(即所有字符出现频率的总和),树的叶节点表示字符,树的路径表示字符对应的编码。

(2) Run-Length编码

Run-Length编码是一种常用的无损压缩方法,它利用连续出现的像素值进行编码。当图像中连续相同的像素值出现时,Run-Length编码将其表示为一个像素值和连续出现的次数。这种方法适用于图像中存在大量连续相同像素值的情况,可以大大减少图像的存储空间。但是对于没有连续相同像素值的图像,Run-Length编码无法有效压缩。

(3) 离散余弦变换(DCT)

离散余弦变换是一种常用的有损压缩方法,它将图像转换为一组频域系数。DCT压缩的基本思想是:图像中的大部分能量都集中在低频分量上,而高频分量则包含了图像的细节信息。通过保留重要的低频分量,去除不重要的高频分量,可以实现对图像的有损压缩。在进行DCT压缩时,图像被分割成小的块,每个块都经过DCT变换,并选择保留的频域系数进行编码与存储。

(4) 离散小波变换(DWT)

小波变换是一种常用的有损压缩方法,它将图像分解成不同尺度和方向的子图像。小波变换具有多分辨率分析的特性,可以逐步提取图像的细节信息。与DCT不同的是,小波变换能够处理非平稳信号,适用于处理包含不同频率成分的图像。在小波变换压缩中,图像被分解成多个子图像,通过舍弃不重要的子图像的系数,实现对图像的有损压缩。

(5) JPEG编码

JPEG编码是应用最广泛的有损压缩方法之一,广泛用于图像压缩和存储。JPEG编码主要采用了离散余弦变换和量化技术。在JPEG编码中,图像被分割成小的块,每个块经过离散余弦变换,并进行量化。量化过程中,控制精度的参数被引入,通过调节参数可以实现压缩比例和图像质量之间的平衡。然而在压缩比较大的情况下,JPEC编码会导致图像出现渐变和块效应。

综上所述,在实际应用中,应根据不同的需求选择合适的图像编码方法。

3.3 数据可视化设计软件

可视化设计软件是数据科学和机器学习中的重要工具,因为它们可以帮助更好地理解数据的内在结构,以及如何使用这些数据进行分析和建模。具体选择哪个软件取决于需要表示的信息和图形的类型。下面是比较常用的6款软件。

(1) Tableau:专业的数据可视化工具,支持多种图形类型和交互式报告。

(2) QlikView:强大的数据可视化工具,同样支持多种图形类型和交互式报告。

(3) Power BI:微软推出的数据可视化工具,也具备多种图形类型和交互式报告的功能。

(4) D3.js:基于JavaScript的开源数据可视化库,以其丰富的图形类型和高度可定制性著称。

(5) ggplot:基于R语言的开源数据可视化库,其拥有各种优雅的图形设计和简洁的语法。

(6) Matplotlib:基于Python的开源数据可视化库,支持多种图形类型,是数据科学领域广泛使用的绘图工具。

3.3.1 Tableau

Tableau是一款强大的数据可视化工具,是当前最受认可的商业信息数据可视化工具之一。它支持多种数据源,允许用户创建和共享交互式图表用于数据展示,可以快速地创建丰富的交互式可视化图表，Tableau的界面如图3-2所示。Tableau具有丰富的功能和易于使用的界面，用户可以根据自己的需求进行自定义设置，适用于各种规模的企业和组织，可以满足从业务智能到数据科学的各种需求。此外，Tableau还提供了连接到Google表格、Microsoft Excel、文本文件、JSON文件、空间文件、Web数据连接器、OData以及SAS、SPSS和R等统计文件的功能，让用户可以更全面地管理和分析数据。

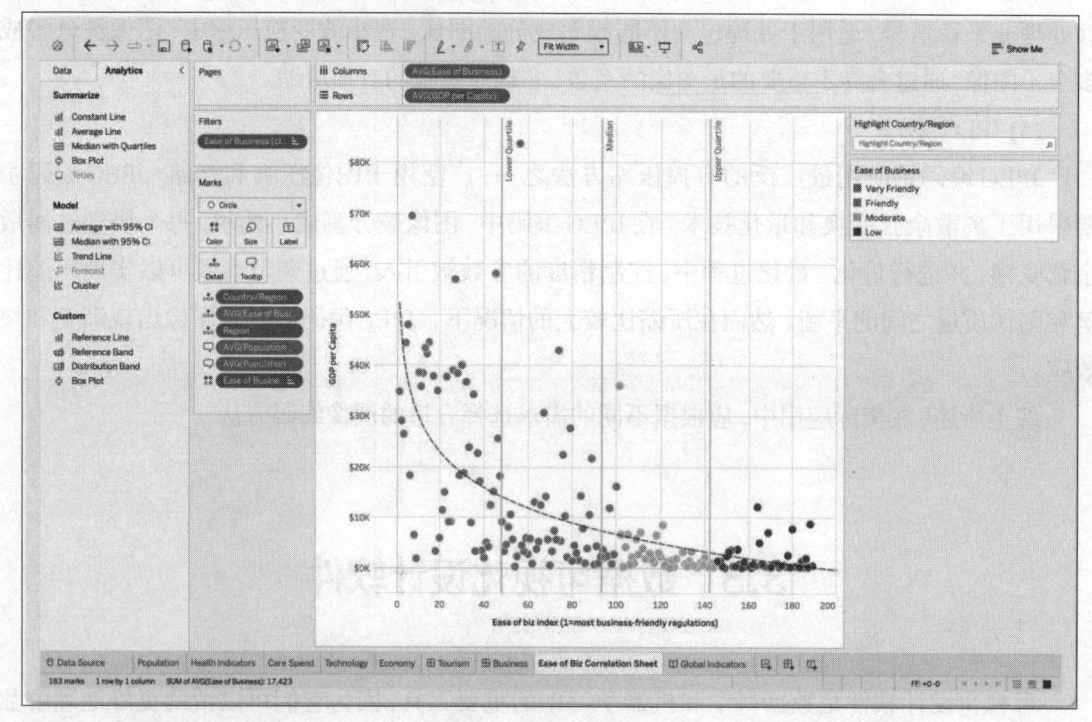

图3-2 Tableau界面

Tableau的功能特点如下。

(1) 数据连接和整合

Tableau可以连接多种数据源，包括Excel、CSV、SQL Server、Oracle等，用户可以轻松地将数据导入Tableau中。此外，Tableau还支持数据整合，可以将多个数据源整合在一起，方便用户进行分析。

(2) 数据探索和分析

Tableau提供了多种数据探索和分析工具，包括数据透视表、交叉表、柱状图、折线图、散点图等。用户可以通过这些工具对数据进行深入分析，发现数据中的规律和趋势。

(3) 数据可视化

Tableau的数据可视化功能非常强大，用户可以通过拖曳和放置的方式创建各种图表和图形，包括条形图、饼图、地图、热图等；用户还可以对图表进行自定义设置，包括颜色、字体、标签等。

(4) 交互式分析

Tableau支持交互式分析，用户可以通过单击、拖曳和滚动等方式与图表进行交互，实现数据的动态展示和分析。此外，Tableau还支持筛选器、参数和工具提示等功能，方便用户进行数据筛选和分析。

(5) 实时数据分析

Tableau可以实时连接到数据源,实现实时数据分析,用户可以通过实时数据分析,及时发现数据中的变化和趋势,做出及时的决策。同时,Tableau支持数据共享和协作,用户可以将数据分析结果分享给其他人,包括图表、工作簿和仪表板等。此外,Tableau还支持多人协作,多个用户可以同时对同一个工作簿进行编辑和分析。

(6) 数据安全和管理

Tableau提供了多种数据安全和管理功能,包括用户权限管理、数据加密、数据备份和恢复等。用户可以通过这些功能保护数据的安全性和完整性。总的来说,Tableau是一款功能强大、易用的数据可视化工具,适用于数据分析师、数据科学家、商务分析师等多种职业,广泛应用于政府、金融、医疗、教育等多个领域。

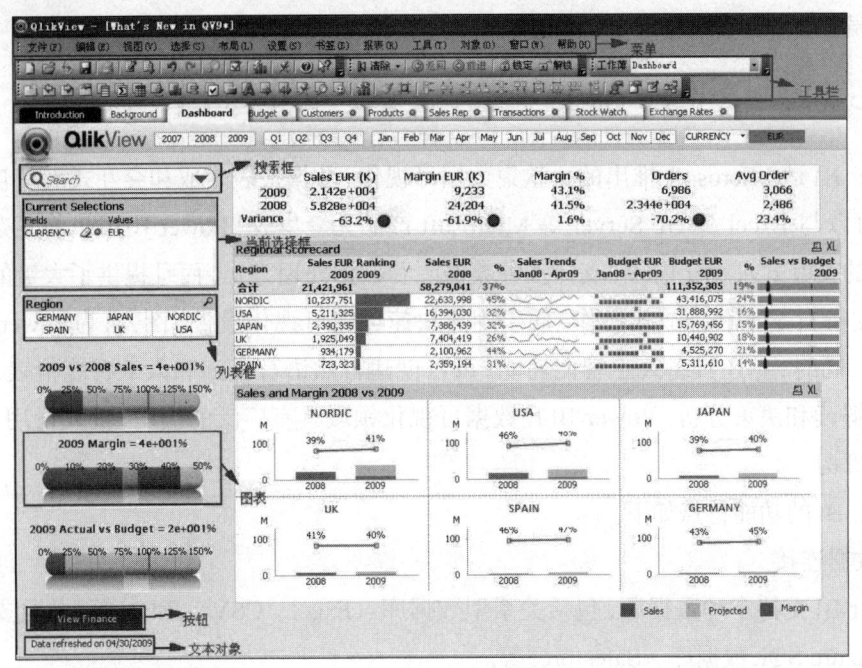

3.3.2 QlikView

QlikView是由QlikTech公司开发的商业智能(BI)工具,以内存计算和关联分析为核心,自2010年上市以来,凭借其创新性和高性能成为全球增长最快的BI产品之一。它集ETL(数据提取、转换、加载)、OLAP(联机分析处理)和数据可视化于一体,通过内存计算技术实现实时数据分析,其优势在于实时响应、灵活探索和低成本部署,尤其适合需要快速决策的企业。尽管对硬件内存要求较高,但QlikView在金融、医疗等领域的实践已证明其技术领先性。图3-3为QlikView的界面。

图3-3 QlikView的界面

QlikView的功能特点如下。

(1) 内存计算引擎

数据直接加载至内存中，无须依赖传统数据库或数据仓库，分析速度提升数倍。此外，采用专利压缩技术，降低存储需求，支持处理海量数据(如交易级明细)。

(2) 关联查询逻辑(AQL)

- 动态数据关联：基于关联查询逻辑，用户点击任意数据点即可自动关联所有相关字段，实现"无边界"探索。
- What-If分析：灵活模拟不同业务场景，快速验证假设(如调整销售策略后的利润变化)。

(3) 数据整合与ETL能力

支持从Excel、数据库、Web Service等异构数据源直接抽取数据。同时可通过QVD(QlikView Data)文件实现数据清洗与复用，部分替代传统ETL工具。

(4) 用户友好界面与交互

界面分为脚本编辑区(数据加载逻辑)和设计区(可视化仪表盘)，支持拖曳式操作以及提供列表框、图表、滑块、日历等交互组件，支持动态筛选与实时计算。

(5) 部署灵活性与扩展性

实施周期以天/周计，支持本地、云端或混合部署，适合中小型至大型企业；数据加载完成后，用户可离线访问分析结果，无须持续连接服务器。

(6) 安全与权限管理

支持用户组、角色分级，确保数据访问合规性。通过预定义分析流程降低使用门槛，避免非技术人员误操作。

3.3.3 Power BI

Power BI是Microsoft推出的一款集数据可视化、数据报表生成和交互式展示功能于一体的软件，可以与Excel、SQL Server等Microsoft产品无缝集成。Power BI可以将复杂的数据转换成直观的交互式可视化内容，支持多种数据源和数据处理方式，而且提供了大量的可视化图表模板，支持自定义和拖放式操作，便于用户快速创建可视化报告。图3-4为Power BI的数据分析界面。同时，它还具备人工智能功能，可以创建自然语言查询和人工智能报表，方便用户进行数据解读和决策分析。Power BI在数据可视化领域具有广泛的应用，被大量用于企业、政府和科研机构。

Power BI的功能特点如下。

(1) 数据连接

Power BI支持多种数据源，包括关系型数据库、Excel、CSV、JSON等，并且支持在线数据源，如Azure SQL数据库、Salesforce等。

(2) 数据转换

Power Query编辑器提供了数据清洗、数据转换和合并等功能,可方便进行数据分析和可视化。

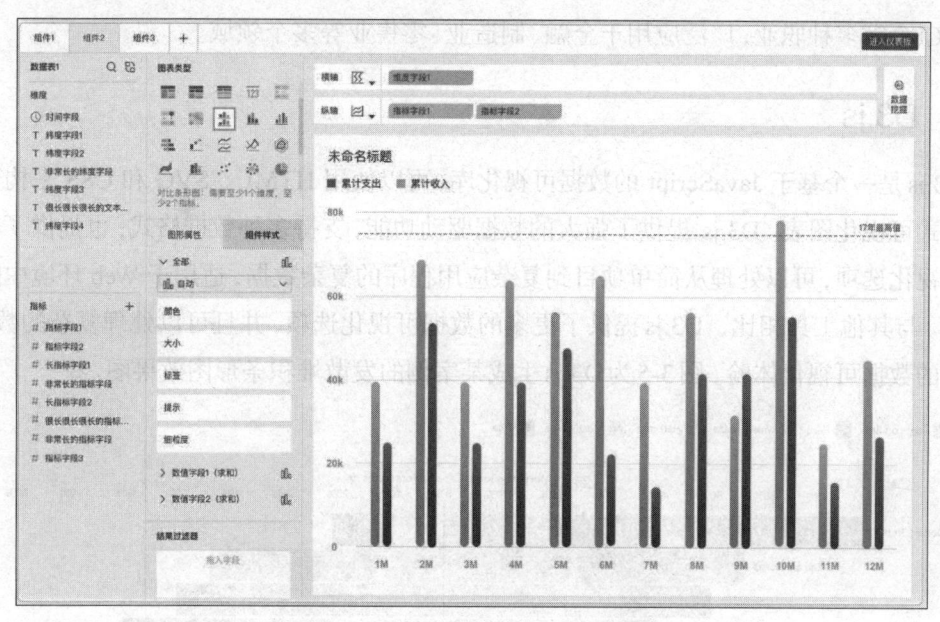

图3-4　Power BI的数据分析界面

(3) 可视化

Power BI提供了丰富的图表类型,包括柱状图、折线图、饼图、地图等,以及多维数据可视化,可以帮助用户更直观地理解数据。

(4) 数据分析

Power BI提供了一系列数据分析工具,包括聚合、分组、排序等,可以帮助用户快速提取数据的关键信息。

(5) 数据建模

Power BI可以使用数据建模功能来创建关系模型,以便于多个数据源之间的管理和分析。

(6) 报告

Power BI支持创建交互式报告,用户可以通过拖曳、选择等操作来探索数据,并且支持在线分享报告。

(7) 云支持

Power BI支持云端部署,用户可以在云端存储、分享和共享数据,并且支持在云端协作。

(8) 实时数据

Power BI支持实时数据分析和监控,可以通过数据集和流失仪表盘来实现数据分析。

(9) 自定义

Power BI允许用户自定义图表样式和布局,并且支持在图表中添加标签、图例等,以更好地说明数据信息。

(10) AI 分析

Power BI 可以使用 AI 技术来进行自然语言查询、预测分析和聚类分析等高级分析。总的来说，Power BI 是一款功能强大、易用的数据分析和可视化工具，适用于数据分析师、商务分析师、CFO 等多种职业，广泛应用于金融、制造业、零售业等多个领域。

3.3.4　D3.js

D3.js 是一个基于 JavaScript 的数据可视化库，可以使用 HTML、SVG 和 CSS 来构建丰富的交互式可视化图表。D3.js 提供了强大的数据驱动功能，支持多种数据格式，也提供了丰富的数据可视化选项，可以处理从简单项目到复杂应用程序的复杂数据，适用于 Web 环境中的数据可视化。与其他工具相比，D3.js 提供了更多的数据可视化选项，并且可以处理复杂的数据，提供更好的数据可视化体验。图 3-5 为 D3.js 生成某案例的发散堆积条形图效果图。

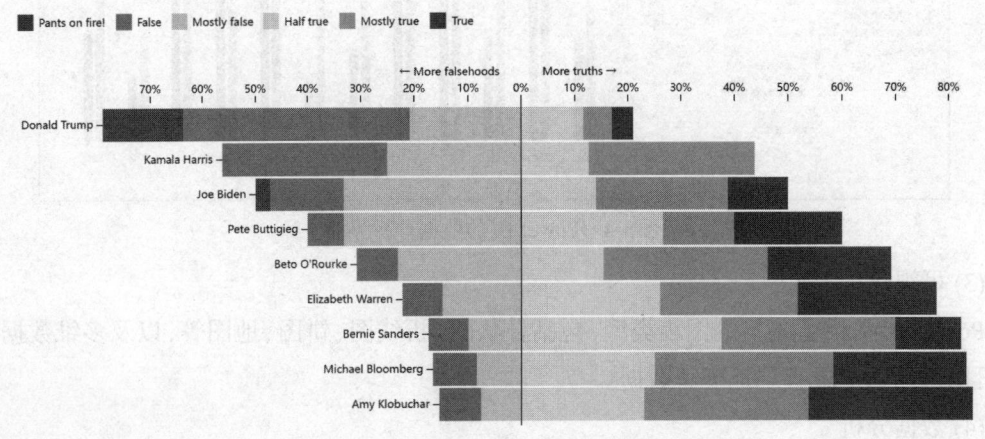

图 3-5　D3.js 生成的发散堆积条形图效果图

1. D3.js 功能特点

D3.js 的功能特点如下。

(1) 动态数据驱动

D3.js 支持动态数据驱动，用户可以通过更新数据来更新图表，以实现动态展示数据。

(2) 多种图表类型：

D3.js 支持多种图表类型，包括柱状图、折线图、饼图、地图等，以及自定义图表类型。

(3) 交互式

D3.js 支持交互式操作，用户可以通过鼠标事件、拖曳等操作来探索数据，以获得更直观的理解。

(4) 自定义

D3.js 提供了丰富的自定义功能，用户可以自定义图表样式、布局、动画等，以更好地展示数据。

(5) 响应式设计

D3.js 支持响应式设计，图表可以根据浏览器窗口的大小自动调整大小，适应不同的屏幕尺寸。

(6) 强大的数据处理能力

D3.js提供了强大的数据处理能力，包括数据排序、数据分组、数据筛选等，可以帮助用户快速提取数据的关键信息。

(7) 文档丰富

D3.js有丰富的文档和技术支持，包括开发指南、API文档、示例代码等，以帮助用户快速入门和开发。

2. D3.js的使用

D3.js的使用主要包括以下几个步骤。

(1) 引入D3.js库：可以通过CDN或下载本地文件的方式引入D3.js库。

(2) 准备数据：将需要展示的数据准备好，可以是本地数据文件或通过API获取的数据。

(3) 创建SVG容器：使用D3.js的选择器和API创建一个SVG容器，用于显示可视化效果。

(4) 绑定数据：使用D3.js的数据绑定API将数据和可视化元素绑定在一起，创建数据驱动的可视化效果。

(5) 创建可视化元素：使用D3.js的API创建各种可视化元素，如矩形、圆形、线条等，根据数据动态更新元素属性和位置。

(6) 添加交互效果：使用D3.js的API添加交互效果，如鼠标事件、动画效果、提示框等，增强用户体验和数据展示效果。

3.3.5　ggplot2

ggplot2是一款开源的数据可视化工具，是一个基于R语言的数据可视化包，遵循"图形语法"原则，可以通过简洁的代码快速构建复杂的可视化图表。ggplot2支持多种图形类型，具有很高的可定制性，适用于数据分析和科学研究领域。它提供了一种统一、灵活的方法来创建复杂的图表。图3-6为ggplot2绘制森林图的操作界面。

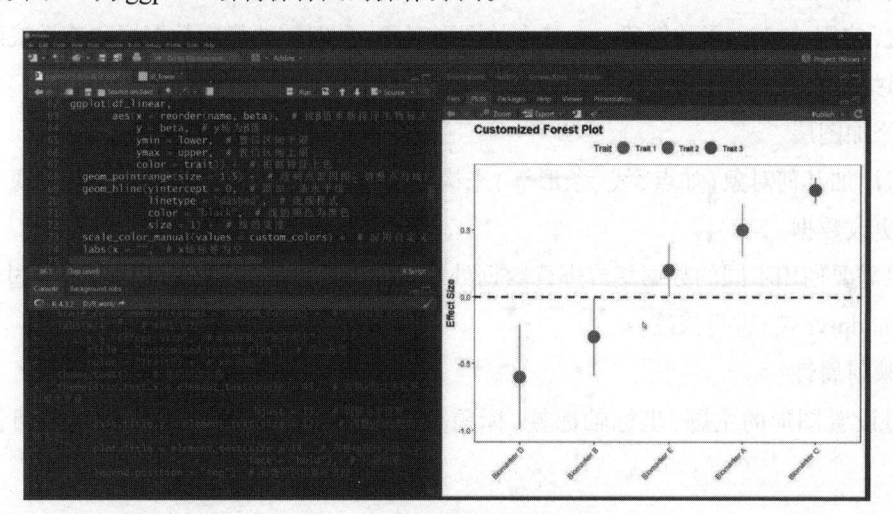

图3-6　ggplot2绘制森林图的界面

1. ggplot2 功能特点

ggplot2 的功能特点如下。

(1) 图形语法(Grammar of Graphics)

ggplot2 是一个基于图形语法理论的工具,即通过将数据映射到图形属性来构建图形。这种图形语法的设计提供了一种统一的方法来创建图表,从而使图表的创建更加灵活和简单。

(2) 易于使用

ggplot2 提供了一套直观的语法,使得用户可以轻松构建复杂的数据可视化图形。用户只需要指定数据集、映射变量和可视化元素,ggplot2 会自动处理细节并生成高质量的图形。

(3) 分层结构

ggplot2 使用分层结构来构建图形,每个图层可以包含不同的数据、映射和可视化元素。这种分层结构使得用户可以轻松添加、修改或删除图层,从而灵活地构建复杂的图形。

(4) 高度可定制

ggplot2 提供了丰富的函数和选项,使用户能够对图形的各个方面进行自定义。用户可以调整图形的尺寸、颜色、字体、坐标轴、图例等,以满足特定的需求。

(5) 扩展性

ggplot2 支持各种扩展,用户可以通过自定义主题、创建新的几何对象、添加新的统计变换等来扩展 ggplot2 的功能。

2. ggplot2 的使用

ggplot2 的使用大致分为以下 4 个步骤。

(1) 创建图形对象

首先,使用 ggplot() 函数创建一个基本的图形对象。此时需要指定数据框和美学映射(aes( )),即定义哪些变量映射到图形的哪些属性(如 x 轴、y 轴等)。

(2) 添加图层

通过添加几何对象(如点、线、条形等)来构建图形,这可以通过"+"运算符实现。

(3) 更改数据

如果需要使用不同的数据集或进行数据处理,可以在 ggplot() 中更新数据或通过数据处理的步骤(如 dplyr 包)进行修改。

(4) 映射属性

通过设置图形的主题、坐标轴标签、标题等来映射图形的属性,提升图形的可读性和美观性。

3.3.6 Matplotlib

Matplotlib 是一个 Python 绘图库，被广泛应用于数据可视化和科学计算领域。它提供了丰富的绘图工具和函数，可以创建各种类型的图表，包括线图、散点图、柱状图、饼图、等高线图等，同时还支持自定义图形的样式、标签和注释。

Matplotlib 的作用非常广泛，无论是在学术研究、数据分析还是在工程开发中，都可以利用 Matplotlib 将数据可视化，从而更直观地展示数据的特征、趋势和关系。下面将介绍 Matplotlib 的几个重要功能和应用场景。

(1) 绘制线图

线图是最常见的图表类型之一，用于表示随时间或其他连续变量变化的数据。使用 Matplotlib，可以轻松绘制出具有不同线型、颜色和标记的线图，以便比较和分析数据的趋势和关系。

(2) 绘制散点图

散点图用于展示两个变量之间的关系，每个数据点代表一个观测值。Matplotlib 提供了绘制散点图的函数，可以根据需要设置不同的颜色、形状和大小，以突出显示不同的数据特征。

(3) 绘制柱状图

柱状图常用于显示不同类别或组之间的数据比较。Matplotlib 提供了多种绘制柱状图的函数，可以设置不同的颜色、宽度和间距，使得图表更加清晰和易读。

(4) 绘制饼图

饼图用于展示不同类别在整体中所占比例的情况。Matplotlib 可以通过传入数据和标签，自动计算出每个类别所占的比例并绘制出饼图，同时还可以设置起始角度、阴影效果和标签位置等，以满足不同的可视化需求。

(5) 绘制等高线图

等高线图是用于显示二维数据的一种图表类型，通常用于表示地形、气象和物理场等复杂数据。Matplotlib 提供了绘制等高线图的函数，可以根据数据的密度和数值范围自动计算出等高线的位置和颜色，从而更直观地展示数据的分布和变化趋势。图 3-7 为 Matplotlib 绘制的等高线效果图。

除了上述常见的图表类型，Matplotlib 还支持绘制 3D 图形、图像处理和动画等高级功能，可以利用 Matplotlib 创建立体图形、处理图像数据并制作动态图表，从而满足更复杂的需求。

Matplotlib 作为一款强大的绘图库，为用户提供了丰富的图表类型和自定义选项，可以轻松实现数据的可视化和分析。它的简单易用性和灵活性使得 Matplotlib 成为科学计算和数据分析领域的重要工具之一，无论是学生、研究者还是工程师，都可以通过使用 Matplotlib 来更好地理解和展示数据。同时，Matplotlib 还与其他 Python 科学计算库(如 NumPy 和 Pandas) 相互结合，使得数据处理和可视化更加便捷和高效。

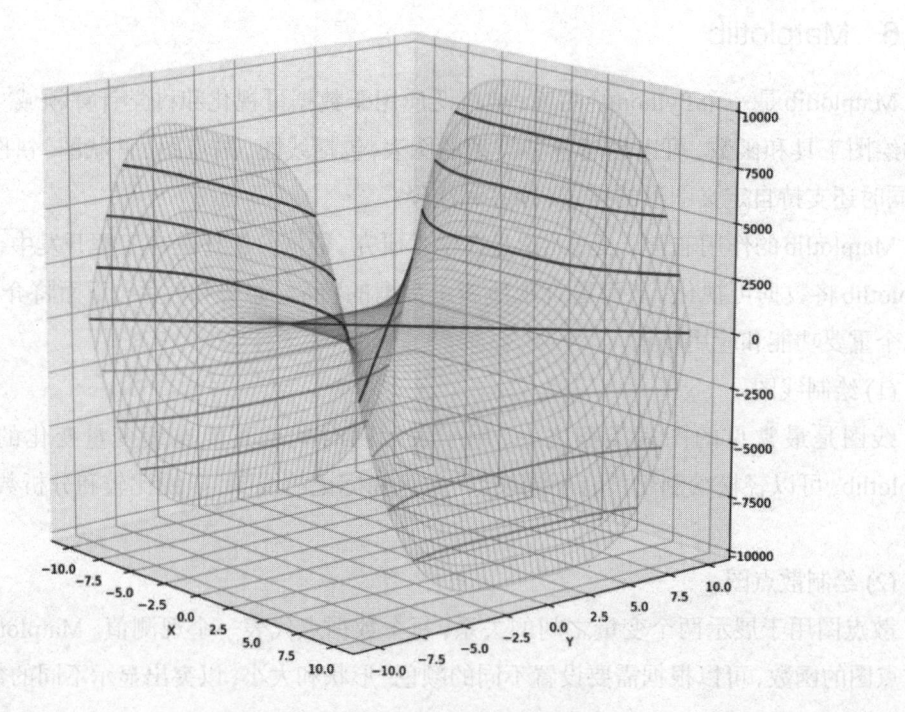

图3-7 Matplotlib绘制的等高线图

本章小结

本章主要介绍了数据可视化流程、可视化映射方法以及常见数据可视化设计软件。数据可视化流程是数据可视化的基础，可视化映射方法是数据可视化的核心，通过将数据的不同变量映射到视觉属性上，帮助我们理解数据背后的模式和关系。本章还介绍了Tableau、Power BI、D3.js、ggplot2和Matplotlib几种常见的数据可视化设计软件，这些工具可以帮助用户快速创建可视化图表，提高数据分析和决策效率。

第4章 可视化工具D3基础

教学提示

本章对可视化工具D3基础知识进行介绍,主要结合实例讲解学习HTML、JavaScript和XML等相关技术基础和D3的开发基础。通过本章的学习,有助于帮助学生学习网页的结构和内容,掌握网页的交互和动态效果,理解数据的结构化存储及其在数据交换中的作用,同时帮助学生学会创建丰富的图表和可视化效果,通过实例训练提升解决实际问题的能力。

4.1 技术基础

4.1.1 HTML基础

HTML是一种用于创建网页的标准标记语言。它使用标记或标签来描述信息,例如<p>、
、<img>等。HTML5是第五代的HTML,简称H5。H5页面的特点在于其设计有趣且富有吸引力,可以通过音乐、图片、视频及游戏调动用户的视觉、触觉、听觉,从而提高产品的推广效果及传播效率。H5改良了网站页面多媒体元素的应用,提升了用户观感,优化了之前先加载网页后加载网页内部图片的不良浏览感受。即使字少图多也可使文图同时出现。

1. HTML页面构成

DOCTYPE声明部分:通常位于HTML文档的最顶部,用来告知Web浏览器页面使用了哪种HTML版本。head头部:主要包含编码声明、标题、样式表嵌入等。body内容部分:这部分包含了文档的所有内容,例如文本、超链接、图像、表格和列表等。

HTML文档由HTML元素定义,HTML元素语法如下。

(1) HTML元素以开始标签起始;

(2) HTML元素以结束标签终止;

(3) 元素的内容是开始标签与结束标签之间的内容;

(4) 某些HTML元素具有空内容;

(5) 空元素在开始标签中进行关闭(以开始标签的结束而结束);

(6) 大多数 HTML 元素可拥有属性。

【例4-1】HTML 文档实例。

```
<!DOCTYPE html>
<html>
<body>
<p>这是第一个段落。</p>
</body>
</html>
```

以上实例包含了3个 HTML 元素。

(1) \<p\> 元素

```
<p>这是第一个段落。</p>
```

这个\<p\>元素定义了 HTML 文档中的一个段落。这个元素拥有一个开始标签\<p\>以及一个结束标签\</p\>。元素内容是"这是第一个段落。"。

(2) \<body\> 元素

```
<body>
<p>这是第一个段落。</p>
</body>
```

\<body\>元素定义了HTML文档的主体。这个元素拥有一个开始标签\<body\>以及一个结束标签\</body\>。元素内容是另一个 HTML 元素(p 元素)。

(3) \<html\> 元素

\<html\> 元素定义了整个HTML文档。这个元素拥有一个开始标签\<html\>以及一个结束标签 \</html\>。元素内容是另一个HTML元素(body 元素)。

(4) 要写入结束标签

即使忘记使用结束标签,大多数浏览器也会正确地显示 HTML,结果如图4-1所示。

图4-1　HTML 文档显示结果

HTML 标签对大小写不敏感:\<P\>等同于\<p\>。许多网站都使用大写的 HTML 标签。

2. HTML标记和属性

(1) HTML 标记

HTML 标记是HTML 语言中用于描述网页结构的元素。HTML 标记通常由起始标签、内容和结束标签组成。

HTML标记可以包含属性，这些属性提供了有关元素的额外信息，并且始终包含在起始标签中。

以下是一些常用的HTML标记。

- \<html\>：定义整个HTML文档的开始和结束。
- \<head\>：定义文档的头部信息，例如标题、样式表和元数据等。
- \<title\>：定义文档的标题，显示在浏览器的标题栏或页签上。
- \<body\>：定义文档的主体部分，包含网页的所有内容，如文本、图像、超链接、表格和列表等。
- \<h1\>到\<h6\>：定义6个不同级别的标题，\<h1\>最大，\<h6\>最小。
- \<p\>：定义一个段落。
- \<a\>：定义一个超链接，可以链接到其他网页或文档。
- \<img\>：定义一个图像，可以插入文档中。
- \<tr\>：定义表格的一行。
- \<td\>：定义表格的一个单元格。
- \<ul\>、\<ol\>和\<li\>：分别定义一个无序列表、有序列表和列表项。
- \<form\>：定义一个表单，用于收集用户输入的信息。
- \<input\>：定义一个输入字段，可以用于文本输入、单选按钮、复选框等。
- \<script\>：定义JavaScript代码，用于实现网页的交互功能。

(2) HTML属性

HTML属性是定义HTML元素附加信息的方法。它们通常包含在HTML元素的起始标签中，提供了有关元素的额外信息。属性是HTML元素提供的附加信息。

属性总是以name="value"的形式写在标签内，name是属性的名称，value是属性的值。

HTML属性具有以下基本特征和用法。

(1) HTML元素可以设置属性。HTML元素是网页构建的基本单元。每个元素可以拥有多个属性，这些属性提供了额外的信息，帮助浏览器理解如何处理和显示该元素。

(2) 属性可以在元素中添加附加信息。属性用于给元素提供更多上下文或功能。例如，一个\<a\>(链接)元素可以有href属性，指向它所链接的URL；一个\<img\>(图像)元素可以有src属性，指向图像文件的位置。

(3) 属性一般描述于开始标签中。属性通常位于元素的开始标签内，而不是结束标签内。

(4) 属性总是以名称/值对的形式出现，如name="value"。

以下是一些常用的HTML属性。

- id：给元素一个唯一的标识符，可以用于CSS选择器或JavaScript操作。
- class：给元素指定一个或多个类名，方便通过CSS或JavaScript操作。

- style：直接为元素定义 CSS 样式。
- href：用于<a>标签，指定链接目标。
- src：用于<img>和<script>标签，指定资源的路径。
- alt：用于<img>标签，提供图片的替代文本。
- title：提供关于元素的额外信息，通常在鼠标悬停时显示。
- name：在<input>、<form>、<select>等表单元素中使用，定义元素的名称。
- value：定义表单元素的值。
- target：用于<a>标签，指定链接的打开方式(如_blank表示在新窗口中打开)。
- type：指定表单元素的类型(如 text、password、submit)。
- placeholder：为<input>和<textarea>提供一个占位符文本。

3. HTML <head> 元素

<head>元素包含了所有的头部标签元素。在<head>元素中可以插入脚本、样式文件(CSS)及各种meta信息。可以添加在头部区域的元素标签包括：<title>、<style>、<meta>、<link>、<script>、<noscript>和<base>。

(1) HTML <title> 元素

<title> 标签定义了不同文档的标题。<title> 在 HTML/XHTML 文档中是必需的。<title>元素的功能如下。

① 定义了浏览器工具栏的标题；
② 当网页添加到收藏夹时，显示在收藏夹中的标题；
③ 显示在搜索引擎结果页面的标题。

主要代码书写方式如下。

```
<head>
<title>文档标题</title>
</head>
```

(2) HTML <base> 元素

<base>标签描述了基本的链接地址/链接目标，该标签作为HTML文档中所有的链接标签的默认链接。

```
<head>
<base href="http://www.runoob.com/images/" target="_blank">
</head>
```

(3) HTML <link> 元素

<link>标签定义了文档与外部资源之间的关系。<link>标签通常用于链接到样式表。

```
<head>
<link rel="stylesheet" type="text/css" href="mystyle.css">
</head>
```

(4) HTML <style>元素

<style>标签定义了HTML文档的样式文件引用地址。在<style>元素中也可以直接添加样式来渲染 HTML 文档。

```
<head>
<style type="text/css">
body {
    background-color:yellow;
}
p {
    color:blue
}
</style>
</head>
```

CSS 是从 HTML4 开始使用的，是为了更好地渲染 HTML 元素而引入的。CSS 可以通过以下方式添加到 HTML 中。

① 内联样式——在 HTML 元素中使用 "style" 属性；

② 内部样式表——在 HTML 文档头部 <head> 区域使用 <style> 元素来包含 CSS；

③ 外部引用——使用外部 CSS 文件。

最好的方式是通过外部引用 CSS 文件。当特殊的样式需要应用到个别元素时，就可以使用内联样式。使用内联样式的方法是在相关的标签中使用样式属性。样式属性可以包含任何 CSS 属性。以下实例显示出如何改变段落的颜色和左外边距。

```
<p style="color:blue;margin-left:20px;"> 这是一个段落。</p>
```

① HTML 样式实例——背景颜色

早期背景色属性使用 bgcolor 属性定义。现在用背景色属性(background-color)定义一个元素的背景颜色。

```
<body style="background-color:yellow;">
<h2 style="background-color:red;"> 这是一个标题 </h2>
<p style="background-color:green;"> 这是一个段落。</p>
</body>
```

② HTML 样式实例——字体、字体颜色、字体大小

可以使用 font-family(字体)、color(颜色) 和 font-size(字体大小) 属性来定义字体的样式。

```
<h1 style="font-family:verdana;"> 一个标题 </h1>
<p style="font-family:arial;color:red;font-size:20px;"> 一个段落。</p>
```

现在通常使用上述 3 个属性来定义文本样式，而不是使用 <font> 标签。

③ HTML 样式实例——文本对齐方式

可以使用文字对齐属性 text-align 指定文本的水平与垂直对齐方式。

```
<h1 style="text-align:center;">居中对齐的标题</h1>
<p>这是一个段落。</p>
```

text-align取代了旧标签 <center>。

④ 内部样式表

当单个文件需要特别样式时,可以使用内部样式表。可以在<head>部分通过<style>标签定义内部样式表。

```
<head>
<style type="text/css">
body {background-color:yellow;}
p {color:blue;}
</style>
</head>
```

⑤ 外部样式表

当样式需要被应用到很多页面时,外部样式表是理想的选择。通过使用外部样式表,可以只更改一个文件来改变整个站点的外观。

```
<head>
<link rel="stylesheet" type="text/css" href="mystyle.css">
</head>
```

(5) HTML <meta>元素

<meta>标签描述了一些基本的元数据,也提供了元数据。元数据并不显示在页面上,但会被浏览器解析。meta元素通常用于指定网页的描述、关键词、文件的最后修改时间、作者和其他元数据。元数据可以用于浏览器(如何显示内容或重新加载页面)、搜索引擎(关键词)或其他Web服务中。<meta>一般放置于<head>区域。

例如,为搜索引擎定义关键词:

```
<meta name="keywords" content="HTML, CSS, XML, XHTML, JavaScript">
```

为网页定义描述内容:

```
<meta name="description" content="免费 Web & 编程 教程">
```

定义网页作者:

```
<meta name="author" content="Runoob">
```

每30秒钟刷新当前页面:

```
<meta http-equiv="refresh" content="30">
```

4. HTML 标题

标题是通过<h1>~<h6>标签进行定义的。<h1>定义最大的标题,<h6>定义最小的标题。

第4章 可视化工具D3基础

【例4-2】HTML标题实例。

```
<!DOCTYPE html>
<html>
    <head>
        <meta charset="utf-8">
        <title></title>
        <style>
            .blue-text {  color: blue; }
            .yellow-text { color: yellow; }
            .color-text { color: palevioletred; }
            .p-text { color: purple;   }
        </style>
    </head>
    <body bgcolor="pink">
<h1 class="blue-text"> 定风波·三月七日 </h1>
<h2 class="yellow-text">【宋】苏轼</h2>
<hr>
<h6 class="color-text"> 三月七日，沙湖道中遇雨。雨具先去，同行皆狼狈，余独不觉。已而
遂晴，故作此词。
<h4> 莫听穿林打叶声，何妨吟啸且徐行。
<h4> 竹杖芒鞋轻胜马，谁怕？一蓑烟雨任平生。
<h4> 料峭春风吹酒醒，微冷，山头斜照却相迎。
<h4> 回首向来萧瑟处，归去，也无风雨也无晴。
</body>
</html>
```

显示结果如图4-2所示。

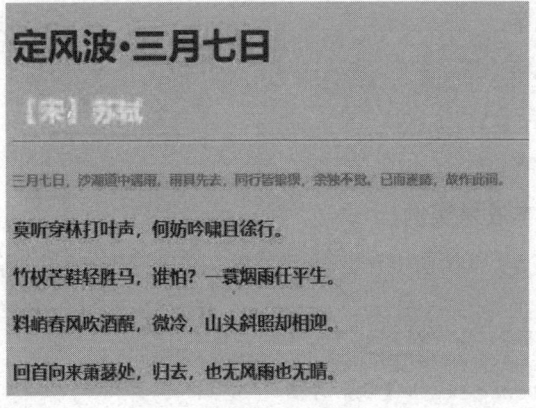

图4-2　HTML标题显示结果

在上述代码中，<hr>标签在HTML页面中创建水平线。hr元素可用于分隔内容。

5. HTML段落

段落是通过<p>标签定义的。

【例4-3】HTML段落实例。

```
<html>
    <body>
        <p>Apple</p>
        <p>Pear</p>
```

63

```
           <p>Banana</p>
 </body>
 </html>
```

显示结果如图4-3所示。

图4-3　HTML段落显示结果

6. HTML 文本格式化

HTML 可使用标签<b>(粗体)与<i>(斜体)对输出的文本进行格式化。这些HTML标签被称为格式化标签。

- <b>:定义粗体文本。
- <em>:定义着重文字。
- <i>:定义斜体字。
- <small>:定义小号字。
- <strong>:定义加重语气。
- <sub>:定义下标字。
- <sup>:定义上标字。
- <ins>:定义插入字。
- <del>:定义删除字。

【例4-4】HTML文本效果实例。

```
<!DOCTYPE html>
<html>
<body bgcolor="paleturquoise">
<b><p class="blue-text">定风波·三月七日
<sup class="yellow-text">【宋】苏轼 </p>
<hr>
<i><small><p  class="color-text">三月七日,沙湖道中遇雨。雨具先去,同行皆狼狈,余独不觉。已而遂晴,故作此词。</small></i>
<p> 莫听穿林打叶声,何妨吟啸且徐行。
<p> 竹杖芒鞋轻胜马,谁怕?一蓑烟雨任平生。
<p> 料峭春风吹酒醒,微冷,山头斜照却相迎。
<p> 回首向来萧瑟处,归去,也无风雨也无晴。
</body>
</html>
```

显示结果如图4-4所示。

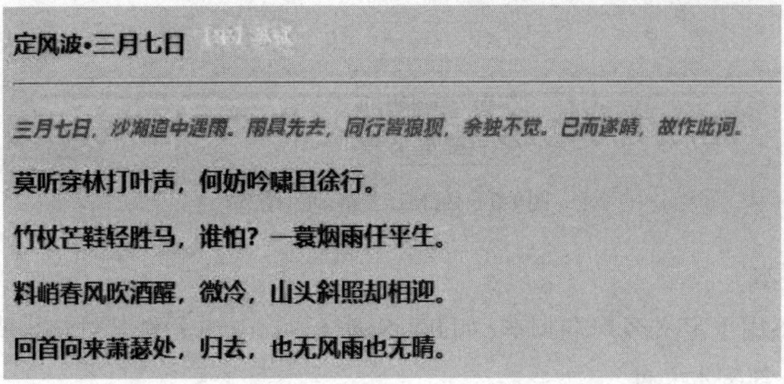

图4-4　HTML文本显示结果

7. HTML 表格

HTML 表格由<table>标签来定义。HTML 表格是一种用于展示结构化数据的标记语言元素。每个表格均有若干行(由<tr>标签定义)，每行被分割为若干单元格(由<td>标签定义)，表格可以包含标题行(<th>)用于定义列的标题。如果不定义边框属性，表格将不显示边框；<table border="1">显示一个带有边框的表格。主要的表格标签包括如下。

- tr：tr 是 table row 的缩写，表示表格的一行。
- td：td 是 table data 的缩写，表示表格的数据单元格。
- th：th 是 table header 的缩写，表示表格的表头单元格。

数据单元格可以包含文本、图片、列表、段落、表单、水平线、表格等。

【例4-5】HTML表格实例。

```
<html>
    <head>
        <meta charset="UTF-8" content="">
        <title>core - selection.selectAll(selector)</title>
    </head>
<body>
        <table border="1" style="border-collapse:collapse">
            <tr bgcolor="yellow">
                <td> 苹果 </td>
                <td> 香蕉 </td>
                <td> 西瓜 </td>
            </tr>
            <tr>
                <td> 桃子 </td>
                <td id="test"> 草莓 </td>
                <td> 菠萝 </td>
            </tr>
        </table>
    </body>
</html>
```

显示结果如图4-5所示。

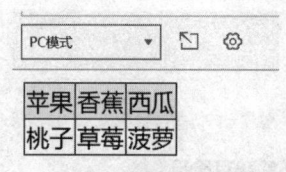

图4-5　HTML表格显示结果

8. HTML 脚本

<script>标签用于定义客户端脚本,如 JavaScript。<script>元素既可包含脚本语句,也可通过 src 属性指向外部脚本文件。

JavaScript 使 HTML 页面具有更强的动态和交互性,最常用于图片操作、表单验证以及内容动态更新。

4.1.2　JavaScript

1. JavaScript 语言简介

JavaScript 是一种编程语言,它主要用于增强网页交互性,实现网页动态效果。JavaScript 最初由 Netscape 公司的 Brendan Eich 于 1995 年创造,是一种动态类型、解释型的编程语言,可用于在 Web 浏览器中创建交互式网页。

在 HTML 文档中,JavaScript 代码通常放在<script>标签内,可以直接嵌入 HTML 文档中,也可以通过外部文件引入。JavaScript 可以用于实现网页上的各种交互效果,如弹出窗口、动态内容更新、表单验证等。同时,它也可以用于创建复杂的 Web 应用程序,如在线购物平台、社交媒体平台和在线游戏等。

2. JavaScript 的数据类型

JavaScript 中有以下几种主要的数据类型。

(1) Number：数字类型,包括整数和浮点数。例如：42、3.14 等。

(2) String：字符串类型,用于表示文本。例如："Hello, World!"。

(3) Boolean：布尔类型,表示真或假。例如：true、false。

(4) Object：对象类型,表示一个包含属性和方法的实体。例如：var person {firstName: "John", lastName: "Doe"};。

(5) Null：空值类型,表示没有值。例如：null。

(6) Undefined：未定义类型,表示值未被初始化。例如：undefined。

(7) BigInt：任意精度的整数类型。例如：9007199254740991n。

(8) Symbol：符号类型,表示唯一的值。例如：Symbol('mySymbol')。

在 JavaScript 中,可以使用 var、let 或 const 关键字来声明变量。

以下是一个使用 var 关键字声明变量的例子。

```
var name;  // 这里声明了一个名为 name 的变量
```

在上述代码中,我们声明了一个名为name的变量,但没有给它赋值。因此,它的值是undefined。

变量名需要遵循以下规则。

(1) 变量名必须以字母、美元符号($)或下画线(_)开头,后面可以跟字母、数字、美元符号、下画线或空格。

(2) 变量名不能包含空格,因为空格会被视为分隔符。

(3) JavaScript对大小写敏感,因此,变量名myVariable和myvariable会被视为两个不同的变量。

(4) 变量名不能使用JavaScript中的保留字(如for、while等)。

(5) 变量名中不能包含特殊字符,如引号、冒号等。

在JavaScript中,有两种方式可以进行注释。

(1) 单行注释:使用两个斜杠(//)开头,从//开始,直到行尾,都会被视为注释。

例如:

```
// 这是一个单行注释
var x = 5; // 这里声明了一个变量 x 并赋值为 5
```

(2) 多行注释:使用斜杠和星号(/* ... */)包裹起来的内容会被视为注释。这种注释方式可以跨越多行。

例如:

```
/*
这是一个多行注释,
可以跨越多行
*/
var y = 10; // 这里声明了一个变量 y 并赋值为 10
```

需要注意的是,虽然多行注释可以跨越多行,但是最好避免在多行注释中使用嵌套的多行注释,因为这可能会导致解析错误。

3. JavaScript运算符和表达式

在JavaScript中,运算符是用于执行算术或逻辑运算的符号。表达式则是由变量、运算符和值组成的语句。

以下是一些常见的JavaScript运算符和表达式。

(1) 赋值运算符(=):将值赋予变量。

```
let x;
x = 10; // x = 10
```

(2) 算术运算符:包括加(+)、减(-)、乘(*)、除(/)和取余(%)。

```
let a = 10;
let b = 3;
```

```
let c = a + b; // c = 13
let d = a - b; // d = 7
let e = a * b; // e = 30
let f = a / b; // f = 3.3333333333333335
let g = a % b; // g = 1（取余数）
```

(3) 比较运算符：用于比较两个值是否相等或不等，包括等于(==)、不等于(!=)、全等(===)和不全等(!==)。

```
let x = 5;
let y = "5";
x == y; // false（因为类型不同）
x != y; // true（因为类型不同）
x === y; // false（因为类型和值都不同）
x !== y; // true（因为类型和值都不同）
```

(4) 逻辑运算符：用于布尔运算，包括与(&&)、或(||)和非(!)。

```
let x = true;
let y = false;
x && y; // false（因为 y 是 false）
x || y; // true（因为 x 是 true）
!x; // false（取反）
!y; // true（取反）
```

(5) 位运算符：用于处理二进制位，包括位与(&)、位或(|)、位非(~)、位异或(^)、左移(<<)、右移(>>)和无符号右移(>>>)。

```
let x = 60; // 60 = 0011 1100
let y = 13; // 13 = 0000 1101
x & y; // 12 = 0000 1100（位与运算）
x | y; // 61 = 0011 1101（位或运算）
~x; // -61 = 1100 0011（位非运算，取反）
x << 2; // 240 = 1111 0000（左移运算，每左移一位，数值翻倍）
x >> 2; // 15 = 0000 1111（右移运算，每右移一位，数值减半）
x >>> 2; // 15 = 0000 1111（无符号右移运算，忽略符号位）
```

除了上述提到的运算符，JavaScript还有一些其他常用的运算符和表达式。

(1) 三元运算符(?:)：也称为条件运算符，用于执行条件表达式。格式为：条件？值1：值2。

```
let x = 10;
let y = 5;
x > y ? "x 大于 y" : "x 不大于 y"; // "x 大于 y"
```

(2) typeof运算符：用于确定一个变量的类型。

```
let x = "hello";
typeof x; // "string"
```

(3) instanceof运算符：用于判断一个对象是否属于某个类或接口。

```
let person = new Person();
person instanceof Person; // true
```

(4) void 运算符：用于将变量的值设置为 undefined。

```
let x = 10;
void x;  // undefined
```

(5) new 运算符：用于创建对象。可以与构造函数一起使用。

```
let person = new Person("John", "Doe");  // 创建一个 Person 对象
```

(6) delete 运算符：用于删除对象的属性或变量。如果对象没有对应的属性，则该操作无效。

```
let person = {name: "John", age: 25};
delete person.age;  // true（成功删除属性）
```

4. JavaScript 控制语句

JavaScript 中的控制语句是编程中的重要概念。以下是关于这个概念的基本介绍以及示例。

控制语句用于决定或影响代码的执行流程。JavaScript 中的控制语句包括 if...else 语句、switch 语句、for 循环、while 循环、do...while 循环等。

(1) if...else 语句：这个语句用于根据某个条件来执行不同的代码块。

示例：

```
var x = 10;
if (x > 5) {
console.log("x 大于 5");
} else {
console.log("x 小于或等于 5");
}
```

(2) switch 语句：这个语句用于根据表达式的值来执行不同的代码块。

示例：

```
var day = "Monday";
switch (day) {
case "Monday": console.log("今天是星期一");break;
case "Tuesday":console.log("今天是星期二");break;
//...其他天数
default: console.log("未知的星期");  }
```

(3) 循环：循环用于重复执行特定的代码块。JavaScript 中有 for、while 和 do...while 循环。

for 循环示例：

```
for (var i = 0; i < 5; i++) { console.log(i);  }// 输出：0, 1, 2, 3, 4
```

(4) break 和 continue 语句：break 用于跳出整个循环，而 continue 用于跳过当前循环的剩余部分并开始下一次循环。

示例:

```
for (var i = 0; i < 10; i++) {
if (i === 5) {
break; // 当i等于5时跳出循环
} else if (i === 3) {
continue; // 当i等于3时跳过当前循环的剩余部分并开始下一次循环
} else { console.log(i); // 其他情况输出i的值 }
}// 输出：0,1,2,3(跳过4,5,6,7,8,9)或(根据代码的执行顺序)可能输出
//4,5,6,7,8,9(跳过3)
```

5. JavaScript 函数

在JavaScript中,函数是一个可重复使用的代码块,它可以执行某些操作并返回一个结果。可以在代码的任何地方调用函数,并且可以将任意数量的输入(称为参数)传递给函数。函数还可以返回一个值,该值可以被赋予一个变量或用于其他操作。

(1) 创建自定义函数

在JavaScript中,创建自定义函数的基本语法如下。

```
function functionName(parameters) { // 函数体：一些操作和计算
return someValue; // 返回一个值 }
```

以下是一个创建自定义函数的例子。

```
function sayHello(name) {  return "Hello, " + name; }
var greeting = sayHello("John"); // 调用函数,将结果存储在greeting变量中
console.log(greeting); // 输出: Hello, John
```

在这个例子中,我们定义了一个名为sayHello的函数,它接收一个参数name。函数体是一个简单的字符串连接操作,返回"Hello, "后跟输入的名字。然后我们调用这个函数,将结果存储在greeting变量中,并使用console.log打印出来。

(2) 调用函数

在JavaScript中,可以通过函数名称来调用函数。以下是调用函数的示例。

```
function sayHello(name) {return "Hello, " + name;}
var greeting = sayHello("John"); // 调用函数,将结果存储在greeting变量中
console.log(greeting); // 输出: Hello, John
```

在这个例子中,我们定义了一个名为sayHello的函数,它接收一个参数name。然后我们通过函数名称sayHello来调用这个函数,并将结果存储在greeting变量中。最后,我们使用console.log打印出这个结果。

(3) 变量的作用域

在JavaScript中,变量的作用域决定了变量在代码中的可见性和生命周期。根据作用域的不同,变量可分为全局变量和局部变量。全局变量可以在整个代码中访问,而局部变量只能在定义它的函数或块级作用域中访问。当函数执行完毕后,局部变量的生命周期结束,它们在内存中的空间会被释放。

以下是一个示例，展示了变量的作用域。

```
var globalVar = " 我是全局变量 ";
function exampleFunction() {
var localVar = " 我是局部变量 "; console.log(localVar); // 输出：我是局部变量 }
exampleFunction(); // 调用函数
console.log(localVar); // 报错：undefined，因为 localVar 在函数执行完毕后被释放了
```

在这个例子中，globalVar是全局变量，可以在整个代码中访问。而localVar是局部变量，只能在exampleFunction函数的作用域中访问。在函数执行完毕后，localVar被释放，因此尝试访问它会报错。

(4) 函数的返回值

在JavaScript中，函数可以返回一个值。这个值可以通过return语句来指定，并且可以将结果传递给其他变量或用于其他计算。

以下是一个示例，展示了如何使用返回值。

```
function addNumbers(a, b) { return a + b; }
var sum = addNumbers(5, 7);
console.log(sum); // 输出：12，因为 5 + 7 =12
```

在这个例子中，addNumbers函数接收两个参数a和b，并返回它们的和。我们将5和7作为参数传递给函数，将返回值存储在sum变量中，并使用console.log打印出这个结果。

6. JavaScript 内置函数

JavaScript有许多内置函数，这些函数为开发人员提供了许多便利的功能。以下是一些常见的JavaScript内置函数及示例。

(1) Math.max()：返回一组数中的最大值。

```
var numbers = [1, 5, 3, 7, 9];
var maxValue = Math.max(...numbers);
console.log(maxValue); // 输出：9
```

(2) Math.min()：返回一组数中的最小值。

```
var numbers = [1, 5, 3, 7, 9];
var minValue = Math.min(...numbers);
console.log(minValue); // 输出：1
```

(3) Array.from()：将类数组对象或可迭代对象转换为数组。

```
var arrayLike = {0: "a", length: 1};
var arr = Array.from(arrayLike);
console.log(arr); // 输出：["a"]
```

(4) Array.prototype.includes()：判断一个数组是否包含某个元素。

```
var arr = ["apple", "banana", "orange"];
var containsApple = arr.includes("apple");
console.log(containsApple); // 输出：true
```

(5) Array.prototype.filter()：过滤出符合条件的元素并返回新数组。

```
var arr = [1, 2, 3, 4, 5];
var evenNumbers = arr.filter(function(num) {
return num % 2 === 0;   });
console.log(evenNumbers); // 输出：[2, 4]
```

(6) Array.prototype.map()：对数组中的每个元素执行操作并返回新数组。

```
var arr = [1, 2, 3, 4, 5];
var doubled = arr.map(function(num) {   return num * 2; });
console.log(doubled); // 输出：[2, 4, 6, 8, 10];
```

(7) Array.prototype.reduce()：对数组中的每个元素执行操作并返回一个单一的值。

```
var arr = [1, 2, 3, 4, 5];
var sum = arr.reduce(function(acc, num) {
return acc + num; }, 0);
console.log(sum); // 输出：15
```

4.1.3　XML

XML(eXtensible Markup Language)也是网页标记语言，是一种可用于创建结构化文档的标记语言。它与HTML之间存在一定区别，具体有以下几点。

(1) 文档结构

HTML是一种基于树结构的语言，其中每个元素都包含在另一个元素中。HTML文档的根元素是<html>，在其中包含<head>和<body>元素，然后在这些元素中包含其他元素。

XML也是基于树结构的语言，其中每个元素都可以包含其他元素。但是，XML没有预定义的根元素或默认元素。XML文档必须有一个顶层元素，这个元素将包含所有其他元素。

(2) 标记的规则

HTML使用固定的一组标记来定义文档的外观和布局。这些标记被称为HTML元素，它们由尖括号包围，例如<p>和<img>。

XML允许用户创建自定义标记集，以便可以定义文档中的任意元素。这些标记集由用户自己定义，可以具有任意名称，例如<person>或<invoice>。

(3) 属性语法

HTML元素可以具有属性，这些属性用于定义元素的外观和行为。例如，<img>元素可以具有src和alt属性，以指定图像的来源和替换文本。

XML元素也可以具有属性，但这些属性是由用户定义的。XML属性可以是任意的，具体取决于元素的目的和使用。这些属性通常用于为元素提供附加信息，而不是用于控制其外观或行为。

总的来说，HTML和XML是两种不同的标记语言，它们的用途和设计目的也不同。HTML的主要目的是展示和呈现内容，它有固定的标记集和规范，并且可以通过Web浏览器直接处理和呈现。XML的主要目的是存储和传输数据,它可以定义自定义的标记集和结构,并需要特殊的程序来解析和处理数据。虽然它们之间有许多不同之处,但在实际应用中,它们经常被同时使用,以便实现不同的目的和需求。

下面的例子展示了带有最少的必需标签的XML文档。

```
<!DOCTYPE html PUBLIC "-//W3C//DTD XHTML 1.0 Transitional//EN"
"http://www.w3.org/TR/xhtml1/DTD/xhtml1-transitional.dtd">
<html xmlns="http://www.w3.org/1999/xhtml">
<head>    <meta charset="utf-8">    <title>文档标题</title></head>
<body>文档内容</body>
</html>
```

4.2 D3开发基础

4.2.1 D3入门

D3(Data-Driven Documents)是一个基于Web标准的JavaScript库,用于创建动态交互式的数据可视化图表。它提供了丰富的功能和灵活的API,使开发者能够根据数据创建各种类型的图表,如折线图、柱状图、饼图等。

D3依赖于现有的Web技术(HTML、CSS、SVG等),因此它的灵活性和可扩展性更强。D3的核心理念是将数据和文档绑定在一起,通过数据驱动来自动生成可视化图形。

D3现在已经拆成了单独的模块,每个模块具备不同的功能,帮助开发者构建各种复杂的可视化效果。模块可以单独引用,根据具体需求选择适合的模块,灵活组合使用。以下是D3的一些主要模块和功能。

- d3-selection:用于选择DOM元素并操作它们,例如添加、删除或更新元素。
- d3-scale:用于创建比例尺,将数据值映射到视觉表示(如坐标、颜色等)。
- d3-axis:用于生成坐标轴,包括线性和时间轴,可以与比例尺配合使用。
- d3-shape:用于创建形状(如线条、面积图、饼图等)的路径生成器。
- d3-color:用于处理颜色,支持颜色转换和操作,例如RGB和HSL之间的转换。
- d3-zoom:用于实现缩放和拖动功能,适用于图表或地图的交互。
- d3-transition:用于实现过渡效果,使得元素的变化更平滑。
- d3-force:用于创建力导向图,模拟物体之间的物理力的作用。
- d3-fetch:用于加载外部数据,如CSV、JSON和文本文件。
- d3-array:提供数组操作的函数,如排序、分组和聚合等。
- d3-time:处理时间和日期的函数,包括时间解析和格式化。
- d3-geo:用于地理数据可视化,包括地图投影和路径生成。

4.2.2　D3的数据集选择

1. 选择元素

在 D3 中，用于选择元素的方法有两个。

(1) d3.select()：是选择所有指定元素的第一个。

(2) d3.selectAll()：是选择指定元素的全部。

这两个函数返回的结果称为选择集，常见用法如下。

```
var body = d3.select("body");// 选择文档中的 body 元素
var svg = body.select("svg");// 选择 body 中的 svg 元素
var rects = svg.selectAll("rect");// 选择 svg 中所有的 svg 元素
```

示例如下：

假设在 body 中有 3 个段落元素。

```
<p>JavaScript</p><p>HTML</p><p>CSS</p>
```

现在，要分别完成以下 4 种选择元素的任务。

(1) 选择第一个 p 元素

使用 select，参数传入 p 即可，如此返回的是第一个 p 元素。

```
var body = d3.select("body");
var p1 = body.select("p");
p1.style("color", "red");
```

结果如下所示，被选择的元素标记为红色。

```
<p style="color:red;">JavaScript</p><p>HTML</p><p>CSS</p>
```

(2) 选择所有 p 元素

使用 selectAll 选择 body 中所有的 p 元素。

```
var p = body.selectAll("p");
p.style("backgrou-color", "gray");
```

(3) 选择第二个 p 元素

可以有不少方法，一种比较简单的是给第二个元素添加一个 id 号。

```
<p id="myid">HTML</p>
```

然后，使用 select 选择元素，注意参数中 id 名称前要加 # 号。

```
var p2 = body.select("#myid");p2.style("color", "blue");
```

结果如下：

```
<p>JavaScript</p><p id="myid" style="color: blue;">HTML</p><p>CSS</p>
```

(4) 选择后两个 p 元素

给后两个元素添加 class。

```
<p class="myclass">HTML</p><p class="myclass">HTML</p>
```

由于需要选择多个元素，因此要用 selectAll()。注意参数，class 名称前要加一个点。

```
var pp = body.selectAll(".myclass");pp.style("color", "red");
```

2. 增加元素

增加元素有两个方法。

(1) append()：在选择集末尾插入元素。

(2) insert()：在选择集前面插入元素。

假设有 3 个段落元素，与上文相同。

```
<p>JavaScript</p><p>HTML</p><p>CSS</p>
```

(1) append()

```
var body = d3.select("body");
body.append("p").text("append a p element"); // 在 body 的末尾添加一个 p 元素
```

(2) 在 body 中 id 为 myid 的元素前添加一个段落元素

```
<p id="myid">HTML</p>
body.insert("p", "#myid").text("insert a p element");
```

3. 删除元素

删除元素使用 remove()。例如，删除指定 id 的段落元素。

```
var p = body.select("#myid");p.remove();
```

【例 4-6】在文后插入字符串 "append p element"，在第二段后插入 "insert p element"，删除原第二段。

代码如下：

```
<html>
<head>
    <meta charset="utf-8">
    <title>插入和删除元素</title>
</head>
</style>
<body>
    <p>Apple</p>
    <p id="myid">Pear</p>
    <p>Banana</p>
    <script src="http://d3js.org/d3.v3.min.js" charset="utf-8"></script>
    <script>
    var body = d3.select("body");
```

```
    // 插入元素
    body.append("p").text("append p element");
    body.insert("p","#myid").text("insert p element");
    // 删除元素
    var p = body.select("#myid");
    p.remove();
</script></body>  </html>
```

结果如图4-6所示。

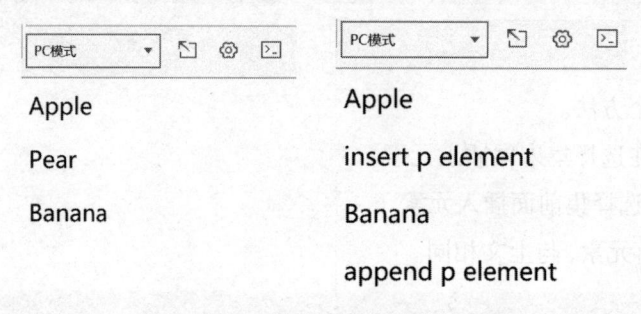

图4-6 增加元素显示结果

4.2.3 数据绑定

D3 有一个很独特的功能,即能将数据绑定到 DOM 上。

D3 中是通过以下两个方法来绑定数据的。

(1) datum():绑定一个数据到选择集上。

(2) data():绑定一个数组到选择集上,数组的各项值分别与选择集的各元素绑定。

现在有3个段落元素如下。

```
<p>Apple</p><p>Pear</p><p>Banana</p>
```

接下来分别使用 datum() 和 data(),将数据绑定到上面3个段落元素上。

1. datum()

假设有一个字符串 China,要将此字符串分别与3个段落元素绑定,代码如下。

```
var str = "China";
var body = d3.select("body");var p = body.selectAll("p");
p.datum(str);
p.text(function(d, i) {
    return "第 " + i + " 个元素绑定的数据是 " + d;});
```

绑定数据后,使用此数据来修改3个段落元素的内容,其结果如下。

```
<p>第 0 个元素绑定的数据是 China</p><p>第 1 个元素绑定的数据是 China</p><p>第 2 个元素绑定的数据是 China</p>
```

在上面的代码中,用到了一个匿名函数 function(d, i)。当选择集需要使用被绑定的数据时,需要这么使用。两个参数含义如下。

(1) d 代表数据，也就是与某元素绑定的数据；

(2) i 代表索引，代表数据的索引号，从 0 开始。

例如，上述例子中，第 0 个元素 Apple 绑定的数据是 China。

2. data()

假设有一个数组，接下来要分别将数组的各元素绑定到 3 个段落元素上。

```
var dataset = ["I like dogs", "I like cats", "I like snakes"];
```

绑定之后，其对应关系的要求为：

- Apple 与 I like dogs 绑定。
- Pear 与 I like cats 绑定。
- Banana 与 I like snakes 绑定。

调用 data() 绑定数据，并替换 3 个段落元素的字符串为被绑定的字符串，代码如下。

```
var body = d3.select("body");var p = body.selectAll("p");
p.data(dataset).text(function(d, i) {
  return d;});
```

这段代码也用到了一个匿名函数 function(d, i)，其对应的情况如下。

- 当 i == 0 时，d 为 I like dogs。
- 当 i == 1 时，d 为 I like cats。
- 当 i == 2 时，d 为 I like snakes。

此时，3 个段落元素与数组 dataset 的 3 个字符串是一一对应的，因此在函数 function(d, i) 中直接 return d 即可。

结果是 3 个段落的文字分别变成了数组的 3 个字符串。

```
<p>I like dogs</p><p>I like cats</p><p>I like snakes</p>
```

4.2.4 元素的基本操作

(1) enter-update-exit

update、enter、exit 是 D3 中 3 个非常重要的概念，它处理的是当选择集和数据的数量关系不确定时的情况。

假设反复出现了形如以下的代码。

```
svg.selectAll("rect")  // 选择 svg 内所有的矩形
  .data(dataset)  // 绑定数组
  .enter()  // 指定选择集的 enter 部分
  .append("rect");  // 添加足够数量的矩形元素
```

该代码表示：一开始 SVG 画布中有数据，而没有足够图形元素时，使用此方法可以添加足够的元素。将数组 dataset 与元素数量为 0 的选择集绑定后，选择其 enter 部分，然后添加

(append)元素,也就是添加足够的元素,使得每一个数据都有元素与之对应。

假设在 body 中有 3 个 p 元素,有一个数组 [3, 6, 9],则可以将数组中的每一项分别与一个 p 元素绑定在一起。但是,有一个问题:当数组的长度与元素数量不一致(数组长度>元素数量或者数组长度<元素数量)时怎么办? 这时就需要理解 update、enter、exit 的概念。

如果数组为 [3, 6, 9, 12, 15],将此数组绑定到有 3 个 p 元素的选择集上。可以想象,会有两个数据没有元素与之对应,这时 D3 会建立两个空的元素与数据对应,这一部分就称为 enter。而有元素与数据对应的部分称为 update。如果数组为[3],则会有两个元素没有数据绑定,那么没有数据绑定的部分被称为 exit。过程如图 4-7 所示。

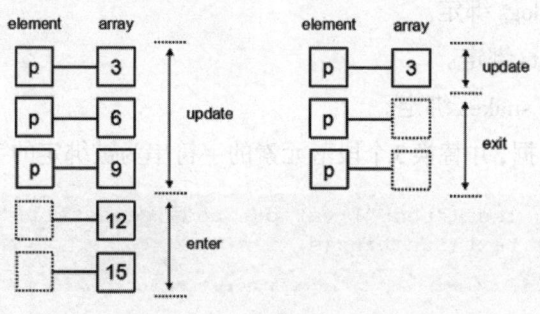

图 4-7 enter-update-exit 原理

(2) update 和 enter 的使用

当对应的元素不足时(绑定数据数量>对应元素),需要添加元素。

【例 4-7】现在 body 中有 3 个 p 元素,要绑定一个长度大于 3 的数组到 p 的选择集上,然后分别处理 update 和 enter 两部分。

```
<p>1</p><p>2</p><p>3</p>
var dataset = [3, 6, 9, 12, 15];
var p = d3.select("body").selectAll("p");   // 选择 body 中的 p 元素
var update = p.data(dataset);                // 获取 update 部分
var enter = update.enter();                  // 获取 enter 部分
更新属性值 update.text(function(d) {         //update 部分的处理
  return "update " + d;});
enter.append("p").text(function(d) {
                        //enter 部分的处理:添加元素后赋予属性值
return "enter " + d;});
```

运行结果如图 4-8 所示。

update 3
update 6
update 9
enter 12
enter 15

图 4-8 处理 update 和 enter 的运行结果

(3) update 和 exit 的使用

当对应的元素过多时(绑定数据数量<对应元素),需要删掉多余的元素。

【例4-8】现在 body 中有 3 个 p 元素,要绑定一个长度小于 3 的数组到 p 的选择集上,然后分别处理 update 和 exit 两部分。

```
var dataset = [3];
var p = d3.select("body").selectAll("p");  // 选择 body 中的 p 元素
var update = p.data(dataset);      // 获取 update 部分
var exit = update.exit();          // 获取 exit 部分
update.text(function(d) {          //update 部分的处理:更新属性值
return "update " + d;});
exit.text(function(d) {            //exit 部分的处理:修改 p 元素的属性
return "exit";});
exit.remove();                     //exit 部分的处理通常是删除元素
```

要区分好 update 部分和 exit 部分。这里为了表明哪一部分是 exit,并没有删除掉多余的元素,但实际上 exit 部分的绝大部分操作是删除。运行结果如图 4-9 所示。

update 3

update 6

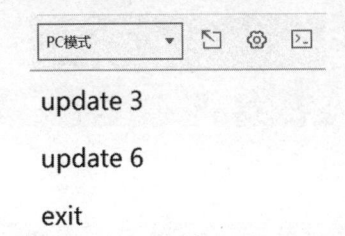

exit

图 4-9　处理 update 和 exit 的运行结果

4.2.5　加载外部数据

在之前的文档示例中,数据都是直接在代码中硬编码的。在实际开发时,数据通常是从外部加载的,可能是从本地的资源文件中读取,也可能是从服务器中请求。

D3.js 有个模块 d3-fetch 用于加载外部文件并解析其中的数据。它是基于 Fetch 实现的。这个模块内置支持解析 JSON、CSV、TSV 等格式的文件,如果要加载其他格式,可以使用 text()。

1. 本地测试服务器

D3 不能直接读取本地文件,因此需要搭建一个本地测试服务器。例如用 Node.js 的 anywhere 模块,可以快速启动一个静态服务器。

要全局安装 anywhere 模块,需要提前安装好 Node.js。

```
npm install -g anywhere
```

启动一个静态服务器,切换到指定的文件目录,然后输入如下命令,指定 8080 端口。

```
anywhere 8080
```

2. 加载并解析 JSON 文件：d3.json()

```
d3.json("/path/to/file.json").then(function(data) {
  console.log(data);});
```

3. 加载并解析 CSV 文件：d3.csv()

```
d3.csv("/path/to/file.csv").then(function(data) {
  console.log(data); // [{"Hello": "world"}, …]});
```

4. 加载并解析 TXT 文件：d3.text()

```
d3.text("/path/to/file.txt").then(function(text) {
  console.log(text); // Hello, world!});
```

5. 加载并解析图片：d3.image()

```
d3.image("https://example.com/test.png", { crossOrigin: "anonymous"
}).then(
function(img) {
  console.log(img);
});
```

6. 加载其他格式的文件

```
d3.tsv(input[, init])
d3.dsv(input[, init])
d3.xml(input[, init])
d3.html(input[, init])
d3.svg(input[, init])
d3.buffer(input[, init])
d3.blob(input[, init])
```

本 章 小 结

  本章主要介绍了可视化工具D3的技术基础，首先介绍了构建网页的基本语言HTML，以学习网页的结构和内容；然后介绍了JavaScript语言，可以为网页添加动态功能和交互效果；接着介绍了一种用于存储和传输数据的标记语言——XML语言。本章还介绍了D3开发基础，对D3的数据集选择、数据绑定、元素的基本操作等内容进行详细阐述，掌握这些基础知识和技能，能够学会使用D3.js创建动态、交互式的数据可视化，同时能够有效地展示和分析数据，从而更好地传达信息。

第5章
基本图形绘制

教学提示

本章将详细讲解SVG基础知识、标签、属性及7种图形绘制基础代码,结合实例讲解Canvas绘图的几种图形效果处理方法,这有利于帮助学生巩固已有的基础知识,更有利于后续章节的学习。

5.1 SVG基础知识

5.1.1 图片存储方式

图片存储格式主要分为两大类:位图和矢量图。

1. 位图

一类是位图,它由像素点组成,适合表现连续色调的图像,如照片和复杂场景。

位图,也叫光栅图,亦称为点阵图像或绘制图像,是由很多个像小方块一样的颜色网格(即像素)组成的图像,这些像素可以进行不同的排列和染色以构成图样。位图中的像素由其位置值与颜色值表示,也就是将不同位置上的像素设置成不同的颜色,即组成了一幅图像。位图图像放大到一定的倍数后,看到的便是一个一个方形的色块,整体图像也会变得模糊、粗糙。

当放大位图时,可以看见构成整个图像的无数单个方块(像素)。扩大位图尺寸的效果是增多单个像素,从而使线条和形状显得参差不齐。然而,如果从稍远的位置观看它,位图图像的颜色和形状又像是连续的。在体检时,工作人员给你的本子上的一些图像就是由一个个点组成的,这与位图图像相似。由于每一个像素都是单独染色的,因此可以通过以每次一个像素的频率操作选择区域而产生近似相片的逼真效果,如加深阴影和加重颜色。缩小位图尺寸也会使原图变形,因为此举是通过减少像素来使整个图像变小的。同样,由于位图图像是以排列的像素集合体形式创建的,因此不能单独操作(如移动)局部位图。

处理位图时要着重考虑分辨率,输出图像的质量取决于处理过程开始时设置的分辨率高低。分辨率是一个笼统的术语,它指一个图像文件中包含的细节和信息量的多少,以及输入、输出或显示设备能够产生的细节程度。操作位图时,分辨率既会影响最后输出的质量也会影响文件的大小。处理位图需要三思而后行,因为为图像选择的分辨率通常在整个过程中都伴随着文件。无论是在一个300dpi的打印机上还是在一个2570dpi的照排设备上印刷位图文件,文件总是以创建图像时所设的分辨率大小印刷,除非打印机的分辨率低于图像的分辨率。如果希望最终输出看起来和屏幕上显示的一样,那么在开始工作前,就需要了解图像的分辨率和不同设备分辨率之间的关系。显然,矢量图就不必考虑这么多。

位图的特点如下。

(1) 文件所占的空间大。用位图存储高分辨率的彩色图像需要较大储存空间,因为像素之间相互独立,所以占的硬盘空间、内存和显存比矢量图都大。

(2) 会产生锯齿。位图是由最小的色彩单位"像素"组成的,因此位图的清晰度与像素的多少有关。位图放大到一定的倍数后,看到的便是一个一个的像素,即一个一个方形的色块,整体图像便会变得模糊且会产生锯齿。

(3) 位图图像在表现色彩、色调方面的效果比矢量图更加优越,尤其是在表现图像的阴影和色彩的细微变化方面效果更佳。

2. 矢量图

另一类是矢量图,它基于数学方程描述图形,适合线条图和图标等简单图形。

矢量图像,也称为面向对象的图像或绘图图像,在数学上定义为一系列由线连接的点。矢量文件中的图形元素称为对象。每个对象都是一个自成一体的实体,它具有颜色、形状、轮廓、大小和屏幕位置等属性。既然每个对象都是一个自成一体的实体,就可以在维持它原有清晰度和弯曲度的同时,多次移动和改变它的属性,而不会影响图例中的其他对象。这些特征使基于矢量的程序特别适用于图例和三维建模,因为它们通常要求能创建和操作单个对象。基于矢量的绘图与分辨率无关。这意味着它们可以按最高分辨率显示到输出设备上。

矢量图使用直线和曲线来描述图形,这些图形的元素是一些点、线、矩形、多边形、圆和弧线等,它们都是通过数学公式计算获得的。例如一幅花的矢量图形实际上是由线段形成外框轮廓,由外框的颜色以及外框所封闭的颜色决定花显示出的颜色。因为矢量图形可通过公式计算获得,所以矢量图形文件体积一般较小。矢量图形最大的优点是无论放大、缩小或旋转等都不会失真。Adobe公司的Freehand和Illustrator、Corel公司的CorelDRAW是众多矢量图形设计软件中的佼佼者。大名鼎鼎的Flash MX制作的动画也是矢量图形动画。

矢量图的特点如下。

(1) 矢量图文件小。因为图像中保存的是线条和图块的信息,所以矢量图形与分辨率和图像大小无关,只与图像的复杂程度有关。简单图像所占的存储空间小。

(2) 图像大小可以无级缩放。在对图形进行缩放、旋转或变形操作时,图形仍具有很高的显示和印刷质量,且不会产生锯齿模糊效果。

(3) 可采取高分辨率印刷。矢量图形文件可以在任何输出设备及打印机上以打印机或印刷机的最高分辨率输出。

矢量图与位图最大的区别是，它不受分辨率的影响。因此在印刷时，可以任意放大或缩小图形而不会影响出图的清晰度。

5.1.2　SVG的概念及优势

SVG是Scalable Vector Graphics的缩写，意思为可缩放的矢量图。它是一种基于XML的图像格式，用于描述二维图形和图形应用程序的渲染，被广泛应用于网络和桌面应用程序中。SVG图像是矢量图形，这意味着它们可以在任何分辨率下保持清晰，而不会失去质量。矢量图是由路径、线、曲线和基本形状组成的图形，可以轻松地进行放大或缩小，而不会失去清晰度或质量。SVG文件可以直接在网页中嵌入，或者通过CSS和JavaScript进行控制。由于SVG是XML格式，因此可以方便地使用脚本语言进行操作，从而实现复杂的交互效果。SVG具有良好的可读性和可编辑性。任何人都可以使用文本编辑器打开SVG文件并对其进行编辑，这使得SVG成为一种非常易于使用和控制的图像格式。总的来说，SVG是一种非常强大的图像格式，具有许多优点，如可缩放性、清晰度、交互性和易于控制等。

SVG使用XML标记语言来定义图形，可以实现图像的缩放、旋转、动画等效果。SVG的工作原理涉及图像的创建、渲染和控制，下面将详细介绍SVG的工作原理。

(1) SVG图像的创建

SVG图像可以使用文本编辑器手动创建，也可以使用图形软件(如Adobe Illustrator、Inkscape等)绘制后导出为SVG格式。在创建SVG图像时，需要使用XML标记语言来定义图形元素、属性和样式。常用的图形元素包括矩形、圆形、线条、路径等，可以通过设置属性和样式来调整图形的外观和行为。

(2) SVG图像的渲染

SVG图像的渲染是指将SVG代码解析并转换为可见的图像。渲染过程通常由浏览器或图像处理软件完成。具体的渲染过程如下。

① 解析SVG代码：浏览器或软件会解析SVG代码，识别并理解其中的标记和属性。

② 创建图形对象：解析后的SVG代码将被转换为图形对象，包括图形元素、属性和样式。

③ 布局和定位：根据SVG代码中的布局和定位信息，将图形对象放置在指定的位置。

④ 绘制图形：根据图形对象的属性和样式，使用适当的绘图算法绘制图形。

⑤ 应用效果：根据SVG代码中的效果属性(如渐变、阴影等)，对图形进行相应的效果处理。

⑥ 渲染输出：最终将渲染后的图形输出到屏幕上，供用户观看和交互。

(3) SVG图像的控制

SVG图像可以通过CSS样式表和JavaScript脚本来控制其外观和行为。通过CSS样式表，可以设置图形元素的颜色、大小、边框等属性，实现样式的统一和变化。通过JavaScript脚本，可以实现对SVG图像的动态操作，如交互、动画、事件响应等。JavaScript可以通过DOM(文档对象模型)来访问和操作SVG图像的元素和属性。

由此可见，SVG图像的优势主要有如下几点。

(1) 矢量图形：SVG图像是基于矢量的，可以无损地进行缩放和放大，不会失真。

(2) 小文件大小：SVG图像以文本形式存储，文件大小相对较小，适合在网络上进行传输和加载。

(3) 可编辑性：SVG图像可以通过文本编辑器进行编辑和修改，方便进行定制和更新。

(4) 动画效果：SVG支持动画效果，可以实现图形的平移、旋转、缩放等动态效果。

(5) 跨平台兼容：SVG图像可以在不同的平台和设备上进行显示和交互，具有良好的兼容性。

5.1.3　SVG的添加方式

SVG的使用方法有两种。

第一种方法是直接将SVG XML嵌入HTML文档中，如例5-1所示。

【例5-1】直接将SVG XML嵌入HTML文档。

```
<html>
    <head>
            <title>Embedded SVG</title>
    </head>
    <body style="height: 600px;width: 100%; padding: 30px;">
            <svg xmlns="http://www.w3.org/2000/svg" version="1.1">
            ...
            </svg>
    </body>
</html>
```

核心代码为：<svg xmlns="http://www.w3.org/2000/svg" version="1.1">...</svg>。

同时写入开启标签 <svg> 和关闭标签 </svg>。<svg>标签的属性通常包括：

- width：SVG图形文档的宽度；
- height：SVG图形文档的高度；
- version：可定义所使用的SVG版本，此处为1.1版本；
- xmlns：定义SVG命名空间，可以确保SVG元素在XML文档中的正确解析和显示，这对于前端开发人员创建和操作矢量图形至关重要。

第二种方法是使用.svg扩展名保存SVG XML文件。当将SVG图形保存在.svg文件中时，可以使用embed、object和iframe元素来将它包含在网页中。

使用<embed>元素包含一个SVG XML文件的代码如下：

```
<embed  src="circle.svg"  type="image/svg+xml"></embed >
```

使用<object>元素包含一个SVG XML文件的代码如下：

```
<object  data="circle.svg"  type="image/svg+xml"></object>
```

使用<iframe>元素包含一个SVG XML文件的代码如下：

```
<iframe src="circle1.svg"></iframe>
```

当使用其中一种方法时，可以将同一个SVG图形包含在多个页面中，并编辑.svg源文件来进行更新。

SVG文件必须使用.svg后缀来保存，使用标签<svg>...</svg>形式绘制图形，添加代码如例5-2所示。

【例5-2】使用标签<svg>...</svg>形式绘制图形。

```
<?xml version="1.0" standalone="no"?>
<!DOCTYPE svg PUBLIC "-//W3C//DTD SVG 1.1 //EN" "http://www.w3.org/
Graphics/SVG/1.1/DTD/svg11.dtd">
<svg width="100%" height="100%" version="1.1" xmlns="http://www.
w3.org/2000/svg">
...
</svg>
```

第一行包含了 XML 声明。请注意 standalone 属性，该属性规定此 SVG 文件是否是"独立的"，或者含有对外部文件的引用。standalone="no" 意味着 SVG 文档会引用一个外部文件。

第二和第三行引用了一个外部的 SVG DTD。该 DTD 位于 W3C 中，含有所有允许的 SVG 元素，链接为 http://www.w3.org/Graphics/SVG/1.1/DTD/svg11.dtd。

第四和第五行是绘图代码，使用开启标签 <svg> 和关闭标签 </svg>。<svg>标签的属性通常包括：

- width：SVG图形文档的宽度；
- height：SVG图形文档的高度；
- version：可定义所使用的SVG版本；
- xmlns：定义SVG命名空间。

5.2 色彩基础

颜色是作图不可少的概念，常用的标准有 RGB 和 HSL。D3提供了创建颜色对象的方法，能够相互转换和插值。

1. RGB

RGB是位图颜色的一种编码方法，用红、绿、蓝三原色的光学强度来表示一种颜色。这是最常见的位图编码方法，可以直接用于屏幕显示。

虽然可见光的波长有一定的范围，但我们在处理颜色时并不需要将每一种波长的颜色都单独表示。因为自然界中所有的颜色都可以用红、绿、蓝(RGB)这3种颜色波长的不同强度组合而得，这就是所谓的三基色原理。因此，这3种光常被称为三基色或三原色。有时我们亦称这3种基色为添加色，这是因为当我们把不同光的波长加到一起时，得到的将会是更加明亮的颜色。把3种基色交互重叠，就产生了次混合色：青、洋红、黄。这同时也引出了互补色的概念。基色和次混合色是彼此的互补色，即彼此之间最不一样的颜色。例如青色由蓝色和绿色构成，而红色是缺少的一种颜色，因此青色和红色构成了彼此的互补色。在数字视频中，对RGB三基色各进行8位编码就构成了大约1677万种颜色，这就是我们常说的真彩色。顺便提一句，电视机和计算机的监视器都是基于RGB颜色模式来创建其颜色的。

在D3中，RGB颜色的创建、调整明暗方法如下。

(1) d3.rgb(r, g, b)输入r(红)、g(绿)、b(蓝)值来创建颜色，范围都为[0, 255]。

(2) d3.rgb(color)输入相应的字符串来创建颜色。

2. CMYK

CMYK是位图颜色的一种编码方法，其中4个字母分别指青、洋红、黄、黑。这是常用的位图编码方法之一，可以直接用于彩色印刷。

CMYK颜色模式是一种印刷模式，用青、洋红、黄、黑4种颜料含量来表示一种颜色，在印刷中代表4种颜色的油墨。CMYK模式在本质上与RGB模式没有什么区别，只是产生色彩的原理不同：在RGB模式中由光源发出的色光混合生成颜色，而在CMYK模式中由光线照到有不同比例C、M、Y、K油墨的纸上，部分光谱被吸收后，反射到人眼的光产生颜色。由于C、M、Y、K在混合成色时，随着4种成分的增多，反射到人眼的光会越来越少，光线的亮度会越来越低，因此CMYK模式产生颜色的方法又被称为色光减色法。

3. 索引颜色/颜色表

索引颜色/颜色表是位图常用的一种压缩方法。从位图图片中选择最有代表性的若干种颜色(通常不超过256种)编制成颜色表，然后将图片中原有颜色用颜色表的索引来表示。这样原图片可以被大幅度有损压缩，但会丢失一些颜色信息，使文件大小显著减小。这种方法适合于压缩网页图形等颜色数较少的图形，不适合压缩照片等色彩丰富的图形。

4. Lab颜色模式

Lab颜色是由RGB三基色转换而来的，它是由RGB模式转换为HSB模式和CMYK模式的桥梁。该颜色模式由一个发光率和两个颜色轴(a和b)组成。它用颜色轴所构成的平面上的环形线来表示色的变化，其中径向表示色饱和度的变化，自内向外，饱和度逐渐增高；圆周方向表示色调的变化，每个圆周形成一个色环；而不同的发光率表示不同的亮度并对应不同环形颜色变化线。它是一种能够"独立于设备"的颜色模式，即无论使用何种监视器或打印机，Lab的颜色不变。其中a表示从洋红至绿色的范围，b表示黄色至蓝色的范围。

5. HSB颜色模式

从心理学的角度看，颜色有3个要素：色相、饱和度、明度。HSB颜色模式便是基于人对颜色的心理感受的一种颜色模式。它是由RGB三基色转换为Lab模式，再在Lab模式的基础上考虑了人对颜色的心理感受这一因素而转换成的。因此这种颜色模式比较符合人的视觉感受，让人觉得更加直观一些。它可由底与底对接的两个圆锥体立体模型来表示，其中轴向表示亮度，自上而下由白变黑；径向表示色饱和度，自内向外逐渐变高；而圆周方向，则表示色调的变化，形成色环。

HSL色彩模式是通过对色相、饱和度、明度3个通道的相互叠加来得到各种颜色的。其中，色相的范围为0°~360°，饱和度的范围为0~1，明度的范围为0~1。色相的取值是一个角度，每个角度可以代表一种颜色，需要记住的是0°或360°代表红色，120°代表绿色，240°代表蓝色。饱和度的数值越大，颜色越鲜艳，灰色越少。明度值用于控制色彩的明暗变化，值越大，越明亮，越接近于白色；值越小，越暗，越接近黑色。

D3中HSL颜色的创建和使用方法与RGB颜色几乎是一样的，只是颜色各通道的值不同而已。

- d3.hsl(h, s, l)：根据h(色相)、s(饱和度)、l(明度)的值来创建HSL颜色。
- d3.hsl(color)：根据字符串来创建HSL颜色。
- hsl.brighter([k])：使颜色变得更亮，k为可选参数，表示亮度增加的程度。
- hsl.darker([k])：使颜色变得更暗，k为可选参数，表示亮度减少的程度。
- hsl.rgb()：返回对应的RGB颜色。
- hsl.toString()：以RGB字符串形式输出颜色。

对于HSL颜色来说，brighter()和darker()很好理解，即更改颜色的明度值，例如以下代码。

```
var hsl = d3.hsl(120,1.0,0.5);
console.log( hsl.brighter() );      //返回的对象中h:120, s:1.0, l:0.714
console.log( hsl.darker() );        //返回的对象中h:120, s:1.0, l:0.35
console.log( hsl.rgb() );           //返回的对象中r:0, g:255, b:0
console.log( hsl.toString() );      //输出 #00ff00
```

6. 双色调模式

双色调模式采用2~4种彩色油墨，通过双色调(2种颜色)、三色调(3种颜色)和四色调(4种颜色)混合其色阶来组成图像，并模拟其色阶变化。在将灰度图像转换为双色调模式的过程中，可以对色调进行编辑，产生特殊的效果。而使用双色调模式最主要的用途是使用尽量少的颜色表现尽量多的颜色层次，这对于减少印刷成本是很重要的，因为在印刷时，每增加一种色调都需要更大的成本。

7. 索引颜色模式

索引颜色模式是网上和动画中常用的图像模式，当彩色图像转换为索引颜色的图像后，包含近256种颜色。索引颜色图像包含一个颜色表。如果原图像中颜色不能用256色表现，则图像处理软件(如Photoshop)会从可使用的颜色中选出最相近颜色来模拟这些颜色，这样可以减小图像文件的尺寸。颜色表用来存放图像中的颜色并为这些颜色建立颜色索引，该表可在转换的过程中定义或在生成索引图像后修改。

8. 色彩调整方法

(1) 灰度模式

灰度模式可以使用多达256级灰度来表现图像,使图像的过渡更平滑细腻。灰度图像的每个像素有一个0(黑色)到255(白色)之间的亮度值。灰度值也可以用黑色油墨覆盖的百分比来表示(0%等于白色,100%等于黑色)。

(2) Alpha通道

在原有的图片编码方法基础上,增加像素的透明度信息。在图形处理中,通常把RGB 3种颜色信息称为红通道、绿通道和蓝通道,相应地把透明度称为Alpha通道。多数使用颜色表的位图格式都支持Alpha通道。

(3) 色彩深度

色彩深度又叫色彩位数,即位图中要用多少个二进制位来表示每个点的颜色,是分辨率的一个重要指标。常用的有1位(单色)、2位(4色,CGA)、4位(16色,VGA)、8位(256色)、16位(增强色)、24位和32位(真彩色)等。色深16位以上的位图可以根据其中分别表示RGB三原色或CMYK四原色(有的还包括Alpha通道)的位数进一步分类,如16位位图图片还可分为R5G6B5、R5G5B5X1(有1位不携带信息)、R5G5B5A1、R4G4B4A4等。

5.3 SVG基础图形设计

5.3.1 SVG的XML元素

在前端开发领域,SVG图形处理方法是非常有用的。SVG是一种基于XML的图像格式,通过使用SVG可以实现在网页上绘制矢量图形。与传统的位图图像相比,SVG图形可以随意缩放而不损失图像质量。

SVG中包含7种基本的XML元素,如表5-1所示。

表5-1 创建SVG图形的XML元素

元素	描述
line	创建一条直线
polyline	创建多条线构成的图形
rect	创建一个矩形
circle	创建一个圆形
ellipse	创建一个椭圆
polygon	创建一个多边形
path	创建任意路径

(1) <line> 标签

<line> 标签用来创建线条，必须设置的属性包括：

- x1 属性：线条起点位置的 x 轴值；
- y1 属性：线条起点位置的 y 轴值；
- x2 属性：线条终点位置的 x 轴值；
- y2 属性：线条终点位置的 y 轴值。

SVG 默认样式是没有描边，黑色填充，可以通过设置属性值，调整直线的显示样式，如例 5-3 所示。

【例 5-3】创建一条红色水平线。

```
<svg width="1000" height="500">
      <line x1="100" y1="100" x2="500" y2="100" style="stroke:rgb(255,0
,0);stroke-width:20" />
    </svg>
```

- style：创建直线样式。
- stroke：描边的颜色；颜色设置可以采用多种方式实现。
- stroke-width：描边的宽度。

运行结果如图 5-1 所示。

图 5-1 红色水平线

通过 <line> 可以绘制多线条图形，如例 5-4 所示。该程序通过设置多条线段，绘制英文字母 Z。

【例 5-4】绘制英文字母 Z。

```
<svg xmlns="http://www.w3.org/2000/svg" version='1.1'  width="600" height="800" >
    <line x1='25' y1="150" x2='300' y2='150'  style='stroke:#33eeaa; stroke-width:10'/>
<line x1='300' y1="150" x2='25' y2='425'  style='stroke:#33eeaa; stroke-width:10'/>
<line x1='25' y1="425" x2='300' y2='425'  style='stroke:#33eeaa; stroke-width:10'/>
</svg>
```

运行结果如图 5-2 所示。

图 5-2 英文字母 Z

在例5-4中,颜色采用十六进制的表达方法,stroke:#33eeaa取出的颜色块为■。

(2) <polyline>

<polyline>用于创建多直线图构成的图形,如例5-5所示。

【例5-5】创建一个4层楼梯的图形。

```
<svg xmlns="http://www.w3.org/2000/svg" version='1.1' width="400" height="400" >
<polyline points='0,40   40,40   40,80   80,80   80,120   120,120   120,160   160,160   160,200' style='fill:white; stroke:purple;stroke-width:5'/>
</svg>
```

- points:包括折线的所有连续点的坐标。
- style:显示样式。
- fill: 填充为white(白色),默认是黑色。
- stroke:线条边框颜色(purple)。
- stroke-width:边框粗度(5px)。

运行结果如图5-3所示。

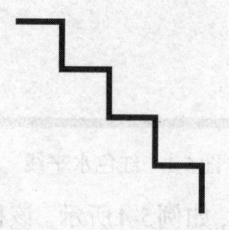

图5-3 4层楼梯图形

改进代码1:若希望该图形为封闭,可以增加线条点的坐标实现。

```
<polyline points='0,40    40,40    40,80    80,80    80,120   120,120   120,160   160,160   160,200   0,200    0,40'  style='fill:white; stroke:purple;stroke-width:5'/>
```

运行结果如图5-4所示。

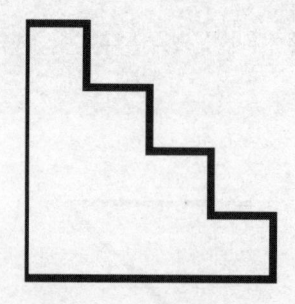

图5-4 封闭的楼梯图形

改进代码2:若希望楼梯内部显示颜色,可以修改fill属性,得到图5-5。

```
<polyline points='0,40   40,40    40,80   80,80   80,120   120,120
120,160    160,160    160,200   0,200    0,40' style='fill:lawngreen;
stroke:purple;stroke-width:5'/>
```

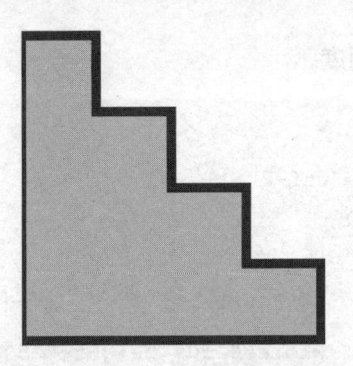

图5-5 内部显示颜色的楼梯图形

(3) <rect>

<rect>用于绘制矩形，如例5-6所示。

【例5-6】绘制一个边框为黑色，内部填充为蓝色的矩形。

```
<html>
    <head>
        <meta charset="utf-8">
        <title></title>
    </head>
    <body>
        <svg width="100%" height="100%" version="1.1"
xmlns="http://www.w3.org/2000/svg">
        <rect width="300" height="100"
            style="fill:rgb(0,0,255);stroke-width:5;stroke: rgb(0,0,0)"/>
        </svg>
    </body>
</html>
```

- rect 元素的 width 和 height 属性可定义矩形的高度和宽度。
- style 属性用来定义 CSS 属性。
- CSS 的 fill 属性定义矩形的填充颜色(RGB值、颜色名或十六进制值)；本例子中采用 rgb(0,0,255) 的颜色表示形式。
- CSS 的 stroke-width 属性定义矩形边框的宽度。
- CSS 的 stroke 属性定义矩形边框的颜色。

运行结果如图5-6所示。

图5-6 黑色边框且内部蓝色的矩形

改进代码1：可以设置透明度，显示出不同颜色效果。CSS 的 fill-opacity 属性定义填充颜色的透明度(合法的范围是0到1)；CSS 的 stroke-opacity 属性定义笔触颜色的透明度(合法的范围是0到1)，如例5-7所示。

【例5-7】矩形内部设置透明度。

```
<html>
    <head>
        <meta charset="utf-8">
        <title></title>
    </head>
    <body>
<svg width="400" height="400" version="1.1" xmlns="http://www.w3.org/2000/svg">
        <rect x="20" y="20" width="250" height="250"   style="fill:blue; stroke:purple; stroke-width:5; fill-opacity:0.1;stroke-opacity:0.9"/>
// 内部填充透明度为0.1；边框透明度为0.9；
        </svg>
    </body>
</html>
```

运行结果如图5-7所示。

图5-7　内部设置透明度的矩形

改进代码2：<rect>的 rx 和 ry 属性可使矩形产生圆角，如例5-8所示。

【例5-8】设置圆角矩形。

```
<svg width="100%" height="100%" version="1.1" xmlns="http://www.w3.org/2000/svg" >
<rect x="20" y="20" rx="20" ry="20" width="250" height="100" style="fill:red; stroke:black; stroke-width:5; opacity:0.5"/>
</svg>
```

运行结果如图5-8所示。

图5-8　圆角矩形

改进代码3：编码可以使用脚本语言编写，通过添加标签和设置属性的方式，生成图形，如例5-9所示。

【例5-9】 用脚本语言编写一个红色矩形。

```html
<html>
    <head>
        <meta charset="utf-8">
        <title></title>
    </head>
    <body>
        <script src="http://d3js.org/d3.v3.min.js"></script>
<svg width="500" height="300" id="svg-container"></svg>
    <script>
            const svg = d3.select("#svg-container");// 定义矩形的位置和大小
            const rectX = 50;
            const rectY = 50;
            const rectWidth = 300; // 将宽度增加到300像素
            const rectHeight = 100;// 在SVG容器中绘制矩形
            svg.append("rect")
                .attr("x", rectX) // 设置矩形的x坐标
                .attr("y", rectY) // 设置矩形的y坐标
                .attr("width", rectWidth) // 设置矩形的宽度
                .attr("height", rectHeight) // 设置矩形的高度
              .attr("fill", "red"); // 设置矩形的颜色为红色
    </script>
</body>
```

运行结果如图 5-9 所示。

图 5-9 红色矩形

(4) <circle>

<circle>用于绘制圆形，cx 和 cy 属性定义圆点的 x 和 y 坐标。如果省略 cx 和 cy，圆的中心会被设置为 (0, 0)。r 属性定义圆的半径。

【例5-10】 绘制内部为红色，边框为黑色的圆形。

```html
<svg width="200" height="200">
        <circle cx="100" cy="100" r="50" stroke="black" stroke-width="3" fill="red" />
    </svg>
```

运行结果如图 5-10 所示。

图 5-10 内部红色且边框黑色的圆形

改进代码1：通过设置透明度绘制多组不同颜色的圆。

【例5-11】绘制多组不同颜色的圆形。

```
<html>
    <head>
        <meta charset="utf-8">
        <title></title>
    </head>
    <body>
    <svg width="800" height="800">
        <circle cx="100" cy="100" r="40" stroke="black" stroke-width="3"
    fill="red" fill-opacity='1'/>     // 第一个圆正常显示，不透明
        <circle cx="160" cy="100" r="40" stroke="black" stroke-width="3"
    fill="red" fill-opacity='0.2'/>  // 第二个圆边框正常不透明，内部透明度 0.2
        <circle cx="220" cy="100" r="40" stroke="black" stroke-width="3"
    fill="red" stroke-opacity='0.2'/>// 第三个圆内部填充正常不透明，边框透明度 0.2
        <circle cx="280" cy="100" r="40" stroke="black" stroke-width="3"
    fill="red" opacity='0.2'/>  // 第四个圆整体透明度 0.2
    </svg>
    </body>
</html>
```

运行结果如图5-11所示。

图5-11　多组圆形

(5) <ellipse>

<ellipse>用于绘制椭圆形，如例5-12所示。

【例5-12】绘制一个边框是黑色，内部填充为蓝色的椭圆。

```
<svg width="200" height="100">
    <ellipse cx="100" cy="50" rx="80" ry="40" fill="blue" stroke="black"
stroke-width="3" />
</svg>
```

- cx和cy：椭圆的圆心坐标。
- rx：x轴半径。
- ry：y轴半径。
- fill="blue" stroke="black" stroke-width="3"：填充为蓝色；边框是黑色；边框3px。

运行结果如图5-12所示。

图5-12　椭圆形

改进代码1：创建多个累叠而上的椭圆，如例5-13所示。

【例5-13】绘制3个不同颜色的椭圆。

```
 <svg width="800" height="800">
<ellipse cx="240" cy="100" rx="120" ry="30" style="fill:purple;stroke:bla
ck; stroke-width:3"/>
<ellipse cx="240" cy="70" rx="90" ry="20" style="fill:lime;stroke:black;
stroke-width:3""/> <ellipse cx="240" cy="45" rx="70" ry="15" style="fill:y
ellow;stroke:black; stroke-width:3""/>
</svg>
```

运行结果如图5-13所示。

图5-13　3个不同颜色的椭圆

改进代码2：创建同心椭圆，形成扩散效果图。

【例5-14】绘制同心椭圆。

```
<svg width="800" height="800">
<ellipse cx="240" cy="100" rx="130" ry="30" style="fill:lime;stroke:black;
opacity:0.2" />
<ellipse cx="240" cy="100" rx="100" ry="20" style="fill:lime;stroke:black;
opacity:0.4"/>
<ellipse cx="240" cy="100" rx="70" ry="10" style="fill:lime;stroke:black;
opacity:0.9"/>
</svg>
```

运行结果如图5-14所示。

图5-14　同心椭圆

(6) <polygon>

<polygon>用于绘制多边形，通过points属性定义几对x和y坐标来创建多边形。可以通过添加(x, y)对，创建具有任意多条边的多边形。

【例5-15】绘制一个三角形。

```
<html>
    <head>
        <meta charset="utf-8">
        <title></title>
    </head>
    <body>
```

```
            <script src="http://d3js.org/d3.v3.min.js"></script>
<svg width="500" height="800" id="svg-container"></svg>
    <script>
        // 获取 SVG 容器
        const svg = d3.select("#svg-container");
        // 定义等腰三角形的顶点坐标
        const trianglePoints = "250,50 100,400 400,400";
        // 在 SVG 容器中绘制等腰三角形
        svg.append("polygon")
            .attr("points", trianglePoints) // 设置三角形的顶点坐标
            .attr("fill", "red"); // 设置三角形的填充颜色为红色
</script>
    </body>
</html>
```

运行结果如图 5-15 所示。

图 5-15 三角形

改进代码 1：生成一个带边框的星形。

【例 5-16】绘制一个边框为黄绿色，内部填充为紫色的五角星。

```
<svg version="1.1" xmlns="http://www.w3.org/2000/svg" width="100%" height="100%" >
    <polygon points="100,10 40,180 190,60 10,60 160,180 100,10"
        style="fill:purple; stroke:yellowgreen; stroke-width:4 "/>
</svg>
```

运行结果如图 5-16 所示。

图 5-16 星形

改进代码 2：生成一个不规则图形。

【例 5-17】绘制一个边框为黑色，内部填充为绿色的不规则图形。

```
<?xml version="1.0" standalone="no"?>
<!DOCTYPE svg PUBLIC "-//W3C//DTD SVG 1.1//EN"
```

```
"http://www.w3.org/Graphics/SVG/1.1/DTD/svg11.dtd">
<svg width="100%" height="100%" version="1.1"
xmlns="http://www.w3.org/2000/svg">
<polygon  points="280,120 300,270 170,250 260,230"  style="fill:#33eeaa;
stroke:#000000; stroke-width:1"/>
</svg>
```

运行结果如图5-17所示。

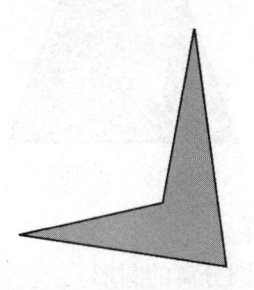

图5-17 不规则图形

(7) <path>

<path>用于绘制路径。一种常见的SVG图形处理方法是路径绘制。通过在SVG中使用<path>元素，我们可以定义一条路径并在网页上绘制出来。路径由一系列的命令和参数组成，如M、L、H、V、C、S等。例如，可以用M命令指定路径起点的坐标，用L命令指定路径的终点坐标，然后通过插值函数将路径绘制出来。使用路径绘制方法可以实现各种复杂的图形效果，例如曲线、多边形、自定义图标等。

下面的命令可用于路径数据。

- M = moveto
- L = lineto
- H = horizontal lineto
- V = vertical lineto
- C = curveto
- S = smooth curveto
- Q = quadratic Bézier curve
- T = smooth quadratic Bézier curveto
- A = elliptical Arc
- Z = closepath

注意，以上所有命令均允许小写字母。大写表示绝对定位，小写表示相对定位。

【例5-18】使用path元素创建三角形。

```
<svg width=400  height=400 xmlns="http://www.w3.org/2000/svg"
version="1.1">
    <path  d="M150 0 L75 200 L225 200 Z"  style="fill:#eeaaee;stroke:purple; stroke-width: 3" />
</svg>
```

运行结果如图5-18所示。

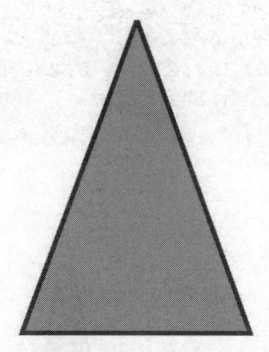

图5-18 三角形

改进代码1:创建一个分离的图形。

【例5-19】创建一个3/4圆与1/4圆分离的圆形。

```html
<html>
    <head>
        <meta charset="utf-8">
        <title></title>
    </head>
    <body>
<svg version="1.1" xmlns="http://www.w3.org/2000/svg" width="100%" height="100%" >
    <path d="M300,200 h-150 a150,150 0 1,0 150,-150 z"
            fill="#33ffaa" stroke="blue" stroke-width="5"/>
    <path d="M275,175 v-150 a150,150 0 0,0 -150,150 z"
            fill="#eeaaee" stroke="purple" stroke-width="5"/>
    <path d="M600,350 l 50,-25
            a25,25 -30 0,1 50,-25 l 50,-25
            a25,50 -30 0,1 50,-25 l 50,-25
            a25,75 -30 0,1 50,-25 l 50,-25
            a25,100 -30 0,1 50,-25 l 50,-25"
            fill="none" stroke="purple" stroke-width="5"/>
</svg>
    </body>
</html>
```

运行结果如图5-19所示。

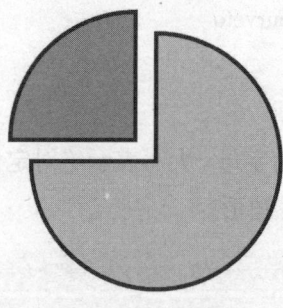

图5-19 分离的圆形

改进代码2:创建一个螺旋曲线图形。

【例5-20】创建一个紫色螺旋曲线图形。

```
<?xml version="1.0" standalone="no"?>
<!DOCTYPE svg PUBLIC "-//W3C//DTD SVG 1.1//EN"
"http://www.w3.org/Graphics/SVG/1.1/DTD/svg11.dtd">
<svg width="800" height="800" version="1.1" xmlns="http://www.w3.org/2000/svg">
<path d="M153 334
C153 334 151 334 151 334
C151 339 153 344 156 344
C164 344 171 339 171 334
C171 322 164 314 156 314
C142 314 131 322 131 334
C131 350 142 364 156 364
C175 364 191 350 191 334
C191 311 175 294 156 294
C131 294 111 311 111 334
C111 361 131 384 156 384
C186 384 211 361 211 334
C211 300 186 274 156 274"
style="fill:white; stroke:purple; stroke-width:4"/>
</svg>
```

运行结果如图5-20所示。

图5-20 螺旋曲线图形

改进代码3：创建一组定义的虚线。

stroke-dasharray用于创建虚线，之所以后面跟的是array，是因为值其实是数组，如下列代码所示。

```
stroke-dasharray = '10'
stroke-dasharray = '10, 5'
stroke-dasharray = '20, 10, 5'
```

stroke-dasharray为一个参数时，表示线段长度和每段线段之间的间距。如stroke-dasharray = '10' 表示：线段长10，间距10，然后重复线段长10，间距10。

stroke-dasharray为两个参数或多个参数时，一个表示线段长度，一个表示线段间距。如stroke-dasharray = '10, 5' 表示：线段长10，间距5，然后重复线段长10，间距5。又如stroke-dasharray = '20, 10, 5' 表示：线段长20，间距10，线段长5，间距20，线段长10，间距5，之后一直如此循环。

【例5-21】创建3条虚线。

```
<html>
<body>
<svg xmlns="http://www.w3.org/2000/svg" version="1.1">
  <g fill="none" stroke="black" stroke-width="4">
    <path stroke-dasharray="7,7" d="M5 20 l180 0" />
    <path stroke-dasharray="14,14" d="M5 40 l192 0" />
    <path stroke-dasharray="20,10,5,5,5,10" d="M5 60 l192 0" />
  </g>
</svg>
 </body>
</html>
```

运行结果如图5-21所示。

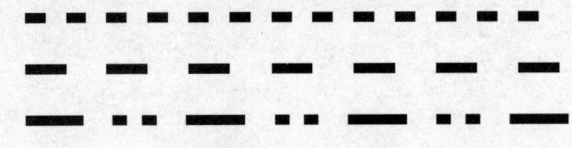

图5-21　3条虚线

5.3.2 滤镜和渐变

在SVG图形处理中，我们还可以使用滤镜效果。通过在SVG中使用<filter>元素，我们可以对一个元素进行滤镜处理，并将处理结果作为新的图像呈现出来。SVG提供了多种滤镜效果，如高斯模糊、颜色矩阵、阴影等。例如，通过使用高斯模糊可以实现类似于磨砂玻璃的效果，使图像看起来更加柔和。滤镜效果可以为网页增添一些艺术感和动态效果。

1. 滤镜

SVG中的滤镜是一种用于创建特殊效果的工具，例如阴影、模糊和高光等。滤镜可以应用于SVG图形，包括图形、路径和文本等。

SVG滤镜使用<filter>元素来定义，可以包含一个或多个<fe>元素，每个<fe>元素代表一个滤镜效果。常见的<fe>元素包括<feGaussianBlur>(高斯模糊)、<feMerge>(合并)、<feComposite>(合成)等。

SVG中的滤镜主要有以下几种类型。

- <feBlend>：图片混合。
- <feColorMatrix>：颜色矩阵。
- <feComponentTransfer>：分量变换。
- <feComposite>：图片合成。
- <feConvolveMatrix>：卷积矩阵。
- <feDiffuseLighting>：散射光。
- <feDisplacementMap>：位移图。

- <feFlood>：探照灯。
- <feGaussianBlur>：高斯模糊。
- <feImage>：图像。
- <feMerge>：合并。
- <feMorphology>：变形。
- <feOffset>：投影效果。
- <feSpecularLighting>：特殊光照。
- <feTile>：瓦片效果。
- <feTurbulence>：紊乱效果。
- <feDistantLight>：远光效果。
- <fePointLight>：点射效果。
- <feSpotLight>：聚光效果。

<filter>标签使用必需的 id 属性来定义向图形应用哪个滤镜。<filter>标签必须嵌套在<defs>标签内。<defs>标签是 definitions 的缩写，它允许对诸如滤镜等特殊元素进行定义。一般结构为：

① <filter> 标签的 id 属性可为滤镜定义一个唯一的名称(同一滤镜可被文档中的多个元素使用)。

② filter:url 属性用来把元素链接到滤镜。当链接滤镜 id 时，必须使用#字符。

③ 滤镜效果是通过<feGaussianBlur>标签进行定义的。fe 后缀可用于所有的滤镜。

④ <feGaussianBlur> 标签的 stdDeviation 属性可定义模糊的程度。

⑤ in="SourceGraphic" 这个部分定义了由整个图像创建效果。

【例 5-22】创建一个边框模糊的矩形。

<feGaussianBlur> 元素用于创建模糊效果，代码如下。

```
<html>
<body>
<svg xmlns="http://www.w3.org/2000/svg" version="1.1">
  <defs>
    <filter id="f1" x="0" y="0">
      <feGaussianBlur in="SourceGraphic" stdDeviation="10" />
    </filter>
  </defs>
  <rect width="90" height="90" stroke="#33ffaa" stroke-width="1"
  fill="#3388aa" filter="url(#f1)" />
</svg>
</body>
</html>
```

运行结果如图 5-22 所示。

图 5-22 边框模糊的矩形

<filter>元素的 id 属性定义一个滤镜的唯一名称 f1，<feGaussianBlur>元素定义模糊效果。in="SourceGraphic"这个部分定义了由整个图像创建效果，stdDeviation 属性定义模糊量为 10px，<rect>元素的 filter 属性用来把元素链接到 f1 滤镜。

【例 5-23】创建一种应用滤镜到矩形上的投影效果。

```
<svg xmlns="http://www.w3.org/2000/svg">
    <defs>
        <filter id="f1" x="0" y="0" width="200%" height="200%">
            // 这一行定义了一个名为 f1 的滤镜。滤镜在 SVG 中的位置和大小
            // 由 x、y、width 和 height 属性定义。
        <feOffset result="offOut" in="SourceAlpha" dx="20" dy="20" />
            // 这一行定义了一个像素偏移效果，将图像中的每个像素沿 x 轴和 y 轴分别
            // 偏移 20 个像素。
            //result 属性定义了输出名,in 属性指定输入名称，这里使用的是 SourceAlpha,
            // 即源图像的 Alpha 通道。
        <feGaussianBlur result="blurOut" in="offOut" stdDeviation="10" />
            // 这一行定义了一个高斯模糊效果，对之前偏移过的图像进行模糊处理。
            //stdDeviation 属性定义了模糊的程度，这里是 10 个像素。
        <feBlend in="SourceGraphic" in2="blurOut" mode="normal" />
            // 这一行定义了一个混合效果，将原始图像 (SourceGraphic) 和模糊处理后的
            // 图像 (blurOut) 进行混合。 mode 属性定义了混合模式，这里是正常模式。
        </filter>
    </defs>
<rect width="90" height="90" stroke="green" stroke-width="3" fill="yellow"
filter="url(#f1)" />
// 这一行定义了一个矩形元素。矩形的宽度和高度分别是 90 像素，边框颜色是
// 绿色 (green)，边框宽度是 3 个像素，填充颜色是黄色。最后，通过 filter 属性应用了之前
// 定义的滤镜。
</svg>
```

运行结果如图 5-23 所示。

图 5-23 矩形的投影效果

2. 渐变

SVG中的渐变是一种从一种颜色到另一种颜色的平滑过渡。在SVG中,有两种主要的渐变类型:线性渐变和放射性渐变。线性渐变是从一个点到另一个点进行颜色过渡,而放射性渐变也叫径向渐变,是从一个中心点向外扩散进行颜色过渡。两种渐变的设置方式大致相同。

(1) 线性渐变

对于线性渐变,可以使用<linearGradient>元素来定义,该元素包含一个或多个<stop>元素,每个<stop>元素定义了渐变中的一个颜色。渐变的起始颜色和终止颜色分别定义在<stop>元素的offset属性和stop-color属性中。

<linearGradient> 标签必须嵌套在 <defs> 的内部。<defs> 标签是 definitions 的缩写,用于定义渐变效果,具体包括如下属性。

① id属性定义了线性渐变的唯一标识符,用于在SVG图像中引用该渐变。

② x1和y1属性定义了渐变的起始点坐标。

③ x2和y2属性定义了渐变的结束点坐标。

④ <stop>元素用于指定渐变中的颜色和颜色的位置。<stop offset=>属性用来定义渐变的开始和结束位置。

线性渐变可被定义为水平、垂直或角形的渐变:当y1和y2相等,而x1和x2不同时,可创建水平渐变;当x1和x2相等,而y1和y2不同时,可创建垂直渐变;当x1和x2不同,且y1和y2不同时,可创建角形渐变。

【例5-24】创建一个具有线性渐变的椭圆。

```
<svg xmlns="http://www.w3.org/2000/svg" version="1.1">
    <defs>
        <linearGradient id="grad1" x1="0%" y1="0%" x2="100%" y2="0%">
            <!-- // 这一行定义了一个名为grad1的线性渐变。
            // 渐变开始点的坐标是 (0%, 0%),结束点的坐标是 (100%, 0%)。 -->
            <stop offset="10%" style="stop-color: rgb(255, 255, 0);stop-opacity: 1;" />
            <!-- // 这一行定义了渐变的起始颜色。这里的颜色是RGB值,表示黄色 (255, 255, 0),
            // 并且不透明度 (stop-opacity) 为1,即完全不透明。 -->
            <stop offset="100%" style="stop-color: rgb(255, 0, 0);stop-opacity: 1;" />
            <!-- // 这一行定义了渐变的结束颜色。这里的颜色是RGB值,表示红色 (255, 0, 0),并且不透明度为1。 -->
        </linearGradient>
    </defs>
    <ellipse cx="200" cy="70" rx="85" ry="55" fill="url(#grad1)" />
    <!-- // 这一行定义了一个椭圆形。cx和cy属性定义了椭圆的中心坐标,rx和ry属性分别定义了椭圆在x轴和y轴上的半径。
    //fill属性用于填充这个椭圆,这里的值是 "url(#grad1)",意味着使用前面定义的线性渐变 "grad1" 来填充这个椭圆。 -->
</svg>
```

运行结果如图5-24所示。

图5-24 线性渐变的椭圆

(2) 放射性渐变

对于放射性渐变，可以使用<radialGradient>元素来定义，该元素包含一个或多个<stop>元素，每个<stop>元素定义了渐变中的一个颜色。渐变的中心点定义在<radialGradient>元素的cx、cy和r属性中，而渐变的起始颜色和终止颜色分别定义在<stop>元素的offset属性和stop-color属性中。

<radialGradient>标签必须嵌套在<defs>中。<defs>标签是definitions的缩写，它允许对诸如渐变等特殊元素进行定义。

① id属性定义了放射性渐变的唯一标识符，用于在SVG图像中引用该渐变。

② cx和cy属性定义了渐变的中心点坐标。

③ r属性定义了渐变的半径。

④ fx和fy属性定义了渐变焦点的坐标(可选)，用于控制渐变的形状和方向。

⑤ <stop>元素用于指定渐变中的颜色和颜色的位置。

<radialGradient>标签的id属性可为渐变定义一个唯一的名称，fill:url(#grey_blue)属性把ellipse元素链接到此渐变，cx、cy和r属性定义外圈，而fx和fy定义内圈。渐变的颜色范围可由两种或多种颜色组成。每种颜色通过一个<stop>标签来规定。offset属性用来定义渐变的开始和结束位置。

【例5-25】创建一个具有放射性渐变的椭圆。

```
<html>
    <head>
        <meta charset="utf-8">
        <title></title>
    </head>
    <body>
<svg xmlns="http://www.w3.org/2000/svg" version="1.1">
  <defs>
    <radialGradient id="grad1" cx="50%" cy="50%" r="50%" fx="50%" fy="50%">
      <stop offset="0%" style="stop-color:rgb(255,255,255);
      stop-opacity:0" />
      <stop offset="100%" style="stop-color:rgb(15,15,125);stop-opacity:1" />
    </radialGradient>
  </defs>
  <ellipse cx="200" cy="70" rx="85" ry="55" fill="url(#grad1)" />
</svg>
```

```
        </body>
</html>
```

运行结果如图5-25所示。

图5-25 放射性渐变的椭圆

3. 多种滤镜效果

【例5-26】创建一个feBlend滤镜。

```
<svg width=800 height=800 xmlns="http://www.w3.org/2000/svg" version="1.1">
   <defs>
      <linearGradient id="MyGradient" gradientUnits="userSpaceOnUse" x1="80" y1="0" x2="280" y2="0">
        <stop offset="0" style="stop-color:orange" />
        <stop offset=".33" style="stop-color:#ffffff" />
        <stop offset=".67" style="stop-color:#ffff00" />
        <stop offset="1" style="stop-color:#808080" />
      </linearGradient>
      <filter id="normal">
        <feBlend mode="normal" in2="BackgroundImage" in="SourceGraphic" />
      </filter>
      <filter id="multiply">
        <feBlend mode="multiply" in2="BackgroundImage" in="SourceGraphic" />
      </filter>
      <filter id="screen">
        <feBlend mode="screen" in2="BackgroundImage" in="SourceGraphic" />
      </filter>
      <filter id="darken">
        <feBlend mode="darken" in2="BackgroundImage" in="SourceGraphic" />
      </filter>
      <filter id="lighten">
        <feBlend mode="lighten" in2="BackgroundImage" in="SourceGraphic" />
      </filter>
   </defs>
   <g style="enable-background:new">
      <rect x="20" y="0" width="300" height="300" style="fill:url(#MyGradient)" />
      <g style="font-size:45;fill:#888888;fill-opacity:.6">
        <text x="50" y="50" filter="url(#normal)">Normal</text>
        <text x="50" y="100" filter="url(#multiply)">Multiply</text>
        <text x="50" y="150" filter="url(#screen)">Screen</text>
        <text x="50" y="200" filter="url(#darken)">Darken</text>
        <text x="50" y="250" filter="url(#lighten)">Lighten</text>
      </g>
   </g>
</svg>
```

首先定义一个线性渐变效果，取 id 为 MyGradient，分别设置渐变的显示效果；此后分别定义多个滤镜，并将不同效果命名为 normal、multiply、screen、darken、lighten。绘制矩形链接到 MyGradient，绘制文本文字链接到不同滤镜，结果如图 5-26 所示。

图 5-26　feBlend 滤镜

【例 5-27】文字产生多彩滤镜效果。

```
<html>
<body>
<svg width=800 height=800 xmlns="http://www.w3.org/2000/svg" version="1.1">
  <defs>
    <linearGradient id="MyGrad" gradientUnits="userSpaceOnUse" x1="100" y1="0" x2="350" y2="0">
      <stop offset="0" style="stop-color:#ff00ff" />
      <stop offset=".33" style="stop-color:#88ff88" />
      <stop offset=".67" style="stop-color:#2020ff" />
      <stop offset="1" style="stop-color:#d00000" />
    </linearGradient>
    <filter id="Matrix">
      <feColorMatrix type="matrix" values="1 0 0 0 0  0 1 0 0 0  0 0 1 0 0  0 0 0 1 0" />
    </filter>
    <filter id="Saturate">
      <feColorMatrix type="saturate" values="0.4" />
    </filter>
    <filter id="HueRotate">
      <feColorMatrix type="hueRotate" values="90" />
    </filter>
    <filter id="Luminance">
      <feColorMatrix type="luminanceToAlpha" result="a" />
      <feComposite in="SourceGraphic" in2="a" operator="in" />
    </filter>
  </defs>
  <g style="font-size:50;fill:url(#MyGrad)">
    <text x="50" y="60">美丽的秋天到了！</text>
    <text x="50" y="120" filter="url(#Matrix)">美丽的秋天到了！</text>
    <text x="50" y="180" filter="url(#Saturate)">美丽的秋天到了！</text>
    <text x="50" y="240" filter="url(#HueRotate)">美丽的秋天到了！</text>
    <text x="50" y="300" filter="url(#Luminance)">美丽的秋天到了！</text>
  </g>
</svg>
```

```
</body>
</html>
```

运行结果如图5-27所示。

美丽的秋天到了！
美丽的秋天到了！
美丽的秋天到了！
美丽的秋天到了！
美丽的秋天到了！

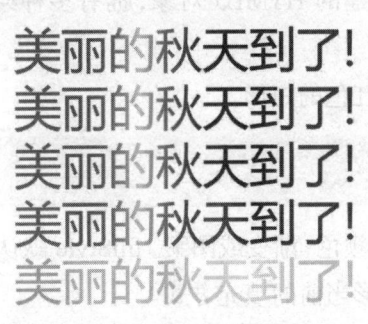

图5-27 多彩滤镜效果图

5.4 Canvas图形绘制操作

Canvas通常被翻译为"画布"，是HTML5提供的一种绘图工具，可以借助于JavaScript在网页上绘制图像。它本身是一个HTML元素，需要配合高度和宽度属性定义出可绘制的区域。Canvas可以用来绘制图形、文字、图片以及动画等元素，具有丰富的图形绘制能力和交互性。Canvas也是游戏开发中常用的工具之一，可以用于制作游戏的UI和场景等。

5.4.1 Canvas元素的定义语法

Canvas元素的定义语法如下。

```
<canvas id="xxx" height="xxx" width="xxx"></canvas>
```

其中，id属性是Canvas元素的标识，height属性定义了Canvas画布的高度，单位为px，width属性定义了Canvas画布的宽度，单位也为px。例如，在HTML文件中定义一个Canvas画布，id为myCanvas，高度和宽度各为100px，代码如下。

```
<canvas id="myCanvas" height="100" width="100"></canvas>
```

需要注意的是，在Canvas中绘制图形并不是直接在Canvas元素中进行绘制，而是需要使用JavaScript来控制绘制的具体内容和效果。可以通过JavaScript获取Canvas对象，并在其中添加图片、线条、文字等内容，甚至可以制作高级动画。

```
var c=document.getElementById("myCanvas");
var ctx=c.getContext("2d");
ctx.fillStyle="#FF0000";
ctx.fillRect(0,0,150,75);
```

首先，找到 \<canvas\> 元素：var c=document.getElementById("myCanvas");

然后，创建 context 对象：var ctx=c.getContext("2d");

getContext("2d") 对象是内建的 HTML5 对象，拥有多种绘制路径、矩形、圆形、字符以及添加图像的方法。

下面的两行代码绘制一个红色的矩形。

```
ctx.fillStyle="#FF0000";
ctx.fillRect(0,0,150,75);
```

fillStyle 属性可以设置 CSS 颜色、渐变或图案。fillStyle 默认设置是 #000000(黑色)。fillRect(x,y,width,height)方法定义了矩形当前的填充方式。

5.4.2 绘制直线

对于在 Canvas 上画线，我们将使用以下两个方法：moveTo(x,y) 定义线条开始坐标；lineTo(x,y) 定义线条结束坐标。绘制线条时必须使用到 ink 的方法，例如 stroke()。

在 JavaScript 中可以使用 Canvas API 绘制直线，具体过程如下。

(1) 在网页中使用 Canvas 元素定义一个 Canvas 画布，用于绘画。

```
var c=document.getElementById("myCanvas");// 获取网页中的 Canvas 对象
```

(2) 使用 JavaScript 获取网页中的 Canvas 对象，并获取 Canvas 对象的 2D 上下文 ctx。使用 2D 上下文可以调用 Canvas API 绘制图形。

```
var ctx=c.getContext("2d"); // 获取 Canvas 对象的上下文
```

(3) 调用 beginPath() 方法，指示开始绘图路径，即开始绘图，语法如下。

```
ctx.beginPath();
```

(4) 调用 moveTo() 方法将坐标移至直线起点。moveTo() 方法的语法如下。

```
ctx.moveTo(x,y);          //x 和 y 为要移动至的坐标。
```

(5) 调用 lineTo() 方法绘制直线。lineTo() 方法的语法如下。

```
ctx.lineTo(x,y);          //x 和 y 为直线的终点坐标。
```

(6) 调用 stroke() 方法，绘制图形的边界轮廓，语法如下。

```
ctx. stroke();
```

【例 5-28】绘制一条直线。

```
<!DOCTYPE html>
<html>
<body>
<canvas id="myCanvas" height=200 width=200></canvas>
```

```
<script type="text/javascript">
  function drawtriangle()
  {
var c=document.getElementById("myCanvas");
var ctx=c.getContext("2d");
ctx.beginPath();
ctx.moveTo(10,0);
ctx.lineTo(200,200);
ctx.stroke();              // 关闭绘图路径
  }
  window.addEventListener("load", drawtriangle, true);
</script>
</body>
</html>
```

在上面的例子中，首先获取了Canvas元素，并通过getContext("2d")获取了一个2D渲染上下文。然后，使用beginPath方法开始创建新的路径，并使用moveTo方法指定了直线开始点的坐标。接着，使用lineTo方法指定了直线结束点的坐标。最后，使用stroke方法结束路径并描边，从而绘制出了一条直线，如图5-28所示。

图5-28　直线

【例5-29】使用直线标签绘制三角形的3条边。

```
<html>
<body>
<canvas id="myCanvas" height=200 width=200></canvas>
<script type="text/javascript">
  function drawtriangle()
  {
    var c=document.getElementById("myCanvas"); // 获取网页中的 canvas 对象
    var ctx=c.getContext("2d");                 // 获取 canvas 对象的上下文
    ctx.beginPath();                            // 开始绘图路径
    ctx.moveTo(100,0);                          // 将坐标移至直线起点
    ctx.lineTo(50,100);                         // 绘制直线
    ctx.lineTo(150,100);                        // 绘制直线
    ctx.lineTo(100,0);                          // 绘制直线
    ctx.stroke();                               // 关闭绘图路径
  }
  window.addEventListener("load", drawtriangle, true);
</script>
</body>
</html>
```

运行结果如图5-29所示。

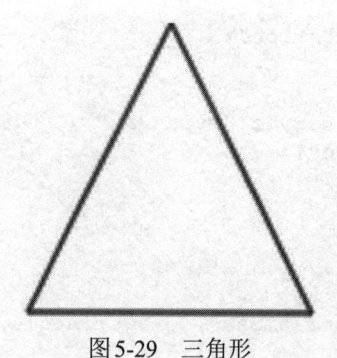

图 5-29 三角形

5.4.3 绘制矩形

Canvas中绘制矩形的方法有rect()、fillRect()和strokeRect()。clearRect()用于在给定的矩形内清除指定的像素。

(1) rect()

rect()用于创建矩形。rect()方法的语法如下。

```
rect (x, y, width, height)
```

(2) strokeRect()

strokeRect()绘制矩形(无填充)。strokeRect()方法的语法如下。

```
strokeRect(x, y, width, height)
```

(3) fillRect() 和 clearRect()

fillRect()绘制"被填充"的矩形。fillRect()方法的语法如下。

```
fillRect(x, y, width, height)
```

【例5-30】绘制一个简单矩形。

```
<canvas id="myCanvas" height=500 width=500></canvas>
<script type="text/javascript">
function drawRect()
{
  var c=document.getElementById("myCanvas");   // 获取网页中的canvas对象
  var ctx=c.getContext("2d");   // 获取canvas对象的上下文
  // 绘制起始点、控制点、终点
  ctx.beginPath();   // 开始绘图路径
  ctx.rect(20,20, 100, 50);
  ctx.stroke();   // 通过线条绘制轮廓(边框)
}
window.addEventListener("load", drawRect, true);
</script>
```

运行结果如图5-30所示。

图5-30 矩形

绘制的矩形边框默认黑色,内部填充为空白。通过ctx.rect()设置左上角坐标(20,20)和右下角坐标(100, 50),勾勒矩形的形状。

【例5-31】用Canvas绘制一个矩形和一个填充矩形。

```
<!DOCTYPE html>
<html>
<body>
    <canvas id="demoCanvas" width="500" height="500"></canvas>
    <!--- 下面将演示一种绘制矩形的 demo--->
    <script type="text/javascript">
        var c = document.getElementById("demoCanvas");  // 获取网页中的 canvas 对象
        var context = c.getContext('2d');       // 获取上下文
        context.strokeStyle = "#3311aa";        // 指定绘制线样式、颜色
        context.beginPath();
        context.strokeRect(10, 10, 200, 100);   // 绘制矩形线条,内容是空的
        // 以下填充矩形
        context.fillStyle = "#33eeaa";
        context.fillRect(110,110,100,100);   // 绘制填充矩形
    </script>
</body>
```

在上面的例子中,首先获取了Canvas元素,并通过getContext("2d")获取了一个2D渲染上下文。然后,使用beginPath方法开始创建新的路径,并使用Rect方法指定了矩形框的左上角坐标、宽度和高度。接着,使用stroke方法结束路径并描边,从而绘制出了一个矩形框。最后,使用相同的方法绘制了一个填充矩形,但通过设置fillStyle属性指定了填充颜色为红色,并使用fill方法填充路径(如图5-31所示)。

图5-31 矩形和填充矩形

5.4.4 圆弧生成器

可以调用arc()方法绘制圆弧,语法如下。

```
arc(centerX, centerY, radius, startingAngle, endingAngle, antiClockwise);
```

参数说明如下：
- centerX：圆弧圆心的X坐标。
- centerY：圆弧圆心的Y坐标。
- radius：圆弧的半径。
- startingAngle：圆弧的起始角度。
- endingAngle：圆弧的结束角度。
- antiClockwise：是否按逆时针方向绘图。

使用HTML的Canvas元素和JavaScript可以绘制一个圆弧，并使用arc()方法绘制一个圆。

```
var c=document.getElementById("myCanvas");
var ctx=c.getContext("2d");
ctx.beginPath();
ctx.arc(95,50,40,0,2*Math.PI);
ctx.stroke();
```

【例5-32】绘制一个圆形。

```
<script type="text/javascript">
function draw()
{
  var c=document.getElementById("myCanvas");   // 获取网页中的canvas对象
  var ctx=c.getContext("2d");   // 获取canvas对象的上下文
  var radius = 50;
  var startingAngle = 0;
  var endingAngle = 2 * Math.PI;
  ctx.beginPath();   // 开始绘图路径
  ctx.arc(150, 150, radius, startingAngle, endingAngle, false);
  ctx.stroke();
}
window.addEventListener("load", draw, true);
</script>
```

在上面的例子中，首先获取了Canvas元素，并通过getContext("2d")获取了一个2D渲染上下文。然后，使用beginPath方法开始创建新的路径，并使用arc方法指定了圆弧的左上角坐标、半径、起始角度、结束角度和绘制方向。最后，使用stroke方法结束路径并描边，从而绘制出了一个圆，默认边框为黑色，内部填充为空白（如图5-32所示）。

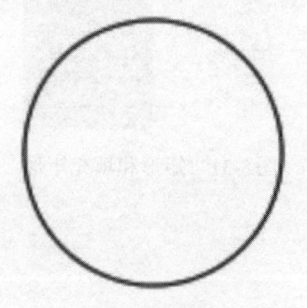

图5-32　圆形

5.4.5 色彩效果

(1) 描边

通过设置Canvas的2D上下文对象的strokeStyle属性可以指定描边的颜色,通过设置2D上下文对象的lineWidth属性可以指定描边的宽度。

(2) 填充图形内部

通过设置Canvas的2D上下文对象的fillStyle属性可以指定填充图形内部的颜色。

【例5-33】填充图形内部的例子。

```
<canvas id="myCanvas" height=500 width=500></canvas>
<script type="text/javascript">
function draw()
{
  var c=document.getElementById("myCanvas");    // 获取网页中的 canvas 对象
  var ctx=c.getContext("2d");    // 获取 canvas 对象的上下文
  ctx.fillStyle = "yellow";    // 填充图形内部的颜色为黄色
  ctx.fillRect(65,65, 100, 100);    // 矩形的宽度和高度为100,内部填充黄色
}
window.addEventListener("load", draw, true);
</script>
```

运行结果如图5-33所示。

图5-33 内部填充的矩形

(3) 渐变颜色

CanvasGradient是用于定义画布中的一个渐变颜色的对象。如果要使用渐变颜色,首先需要创建一个CanvasGradient对象。

可以通过下面两种方法创建CanvasGradient对象。

- 以线性颜色渐变方式创建CanvasGradient对象。
- 以放射颜色渐变方式创建CanvasGradient对象。

颜色的表示方法如下。

① 颜色关键字

W3C的HTML4.0标准仅支持16种颜色名,它们是:aqua、black、blue、fuchsia、gray、green、lime、maroon、navy、olive、purple、red、silver、teal、white、yellow。如果需要使用

其他颜色,则要使用十六进制的颜色值。

② 十六进制颜色值

可以使用一个十六进制字符串表示颜色,格式为#RGB。其中,R 表示红色分量,G 表示绿色分量,B 表示蓝色分量。每种颜色的最小值是 0(十六进制:#00),最大值是 255(十六进制:#FF)。例如,#FF0000 表示红色,#00FF00 表示绿色,#0000FF 表示蓝色,#A020F0 表示紫色,#FFFFFF 表示白色,#000000 表示黑色。

③ RGB 颜色值

RGB 颜色值可以使用如 rgb(红色分量,绿色分量,蓝色分量)形式表示颜色。

④ 透明颜色

在指定颜色时,可以使用 rgba()方法定义透明颜色,格式如下:rgba(r,g,b, alpha)。

(4) 为渐变对象设置颜色

创建 CanvasGradient 对象后,还需要为其设置颜色基准,可以通过 CanvasGradient 对象的 addColorStop()方法在渐变中的某一点添加一个颜色变化。渐变中其他点的颜色将以此为基准。

【例5-34】放射性渐变3种过渡色的圆。

```
<canvas id="myCanvas" height=500 width=500></canvas>
<script type="text/javascript">
function draw()
{
  var c=document.getElementById("myCanvas");   // 获取网页中的 canvas 对象
  var ctx=c.getContext("2d");   // 获取 canvas 对象的上下文
  // 对角线上的渐变
  var Colordiagonal = ctx.createRadialGradient(100,100, 0, 100,100, 100);
  Colordiagonal.addColorStop(0, "#33eeaa");
  Colordiagonal.addColorStop(0.5, "#ffeeaa");
  Colordiagonal.addColorStop(1, "purple");
  var centerX = 100;
  var centerY = 100;
  var radius = 100;
  var startingAngle = 0;
  var endingAngle = 2 * Math.PI;
  ctx.beginPath();   // 开始绘图路径
  ctx.arc(centerX, centerY, radius, startingAngle, endingAngle, false);
  ctx.fillStyle = Colordiagonal;
  ctx.stroke();
  ctx.fill();
}
window.addEventListener("load", draw, true);
</script>
```

运行结果如图5-34所示。

第 5 章 基本图形绘制

图 5-34 放射性渐变的圆

【例 5-35】连续 10 个半径逐渐增加的圆,产生气泡图效果。

```
<canvas id="myCanvas" height=500 width=500></canvas>
<script type="text/javascript">
function draw()
{
   var canvas=document.getElementById("myCanvas");
   if(canvas == null)
        return false;
   var context = canvas.getContext("2d");
     // 先绘制画布的底图
     context.fillStyle="black";
     context.fillRect(0,0,400,350);
     // 用循环绘制 10 个圆形
     var n = 0;
     for(var i=0 ;i<10;i++){
     // 开始创建路径,因为圆本质上也是一个路径,这里向 canvas 说明要开始画了,这是起点
        context.beginPath();
        context.arc(i*25,i*25,i*10,0,Math.PI*2,true);
        context.fillStyle="rgba(0, 255, 255, 0.2)";
        context.fill();          // 填充刚才所画的圆形
     }
   }
window.addEventListener("load", draw, true);
</script>
```

运行结果如图 5-35 所示。

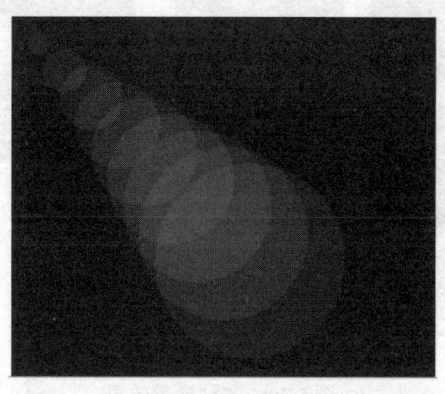

图 5-35 10 个半径逐渐增加的气泡效果圆

115

5.4.6 添加图片效果

在画布上绘制图像的 Canvas API 是 drawImage()，语法如下。

- drawImage(image, x, y)：表示用 <image> 标签，x,y 是绘制图像左上角位置坐标。
- drawImage(image, x, y, width, height)：表示用 <image> 标签，x,y 是绘制图像左上角位置坐标；width 和 height 表示图片显示的宽和高，不设置为图片原大小显示。
- drawImage(image, sourceX, sourceY, sourceWidth, sourceHeight, destX, destY, destWidth, destHeight)：sourceX 和 sourceY 是图片要被绘制的区域的左上角坐标；sourceWidth 和 sourceHeight 是图片要被绘制的区域的宽度和高度；以上 4 个参数相当于对图片进行截取。destX 和 destY：在画布中显示区域的左上角坐标。destWidth 和 destHeight：在画布中显示区域的宽度和高度。

【例 5-36】一张图片的多种显示效果。

```
<canvas id="myCanvas" height=1000 width=1000></canvas>
<script type="text/javascript">
function draw()
{
  var c=document.getElementById("myCanvas");   // 获取网页中的 canvas 对象
  var ctx=c.getContext("2d");    // 获取 canvas 对象的上下文
  var imageObj = new Image();    // 创建图像对象
  imageObj.src = "cover.jpeg";
  imageObj.onload = function(){
      ctx.drawImage(imageObj, 0, 0,200, 280);
      ctx.drawImage(imageObj, 220, 0, 120, 180);
      ctx.drawImage(imageObj, 100, 200, 240, 160, 370, 0, 240, 160);
   };
}
window.addEventListener("load", draw, true);
</script>
```

运行结果如图 5-36 所示。

图 5-36 多种显示效果

5.4.7 符号生成器

使用 HTML 和 Canvas 可以创建各种符号生成器。

【例 5-37】创建一个货币符号生成器。

```html
<!DOCTYPE html>
<html>
<body>
    <canvas id="symbolGenerator" width="300" height="100"></canvas>
    <script>
        const canvas = document.getElementById("symbolGenerator");
            const ctx = canvas.getContext("2d");
            ctx.font = "30px Arial"; // 字体大小和类型
            ctx.textAlign = "center"; // 文本对齐方式
            ctx.textBaseline = "middle"; // 文本垂直对齐方式
            function generateCurrencySymbol(symbol, size, color) {
                ctx.fillStyle = color; // 设置填充颜色
                ctx.fillText(symbol, canvas.width / 2, size + 15);
                // 在 Canvas 中央绘制符号
            }
            generateCurrencySymbol("¥", 10, "black"); // 日元符号,大小 50,颜色黑色
            generateCurrencySymbol("$", 40, "red"); // 美元符号,大小 50,颜色红色
            generateCurrencySymbol("£", 70, "blue"); // 英镑符号,大小 50,颜色蓝色
    </script>
</body>
</html>
```

运行结果如图 5-37 所示。

图 5-37 货币符号生成器

5.4.8 图形叠加效果

在绘制图形时,如果画布上已经有图形,就涉及一个问题:两个图形如何组合。在 Canvas 中,合成效果是指在绘制图像时,通过不同的合成模式将多个图像叠加在一起,从而产生不同的视觉效果(如图 5-38 所示)。可以通过 Canvas 的 2D 上下文对象的 globalCompositeOperation 属性来设置组合方式。globalCompositeOperation 属性的可选值如下。

- source-over:这是默认的合成模式,新绘制的图像会覆盖在已有图像的上方。
- source-in:只有新绘制的图像与已有图像重叠的部分会被保留,其他部分会被透明化。
- source-out:只有新绘制的图像与已有图像不重叠的部分会被保留,其他部分会被透明化。

- source-atop：新绘制的图像会覆盖在已有图像的上方，但只有与已有图像重叠的部分会被保留，其他部分会被透明化。
- destination-over：新绘制的图像会位于已有图像的下方。
- destination-in：只有已有图像与新绘制的图像重叠的部分会被保留，其他部分会被透明化。
- destination-out：只有已有图像与新绘制的图像不重叠的部分会被保留，其他部分会被透明化。
- destination-atop：已有图像会位于新绘制的图像的下方，但只有与新绘制的图像重叠的部分会被保留，其他部分会被透明化。
- lighter：新绘制的图像与已有图像的颜色会相加，产生更亮的颜色。
- copy：新绘制的图像会完全替换已有图像。
- xor：新绘制的图像与已有图像的颜色会进行异或操作，产生特殊的效果。

除了上述合成模式，Canvas还提供了一些全局合成操作，可以通过globalCompositeOperation属性来设置。常见的全局合成操作包括如下。

- multiply：新绘制的图像与已有图像的颜色进行乘法混合，产生更深的颜色。
- screen：新绘制的图像与已有图像的颜色进行屏幕混合，产生更亮的颜色。
- overlay：根据已有图像的亮度和对比度，调整新绘制的图像的颜色。
- darken：新绘制的图像与已有图像的颜色进行比较，保留较暗的颜色。
- lighten：新绘制的图像与已有图像的颜色进行比较，保留较亮的颜色。

通过使用这些合成效果，可以在Canvas中实现各种有趣的视觉效果，如图像混合、透明效果、阴影效果等。在实际应用中，可以根据需要选择合适的合成模式来实现所需的效果。同时，还可以通过组合多个图像和合成效果，创造出更加复杂和独特的图形效果。

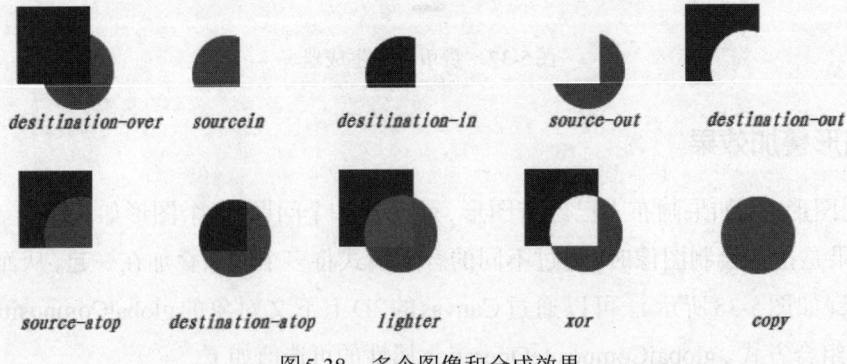

图5-38 多个图像和合成效果

5.5 综合图形绘制实例

5.5.1 实例一

用饼形图或环形图表示表5-2中所列某高校教师中各职称人数比例，要求图中有图例。

表5-2 某高校教师中各职称人数比例

职称	比例
高级职称	30%
硕士学位教师	35.8%
本科学位教师	34.2%

代码如下：

```
<!DOCTYPE html>
<html>
<head>
    <script src="https://d3js.org/d3.v7.min.js"></script>
</head>
<body>
    <svg id="chart"></svg>
    <script>
      var width = 600;
      var height = 400;
      var radius = Math.min(width, height) / 3;
      var colors = d3.schemeCategory10;
        var data = [
      { label: "高级职称", value: 30 },
      { label: "硕士学位教师", value: 35.8 },
      { label: "本科学位教师", value: 34.2 }
    ];
        var pie = d3.pie()
    .value(function(d) { return d.value; });
        var arc = d3.arc()
    .outerRadius(radius - 10)
    .innerRadius(radius - 70);
        var svg = d3.select('#chart')
    .attr('width', width)
    .attr('height', height)
    .append('g')
    .attr('transform', 'translate(' + width / 3 + ',' + height / 3 + ')');
        var arcs = svg.selectAll('arc')
    .data(pie(data))
    .enter().append('g')
    .attr('class', 'arc');
      arcs.append('path')
```

```
        .attr('d', arc)
        .attr('fill', function(d, i) { return colors[i]; });
         var legend = svg.selectAll('.legend')
        .data(pie(data))
        .enter().append('g')
        .attr('class', 'legend')
        .attr('transform', function(d, i) { return 'translate(180,' + (i * 20 - 60) + ')'; });
      legend.append('rect')
        .attr('width', 18)
        .attr('height', 18)
        .attr('fill', function(d, i) { return colors[i]; });

      legend.append('text')
        .attr('x', 24)
        .attr('y', 9)
        .attr('dy', '.35em')
        .text(function(d) { return d.data.label ; });
      arcs.append("text")
        .attr("transform", function (d) {
            return "translate(" + arc.centroid(d) + ")";
        })
        .attr("text-anchor", "middle")
        .text(function (d) {
            return d.data.value + '%';
        });
   </script>
</body>
</html>
```

运行结果如图5-39所示。

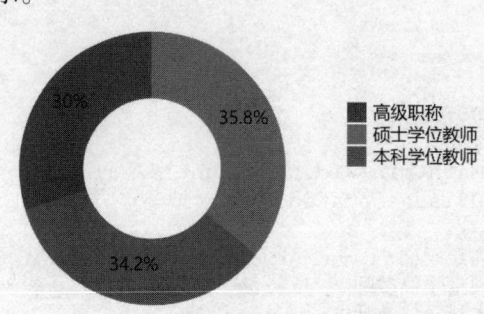

图5-39 某高校教师职称比例的环状图

5.5.2 实例二

用柱状图表示大学生月购买消费品支出情况(如表5-3所示)。

表5-3 某大学生月购买消费品支出情况

组名	购买的消费品分组	支出(元)
1	日用品	200
2	奶茶等饮品	160
3	衣服	227

(续表)

组名	购买的消费品分组	支出(元)
4	U盘	148
5	外卖	207
6	文具和书包	77

代码如下：

```html
<!DOCTYPE html>
<html>
<head>
  <meta charset="utf-8">
  <meta name="viewport" content="width=device-width">
  <title>某大学生月购买消费品支出情况</title>
</head>
<body>
    <svg id="mySVG" width="800" height="600" version="1.1"></svg>
    <script type="text/javascript">
        var mysvg = document.getElementById("mySVG");
        var rec= new Array();
        var txt=new Array();
        for(var i=0;i<6;i++){
            rec[i] = document.createElement("rect");
            txt[i] = document.createElement("text");
            mysvg.appendChild(rec[i]);
            mysvg.appendChild(txt[i]);
            var h=Math.random()*255;
            var r=Math.floor(Math.random()*255);
            var g=Math.floor(Math.random()*255);
            var b=Math.floor(Math.random()*255);
            rec[i].outerHTML="<rect x="+(45*i)+" y="+(400-h)+" width=42 height="+h+" style='fill:rgb("+r+","+g+","+b+")'/>";
            txt[i].outerHTML="<text x="+(10+45*i)+" y="+(400-h)+">"+Math.floor(h)+"</text>";
        }
    </script>
</body>
</html>
```

运行结果如图5-40所示。

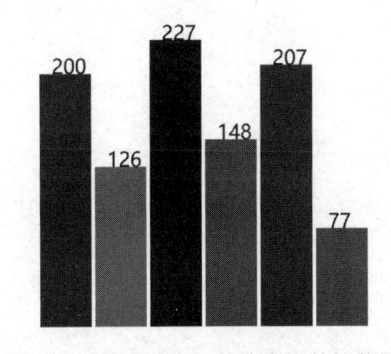

图5-40　某大学生月消费支出的柱状图

本章小结

SVG和Canvas都是用于在网页上绘制基本图形的重要技术。本章主要讲解了可缩放矢量图形(SVG)和HTML5引入的绘图工具Canvas，还针对性地介绍了一些应用实例，通过实例表明这两种技术各有优缺点，适用于不同的场景。在实际应用中，可以根据需要选择使用SVG或Canvas来绘制基本图形。

第6章
比例尺及坐标轴

> **教学提示**
> 本章将讲解D3中绘图的一个重要工具"坐标轴",主要介绍比例尺的概念和分类,详细讲述常用的序数比例尺、颜色比例尺、线性比例尺等比例尺的原理和应用,重点阐述D3中坐标轴的定义、设置、绘制及参数属性值的使用,最后给出综合实例强化坐标轴在可视化应用中的使用方法。

6.1 比例尺

比例尺是D3中很重要的一个概念,上一章直接用数值的大小来代表像素个数并不是一种好方法,本章正是要解决此问题。坐标轴是和比例尺配套使用的,它需要以一个比例尺作为参数,通过D3提供的各式的比例尺,就能制作出适应于各种需要的坐标轴。

如果制作了一个柱状图,有一个如下数组。

```
var dataset = [ 250 , 210 , 170 , 130 , 90 ];
```

绘图时,直接使用250给矩形的宽度赋值,即矩形的宽度就是250个像素。此方式非常具有局限性,因为有时数值过大或过小,例如:

```
var dataset_1 = [ 2.5 , 2.1 , 1.7 , 1.3 , 0.9 ];
var dataset_2 = [ 2500, 2100, 1700, 1300, 900 ];
```

在D3中根据定义域是否连续将比例尺分成两类。
① 连续比例尺:如线性比例尺、量化比例尺、时间比例尺等。
② 非连续比例尺:如序数比例尺、颜色比例尺等。

6.1.1 序数比例尺

序数比例尺的定义域和值域都是离散的。如果需要通过输入一些离散的值得到另一些离散的值，这时就要考虑序数比例尺；例如，现实中会有这样的需求，通过输入一些离散的值（如名称、序号、ID等），要得到另一些离散的值（如颜色等）。

语法：

```
d3.scale.ordinal()//D3 的 V3 版
d3.scale Ordinal()//D3 的 V4 版及以上版本
```

序数比例尺中的一些重要参数如下。

- ordinal(x)：输入定义域内的一个离散值，返回值域内的一个离散值。
- ordinal.domain([values])：设定或获取定义域。
- ordinal.range([values])：设定或获取值域。
- ordinal.rangePoint(interval,[padding])：接收一个连续的区间，然后根据定义域中离散值的数量将其分段，分段值即为值域的离散值。interval是区间，padding是边界部分留下的空白。
- ordinal.rangeRoundPoints(interval,[padding])：和ranggePoint()一样，但是会将结果取正。
- ordinal.rangeBands(interval,[padding],[outerpadding])：代替range()设定值域，接收一个连续的区间，然后根据定义域中离散值的数量将其分段，但是分段方法不同。
- ordinal.rangeRoundBands()：和rangeBands()一样，但是会将结果取整。
- ordinal.rangeBand()：返回使用rangeBands()设定后每一段的宽度。
- ordinal.rangeExtend()：返回一个数组，数组中存有值域的最大值和最小值。

例如下列代码：

```
scale = d3.scaleOrdinal()
          .domain(['jack', 'rose', 'john'])
          .range([10, 20, 30])
```

映射关系如图6-1所示。

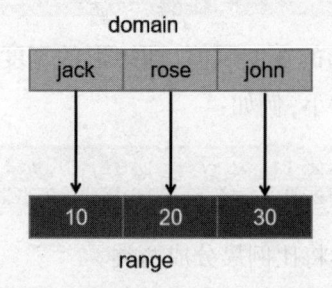

图6-1　序数比例尺——映射关系

图6-1中的输入与输出如下。

```
scale('jack') // 输出:10
scale('rose') // 输出:20
scale('john') // 输出:30
```

序数比例尺有几个需要注意的情况。

(1) 当输入不是domain()数据集时

在使用序数比例尺时要注意，当输入不是domain()数据集时，也有结果输出。

```
scale('tom')    // 输出:10
scale('trump')  // 输出:20
```

依然是值域range()的结果，映射关系如图6-2所示，因此在使用序数比例尺时要注意对应。

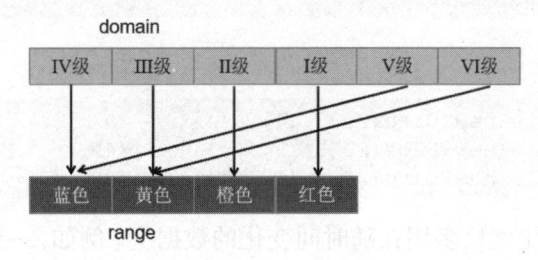

(2) 当domain()数据集数量大于range()数据集数量时

当domain()数据集数量大于range()数据集数量时，会循环输出结果。

```
// 例如预警等级与预警颜色的关系
 var scale = d3.scaleOrdinal()
              .domain(["Ⅳ级","Ⅲ级","Ⅱ级","Ⅰ级","Ⅴ级","Ⅵ级"])
              .range(["蓝色","黄色","橙色","红色"])
```

输出的结果如下。

```
console.log(scale("Ⅳ级"))    // 输出：蓝色
console.log(scale("Ⅲ级"))    // 输出：黄色
console.log(scale("Ⅱ级"))    // 输出：橙色
console.log(scale("Ⅰ级"))    // 输出：红色
console.log(scale("Ⅴ级"))    // 输出：蓝色
console.log(scale("Ⅵ级"))    // 输出：黄色
```

可见当输入不是定义域中的数据时，依然可以输出值。因此在使用时，要注意定义域和值域是否一一对应。

图6-2　当domain()数据集数量大于range()数据集数量时的映射关系

(3) 当range()数据集数量大于domain()数据集数量时

当range()数据集数量大于domain()数据集数量时，仍会得到输出结果。

```
// 例如预警等级与预警颜色的关系
var scale = d3.scaleOrdinal()
              .domain(["Ⅳ级","Ⅲ级","Ⅱ级","Ⅰ级"])
              .range(["蓝色","黄色","橙色","红色","pink"])
console.log(scale("Ⅳ级"))    // 输出：蓝色
console.log(scale("Ⅲ级"))    // 输出：黄色
console.log(scale("Ⅱ级"))    // 输出：橙色
console.log(scale("Ⅰ级"))    // 输出：红色
console.log(scale("Ⅴ级"))    // 输出：pink
```

可见当输入不是定义域中的值,但值域中还有未被访问的值时,它就会被访问。映射关系如图6-3所示。

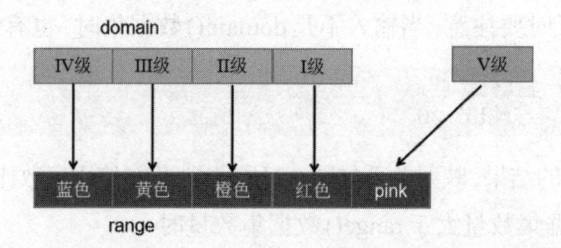

图6-3 当range()数据集数量大于domain()数据集数量时的映射关系

6.1.2 时间比例尺

时间比例尺类似于线性比例尺,只不过定义域变为一个时间轴,是以时间的变化作为刻度的比例尺。

语法:

```
var scale = d3.scaleTime()
         .domain([new Date(), new Date()])
         .range([])
```

例如:

```
var scale = d3.scaleTime()
         .domain([new Date(2023,11,9), new Date(2023,11,11)])
         .range([0,90])
```

输出的结果如下。

```
console.log(scale(new Date(2023,11,9)))     //0
console.log(scale(new Date(2023,11,10)))    //45
console.log(scale(new Date(2023,11,11)))    //90
```

现实生活中,时间比例尺多用在随时间变化的数据上。例如,一天之内,气温随时间的变化;科学实验里,与时间有关的实验都可以使用时间比例尺等。

6.1.3 颜色比例尺

D3内部封装了一些颜色比例尺,最常用的有4个: category10()、category20()、category20b()和category20c()。category10()有10种颜色可选,category20()有20种颜色可选。

语法:

```
var colors = d3.scale.ordinal(d3.scale.category10())
```

scale.category10()的10种颜色如图6-4所示。

■ #1f77b4   ■ #8c564b

■ #ff7f0e   ■ #e377c2

■ #2ca02c   ■ #7f7f7f

■ #d62728   ■ #bcbd22

■ #9467bd   ■ #17becf

图 6-4 scale.category10() 的 10 种颜色

其中 d3.scale.category10() 可以替换为 d3.scale.category20()、d3.scale.category20b()、d3.scale.category20c()。

【例 6-1】使用颜色比例尺显示图形。

```
<!DOCTYPE html>
<html>
<body>
    <script src=" http://d3js.org/d3.v3.min.js " charset="utf-8">
</script>
    <script>
        var width = 600;                    //svg 绘制区域的宽度
        var height = 600;                   //svg 绘制区域的高度
        var dataset = d3.range(5);          // 返回 [0,1,2,3,4,5]
        var color2 = d3.scale.category10(); // 定义表示颜色的序数比例尺
        var svg = d3.select("body")         // 选择 id 为 body 的 div
                .append("svg")              // 在 <body> 中添加 <avg>
                .attr("width",width)        // 设定 <svg> 的宽度属性
                .attr("height",height)      // 设定 <svg> 的高度属性
//绘制圆
        svg.selectAll("circle")             // 选择所有的圆
            .data(dataset)                  // 绑定数据
            .enter()                        // 获取 enter 部分
            .append("circle")      // 添加 ciecle 元素，使其与绑定数组的长度一致
            .attr("cx",function(d,i){return 30 + i*80})   // 设定圆的 x 方向的位置
            .attr("cy",100)                 // 设定圆的 y 方向的位置
            .attr("r",30)                   // 设定圆的半径
            .attr("fill",function(d,i){     // 设定圆的颜色
                return color2(i)
            })
    </script>
</body>
</html>
```

显示结果如图 6-5 所示。

图 6-5 使用颜色比例尺显示的圆形

【例6-2】显示扇形数据图。

```
// 数据准备
var dataset = [10, 20, 50, 30, 80];
// 创建画布
var svg = d3.select("body")
        .append("svg")
        .attr("width", 600)
        .attr("height", 600);
// 数据转换
var pie = d3.layout.pie();
var piedata = pie(dataset);
// 创建弧生成器
var arc = d3.svg.arc()
        .innerRadius(0)         // 设置内半径
        .outerRadius(150);       // 设置外半径
// 添加颜色比例尺
var color = d3.scale.category20();   //category20() 颜色比例尺显示
// 绘制扇形
 var arcs = svg.selectAll("g")
        .data(piedata)
        .enter()
        .append("g")
        .attr("transform", "translate(" + (300) + "," + (300) + ")");
// 填充颜色
 arcs.append("path")
    .attr("fill", function (d, i) {
        return color(i);})
    .attr("d", function (d) {return arc(d);});
```

运行结果如图6-6所示。

图6-6 扇形数据图

6.1.4 线性比例尺

线性比例尺能够将一个连续的区间映射到另一区间。在使用d3库时(4.X版本中为d3.scaleLinear()),我们可以创建一个线性比例尺。这里,domain()表示输入域(定义域),而range()表示输出域(值域),相当于将domain中的数据集映射到range的数据集中。映射关系如图6-7所示。

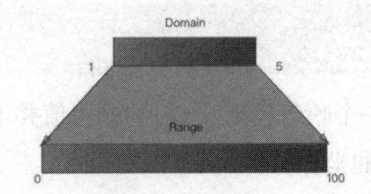

图6-7 映射关系图

线性比例尺是常用比例尺,与线性函数类似,计算线性的对应关系。相关方法有:

- d3.scaleBand.linear():创建一个比例尺。
- linear(x):输入一个在定义域内的值x,返回值域内对应的值。
- linear.invert(y):输入一个在值域内的值y,返回定义域内对应的值。
- linear.domain([numbers]):设定或获取定义域。
- linear.range([values]):设定或获取值域。
- linear.rangeRound([values]):如果代替range()使用,比例尺的输出值会进行四舍五入的运算,结果为整数。
- linear.clamp([boolean]):默认被设置为false,当该比例尺接收一个超出定义域范围内的值时,依然能够按照同样的计算方法计算得到一个值,这个值可能是超出值域范围的。如果设置为true,则任何超出值域的范围的值都会被收缩到值域范围内。
- linear.nice([count]):将定义域的范围扩展成比较理想的形式。例如,定义域为[0.50000543, 0.899995433221],则使用nice()后,其定义域变为[0.5,0.9]。对于[0.500000543, 69.99998888]这样的定义域,则自动将其变为[0,70]。
- linear.ticks([count]):设定或获取定义域内具有代表性的值的数目。count默认为10,如果定义域为[0,70],则该函数返回[0,10,20,30,40,50,60,70]。如果count设置为3,则返回[0,20,40,60]。该方法主要用于选取坐标轴刻度。
- linear.tickFormat(count,[format]):用于设置定义域内具有代表性的值的表示形式,如显示到小数点后两位、使用百分比的形式显示,主要用于坐标轴上。

以上方法中,linear()、invert()、domain()、range()是基础方法,使用方式可以参见以下代码,例如:

```
scaleD3 = d3.scale.linear()
  .domain([1, 5])
  .range([10, 100]);
```

通过下面的例子,我们可以更好地理解这个比例尺的输入和输出。

```
scaleD3(1);    // 输出 10
scaleD3(4);    // 输出 75
scaleD3(5);    // 输出 100
```

以上输入都是使用domain()区域内的数据,然而,其实使用domain()区域外的数据也是允许的。例如:

```
scaleD3(-1);     // 输出 -50
scaleD3(10);     // 输出 225
```

可见,比例尺只是定义了一个映射规则,映射的输入值并不局限于domain()中的输入域。

【例6-3】 显示线性比例尺的坐标映射关系。

(1) 定义域和值域

比例尺有两个最重要的函数。

- .domain([100, 500])表示定义域范围。
- .range([10, 350])表示值域范围。

```
var scale = d3.scale.linear()
          .domain([100, 500])
          .range([10, 350]);
```

(2) 坐标轴的映射

```
// 计算最大的 x
d3.max(dataset, function(d) {      // 返回 480
    return d[0];   // 返回每个子数组的第一个元素
});
//X 轴映射
var xScale = d3.scale.linear()
             .domain([0, d3.max(dataset, function(d) { return d[0]; })])
             .range([0, w]);
//Y 轴映射
var yScale = d3.scale.linear()
             .domain([0, d3.max(dataset, function(d) { return d[1]; })])
             .range([0, h]);
```

(3) 坐标映射转换

为了更好地显示坐标的映射关系,可以将点和原始坐标文字结合标记,这就需要对点的位置和文字的位置进行坐标映射转换。

```
// 设定圆心坐标:
//cx 的坐标
.attr("cx", function(d) {
    return xScale(d[0]);
})
//cy 的坐标
.attr("cy", function(d) {
    return yScale(d[1]);
})
// 设定显示数字文本位置坐标:
// 文本 x 的坐标
.attr("x", function(d) {
    return xScale(d[0]);
})
})// 文本 y 的坐标
.attr("y", function(d) {
return yScale(d[1]);
```

完整代码如下：

```html
<!DOCTYPE html>
<html>
    <head>
        <meta charset="utf-8">
        <title>testD3-10-scale.html</title>
        <script type="text/javascript" src=" http://d3js.org/d3.v3.min.js"></script>
    <style type="text/css">
        </style>
    </head>
    <body>
        <script type="text/javascript">
            // 高宽
            var w = 500;
            var h = 100;
            var dataset = [
                            [15, 20], [250, 50], [100, 33], [330, 95],
                            [25, 67], [85, 21], [220, 88]
                         ];
            //Create scale functions
            var xScale = d3.scale.linear()
                        .domain([0, d3.max(dataset, function(d) { return d[0]; })])
                        .range([0, w-50]);
            var yScale = d3.scale.linear()
                        .domain([0, d3.max(dataset, function(d) { return d[1]; })])
                        .range([0, h-50]);
            // 创建SVG
            var svg = d3.select("body")
                        .append("svg")
                        .attr("width", w)
                        .attr("height", h);
            svg.selectAll("circle")
                .data(dataset)
                .enter()
                .append("circle")
                .attr("cx", function(d) {
                    return xScale(d[0]);
                })
                .attr("cy", function(d) {
                    return yScale(d[1]);
                })
                .attr("r", function(d) {
                    return Math.sqrt(h - d[1]);
                });
            svg.selectAll("text")
                .data(dataset)
                .enter()
                .append("text")
                .text(function(d) {
                    return d[0] + "," + d[1];
                })
                .attr("x", function(d) {
                    return xScale(d[0]);
                })
                .attr("y", function(d) {
                    return yScale(d[1]);
```

```
            })
            .attr("font-family", "sans-serif")
            .attr("font-size", "11px")
            .attr("fill", "red");
        </script>
    </body>
</html>
```

显示结果如图6-8所示。

15,20　　　　　35,21
　　　　　　　　　100,33　　　　　　　　　　　　　　250,50
　　25,67
　　　　　　　　　　　　　　　　　　220,88
　　　　　　　　　　　　　　　　　　　　　　　　　　　　330,95

图6-8　坐标映射关系图

6.1.5　面积比例尺

在数据可视化中，面积比例尺是一种用于将数据映射到图形元素面积的比例尺。这种比例尺通常用于表示不同数据点的相对大小，特别是在散点图或气泡图等图表类型中。

在一些数据可视化工具中，可以直接使用面积比例尺进行配置。例如，在D3.js中，可以使用d3.scaleSqrt()创建一个平方根比例尺，该比例尺可以用于映射数据到半径，进而控制面积。

使用面积比例尺时，需要小心确保用户能够正确理解面积的大小关系，并在图例或其他方式中提供足够的信息来解释面积的含义。

【例6-4】定义面积比例尺。

```
var areaScale = d3.scaleSqrt()
    .domain([0, 50])             // 输入域
    .range([0, 100]);            // 输出域，控制面积的范围
```

输出结果如下。

```
console.log(areaScale(0))        // 输出 0
    console.log(areaScale(10))   // 输出 44.721
    console.log(areaScale(50))   // 输出 100
```

6.1.6　其他比例尺

D3除上述比例尺外，还有其他比例尺，这里以D3的V4版本定义方式解释如下。

- d3.scaleSqrt()：平方根比例尺。用于创建平方根比例尺，将输入域映射到输出域，通常用于处理数据平方根的映射关系，这在某些情况下可以更好地展示数据的分布情况。
- d3.scalePow()：幂级比例尺。用于创建幂级比例尺，根据输入值的不同，按照指定的指数进行放大或缩小，常用于表示数据之间的关系是非线性的。

- d3.scaleLog()：对数比例尺函数。用于将数据映射到对数尺度上，适用于那些数据范围跨度很大的情况，例如股票价格、人口统计数据等，这些数据通常呈现出指数级的增长。
- d3.scaleQuantize()：用于将连续的数据映射到离散的区间。它常用于创建具有特定颜色范围的图表，例如热图或颜色编码的图表。
- d3.scaleQuantile()：用于将数据映射到分位数，将数据分布中的分位数映射到指定的值域范围内。
- d3.timeScale()：时间尺度函数，用于处理与时间和日期相关的数据。

6.2 坐标轴

6.2.1 添加坐标轴

1. 定义坐标轴

生成坐标轴需要用到比例尺，它们二者经常是配套使用的。d3.svg.axis()是D3中坐标轴的组件，能够在SVG中生成组成坐标轴的元素。其中方法如下。

- scale()：创建比例尺。
- orient()：用于指定刻度和数字的方向。该方法有4个参数，分别是left、right、top和bottom，默认值为bottom。具体而言，参数top表示横坐标的刻度标注位于坐标轴上方，bottom表示横坐标的刻度标注位于坐标轴下方，left表示纵坐标的刻度标注位于坐标轴左边，而right表示纵坐标的刻度标注位于坐标轴右边。需要注意的是，改变方向只会影响刻度标注的位置，而不会改变坐标轴线本身的位置。
- ticks()：指定坐标轴的分割数(刻度的数量)。例如设定为5，则刻度的数量总共有6个，分段数为5。若没有指定参数，则默认为10。

下列代码在数据集dataset和线性比例尺linear的基础上，添加了坐标轴组件。

```
var dataset = [ 2.4 , 2.3 , 1.5 , 1.2 , 0.4 ];    //数据集
//定义比例尺
var linear = d3.scale.linear()
.domain([0, d3.max(dataset)])
.range([0, 250]);
// 定义坐标轴
var axis = d3.svg.axis()           // 生成坐标轴
.scale(linear)             // 指定比例尺
.orient("bottom")          // 指定刻度的方向
.ticks(6);                 // 指定刻度的数量
```

其中，第1行定义数据数组。第2~5行定义线性比例尺linear，使用数据集dataset。第6~10行定义坐标轴，利用线性比例尺linear，并指定在坐标轴的下方显示刻度，总共包含6个刻度。

2. 在SVG中添加坐标轴

代码如下：

```
svg.append("g")
   .call (axis);
```

3. 设定坐标轴的样式和位置

默认的坐标轴样式不太美观，我们可以使用CSS样式来美化坐标轴。

```
<style>
.axis path,
.axis line{
fill:none;        // 设置填充色
stroke:black;     // 定义画笔颜色
shape-rendering:crispEdges;    // 调节刻度线的样式
}
.axis text{
font-family: sans-serif;    // 刻度的字体样式
font-size: 12px;    // 刻度线的刻度的大小
</style>
```

上面的代码分别为 axis 类下的 path、line、text 元素定义了样式。接下来，只需要将坐标轴的类设置为 axis 即可。坐标轴的位置可以通过 transform 属性来设定。

```
svg.append("g")
.attr("class", "axis")
.attr("transform","translate(30,110)")   // 平移到 (30,110)
.call(axis) ;      // 绘制坐标轴，调用之后坐标轴就会显示在相应的 svg 中
```

6.2.2　绘制坐标轴

在SVG中有<path>、<line>、<text>元素，D3所绘制的坐标轴就是由这3种元素组成的。其中，坐标轴的主直线是由<path>绘制的，刻度是由<line>绘制的，刻度文字是由<text>绘制的。坐标轴的所有图形元素须放入<svg>或<g>中；建议新建一个g元素来控制，而不要直接放在<svg>中，因为<svg>中通常还包含其他的图形元素。

1. axis.tickValues([values])(刻度值)

如果指定了values数组，数组中的这些值将会被用于刻度。例如，指定刻度值生成刻度尺。

【例6-5】绘制带同间距刻度值的x坐标值。

```
<!DOCTYPE html>
<html lang="en">
<body>
    <script type="text/javascript" src = "http://d3js.org/d3.v4.min.js"
charset = "utf-8"></script>
```

```
    <script type="text/javascript">
        var width = 300;                            //画布的宽度
        var height = 300;                           //画布的高度
        var svg = d3.select("body")                 //选择文档中的body元素
                .append("svg")                      //添加一个svg元素
                .attr("width", width)               //设定宽度
                .attr("height", height);            //设定高度
        var xlinear = d3.scaleLinear()              //水平坐标轴的比例尺
                .domain([0, 30])
                .range([0, 250]);

        // x轴
        xAxis = svg.append("g")
                .attr("class", "xAxis")
                .attr("transform","translate(20,130)")
                .call(d3.axisBottom(xlinear))       //绘制x坐标轴
    </script>
</body>
</html>
```

该组代码先定义比例尺再绘制坐标轴。xlinear是一个线性比例尺，其定义域为[0,30]，即坐标轴刻度值的范围。值域为[0,250]，即坐标轴绘制时的像素长度。然后，xAxis表示在<svg>中新添加的分组元素g，并绘制前面定义的水平坐标轴xlinear。

运行结果如图6-9所示。

图6-9 线性比例尺

【例6-6】绘制带不同间距刻度值的x坐标值。

```
<html>
<body>
<script type ="text/javascript">
var width = 400;                            //画布的宽度
var height = 400;                           //画布的高度
var svg = d3.select ( "body" )              //选择文档中的 <body> 元素
.append( "svg")                             //添加一个svg元素
.attr( "width", width)                      //设定宽度
.attr( "height", height) ;                  //设定高度
var xlinear = d3.scale.linear()             //水平坐标轴的比例尺
.domain([0, 30])
.range([0, 250]) ;
var xAxis = d3.svg.axis()
.scale(xlinear)
.tickValues([1, 3, 5, 8, 13, 21]);
svg.append("g" )
.attr("class", "axis")
.attr( "transform","translate(20,130)")
.call(xAxis);                               // 绘制 x 坐标轴
</script >
</body>
</html>
```

运行效果如图6-10所示。代码中var xAxis = d3.svg. axis().scale(xlinear).tickValues([1, 3, 5, 8, 13, 21]);表示只显示这几个刻度的坐标线。

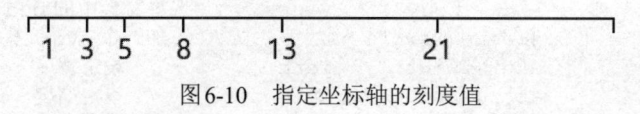

1　3　5　　8　　　13　　　　21

图6-10　指定坐标轴的刻度值

2. axis.tickSize([inner, outer])(刻度线长度)

如果指定了内部和外侧刻度线的长度,则将其设置为指定值;如果未指定,则返回当前内部刻度线的长度,默认为6(即6px)。

3. axis.innerTickSize([size])(内部刻度线的长度)

如果指定了大小,则将其用于设置内部刻度线的长度;如果未指定,则返回当前默认的内部刻度线的长度,其默认值为6。

4. axis.outerTickSize([size])(外侧刻度线的长度)

如果指定了大小,则将其用于设置外侧刻度线的长度。如果未指定,则返回当前默认的外侧刻度线大小,其默认值为6。需要注意的是,外侧刻度线实际上不是刻度线而是值域路径的一部分。它们的位置由相关量度的值域范围所决定。因此,外侧刻度线可能会与第一个或最后一个内部刻度线重叠。大小为6的外侧刻度线将不显示在值域路径两端。

```
var Axis = d3.svg.axis()
.scale(xlinear)
.tickValues([1, 3, 5, 8, 13, 21])
.outerTickSize(0)
```

坐标轴两端刻度被取消,运行效果如图6-11所示。

1　3　5　　8　　　13　　　　21

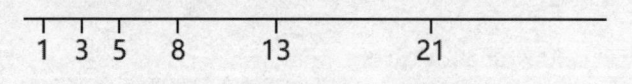

图6-11　坐标轴两端刻度被取消

5. axis.tickPadding([padding])(刻度线与刻度标注之间的填充)

如果指定了填充大小,则将其设置并返回轴线;反之,返回当前的填充大小,默认为3(即3px)。

6. axis.tickFormat([format])(刻度标注格式化)

如果指定了格式,则按照指定的方法设置格式并返回轴线。如果没有指定格式,则默认为空。空的格式也表示将使用scale在调用scale.tickFormat()时的默认格式。这种情况下,在 ticks里指定的参数将会被传递到scale.tickFormat()中。例如:

```
var xAxis = d3.svg.axis()
.scale(xlinear)
.tickFormat( d3.farmat("$ 0.1f" ) )     // 指定刻度的文字格式
```

7. axis.orient([orientation])

这用于设定或获取坐标轴的方向,有4个值:top、bottom、left、right。top表示水平坐标轴的刻度在直线上方。bottom表示水平坐标轴的刻度在直线下方。left表示垂直坐标轴的刻度在直线左方。right表示垂直坐标轴的刻度在直线右方。

【例6-7】比例尺scale的定义域为[0,10]。本例定义了两个坐标轴,刻度分别位于左边和右边。

```
<!DOCTYPE html>
<html lang="en">
<style>
.axis path,
.axis line{
    fill: none;
    stroke: black;
    shape-rendering: crispEdges;
}
.axis text {
    font-family: sans-serif;
    font-size: 11px;
}</style>
<body>
    <script type="text/javascript" src = "http://d3js.org/d3.v3.min.js" charset = "utf-8"></script>
    <script type="text/javascript">
    var width = 600;
        var height = 600;
        var svg = d3.select("body")
                    .append("svg")
                    .attr("width",width)
                    .attr("height",height)
        // 用于坐标轴的线性比例尺
        var xScale = d3.scale.linear()
                        .domain([0,10])
                        .range([0,200])
        // 定义坐标轴
        var axisRight = d3.svg.axis()
                        .scale(xScale)
                        .orient("right")        // 刻度方向向右
                        .tickValues([3,4,5,6,7])
        // 在svg中添加一个包含坐标轴各元素的g元素
        var gAxis = svg.append("g")
                    .attr("transform","translate(80,80)")   // 平移到(80,80)
                    .attr("class","axis")
        // 在gAxis中绘制坐标轴
        axisRight(gAxis)
    </script>
</body>
</html>
```

运行效果如图6-12所示。

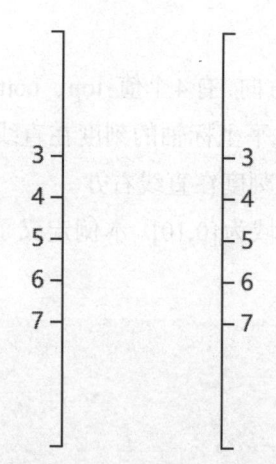

图6-12 刻度分别在左边和右边的两个坐标轴

【例6-8】绘制带有水平(即横轴)和垂直(即纵轴)坐标轴的柱状图。一般步骤为：

(1) 设计坐标轴样式。

(2) 定义各坐标轴比例尺。

(3) 绘制坐标轴。

(4) 绘制可视化图形。

由于需要水平和垂直坐标轴，因此分别定义了 xaxis 和 yaxis 两个坐标轴，并分别使用了各自的比例尺 xlinear 和 ylinear。水平坐标轴 xaxis 指定刻度的方向为底部，而垂直坐标轴 yaxis 指定刻度的方向为左侧。

完整代码如下：

```html
<html>
<head>
    <meta charset="utf-8">
    <title>有水平和垂直坐标轴的柱状图</title>
</head>
<style>
.axis path,
.axis line{
    fill: none;
    stroke: black;
    shape-rendering: crispEdges;
}
.axis text {
    font-family: sans-serif;
    font-size: 11px;
}
</style>
<body>
<script src="http://d3js.org/d3.v3.min.js" charset="utf-8"></script>
<script>
        var width = 400;                            // 画布的宽度
        var height = 400;                           // 画布的高度
        var svg = d3.select("body")                 // 选择文档中的 <body> 元素
            .append("svg")                          // 添加一个 svg 元素
```

```
                    .attr("width", width)           // 设定宽度
                    .attr("height", height);        // 设定高度
        var dataset = [ 2.4 , 2.3 , 1.5 , 1.2 , 0.4 ];    // 定义数组存储数据
        var xlinear = d3.scale.linear()             // 水平坐标轴的比例尺
                .domain([0, d3.max(dataset)])       // 调用 d3.max() 求数组中的最大数
                .range([0, 200]);
        var ylinear = d3.scale.linear()             // 垂直坐标轴的比例尺
                .domain([0, 5])
                .range([0, 120]);
    // 绘制柱状图
        var rectHeight = 30;                        // 每个矩形所占的像素高度（包括空白）
        svg.selectAll("rect")
            .data(dataset)
            .enter()
            .append("rect")
            .attr("x",20)
            .attr("y",function(d,i){
                return i * rectHeight+5;            // 每个矩形的 y 坐标
            })
            .attr("width",function(d){              // 定义一个函数调用比例尺
                return xlinear(d);
            })
            .attr("height",rectHeight-1)
            .attr("fill","orange");    // 矩形填颜色
    // 绘制水平和垂直坐标轴
        var xaxis = d3.svg.axis().scale(xlinear)    // 指定比例尺
                .orient("bottom")                   // 指定刻度的方向，向下
                .ticks(5);                          // 指定刻度的数量
        var yaxis = d3.svg.axis().scale(ylinear)    // 指定比例尺
                .orient("left")                     // 指定刻度的方向，向左
                .ticks(5);                          // 指定刻度的数量
        svg.append("g")
            .attr("class","axis")
            .attr("transform","translate(20,130)")
            .call(xaxis);                           // 绘制 x 坐标轴
        svg.append("g")
            .attr("class","axis")
            .attr("transform","translate(20,5)")
            .call(yaxis);                           // 绘制 y 坐标轴
    </script>
</body>
</html>
```

最终效果如图 6-13 所示。

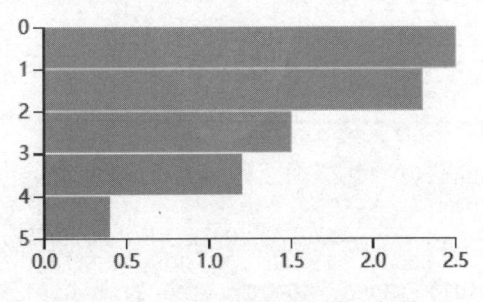

图 6-13　给柱状图添加两个坐标轴

通过结果图发现，y轴坐标从上向下标记，这是因为画布中(0, 0)点为画布左上角点。因此，在实际应用中要注意y轴坐标的转换。

6.3 绘制有坐标轴的折线图

【例6-9】本节讲解利用直线生成器绘制曲线图并且添加坐标轴。折线图的数据是中国、日本、美国和英国历年的GDP，将GDP用折线图表示是数据可视化常用的手段。中国GDP的折线采用蓝色，日本GDP的折线采用绿色，美国GDP的折线采用红色，英国GDP的折线采用黄色。在图6-14中，用4个矩形块分别填充相应的颜色，并在矩形边上添加国家名称的文字，这样用户可以区分出是哪个国家GDP的信息。

完整代码如下：

```
<!DOCTYPE html>
<html lang="en">
<head>
    <meta charset="UTF-8">
<title>绘制有坐标轴的折线图</title>
<!--设置坐标轴的样式 -->
    <style type="text/css">
        .axis path,.axis line{
            fill:none; stroke:black ;
shape-rendering:crispEdges;
        }
        .axis text{
            font-family:sans-serif ;
font-size:12px;
        }
    </style>
</head>
<body>
    <script type="text/javascript" src="https://d3js.org/d3.v3.min.js" charset="utf-8"></script>
    <script type="text/javascript">
        var width = 600;
        var height = 600;
        var svg = d3.select("body").append("svg")
                .attr("width",width)
                .attr("height",height);
        var dataset = [
            {
                country: "China",
                gdp: [
                    [2000, 11920], [2001, 13170], [2002, 14550], [2003, 16500],
                    [2004, 19440], [2005, 22870], [2006, 27930], [2007, 35040], [2008, 45470], [2009, 51050], [2010, 59490], [2011, 73140], [2012, 83860], [2013, 103550]
                ]
```

```
        },
        {
            country: "Japan",
            gdp: [
                [2000, 47310], [2001, 41590], [2002, 39800], [2003, 43020],
                [2004, 46550], [2005, 45710], [2006, 43560], [2007,
                43560], [2008, 48490], [2009, 50350], [2010, 54950], [2011,
                59050], [2012, 59370], [2013, 48980]
            ]
        },
        {
            country: "USA",
            gdp: [
                [2000, 102523], [2001, 105818], [2002, 115136], [2003, 122137],
                [2004, 130366], [2005, 138146], [2006, 144518], [2007,
                147128], [2008, 148446], [2009, 144518], [2010, 149920],
                [2011, 155425], [2012, 161970], [2013, 167848]
            ]
        },
        {
            country: "UK",
            gdp: [
                [2000, 15720], [2001, 16545], [2002, 16999], [2003, 18324],
                [2004, 20415], [2005, 21076], [2006, 21714], [2007,
                22703], [2008, 22973], [2009, 21983], [2010, 22654], [2011,
                23985], [2012, 24703], [2013, 25320]
            ]
        }
];

var padding = {top:50,right:50,bottom:50,left:50};             //外边框
//计算 GDP 的最大值
var gdpmax = 0;
for(var i = 0; i < dataset.length; i++){
    var temp= d3.max(dataset[i].gdp, function(d){
        return d[1];
    });
    if(temp > gdpmax){
        gdpmax = temp;
    }
}
var xScale = d3.scale.linear()
                .domain([2000, 2013])
                .range([0, width - padding.left - padding.right]);
var yScale = d3.scale.linear()
                .domain([0, gdpmax * 1.1])
                .range([height - padding.top - padding.bottom, 0]);
// 创建一个直线生成器
var linePath = d3.svg.line()
                .interpolate("basis")
                .x(function(d){ return xScale(d[0]); })
                .y(function(d){ return yScale(d[1]); });
// 定义四个颜色 ( 蓝色，绿色，红色，黄色 )
var colors = [d3.rgb(0, 0, 255), d3.rgb(0, 255, 0), d3.rgb(255, 0, 0), d3.rgb(255, 255, 0)];
// 添加路径
svg.selectAll("path")
```

```
        .data(dataset)
        .enter()
        .append("path")
        .attr("transform", "translate(" + padding.left + "," + padding.
top + ")")
        .attr("d", function(d){
            return linePath(d.gdp);
        })
        .attr("fill", "none")
        .attr("stroke-width", 3)
        .attr("stroke", function(d, i){
            return colors[i];
        });
// 定义 x 轴并设置了刻度
var xAxis = d3.svg.axis().scale(xScale).ticks(5).orient("bottom");
// 定义 y 轴并设置了刻度
var yAxis = d3.svg.axis().scale(yScale).orient("left");
// 将定义好的坐标轴添加到画布中
svg.append("g")
    .attr("class", "axis")
    .attr("transform", "translate(" + padding.left + "," + (height
- padding.bottom) + ")" )
    .call(xAxis);

svg.append("g")
    .attr("class", "axis")
    .attr("transform", "translate(" + padding.left + "," + padding.
top + ")" )
    .call(yAxis);

// 添加矩形图例
// 添加矩形
svg.selectAll("rect")
    .data(dataset)
    .enter()
    .append("rect")        // 添加矩形
    .attr("width", 20)
    .attr("height", 15)
    .attr("fill", function(d, i){ return colors[i]; })
    .attr("x", function(d, i){ return padding.left + 80 * i; })
    // 自动计算每个矩形标签的距离
    .attr("y", height - padding.bottom)
    .attr("transform", "translate(20,30)");

// 添加标签文字
svg.selectAll(".text")
    .data(dataset)
    .enter()
    .append("text")        // 添加矩形边上的文字
    .attr("font-size", "14px")
    .attr("text-anchor", "middle")
    .attr("fill", "#000")
    .attr("x", function(d, i){ return padding.left + 80 * i; })
    .attr("dx", "40px")    // 相对偏移量, 即相对于 x 的值偏移 40 个像素
    .attr("dy", "0.9em")
    .attr("y", height - padding.bottom)
    .attr("transform", "translate(20,30)")
```

```
            .text(function(d){ return d.country; });
    </script>
</body>
</html>
```

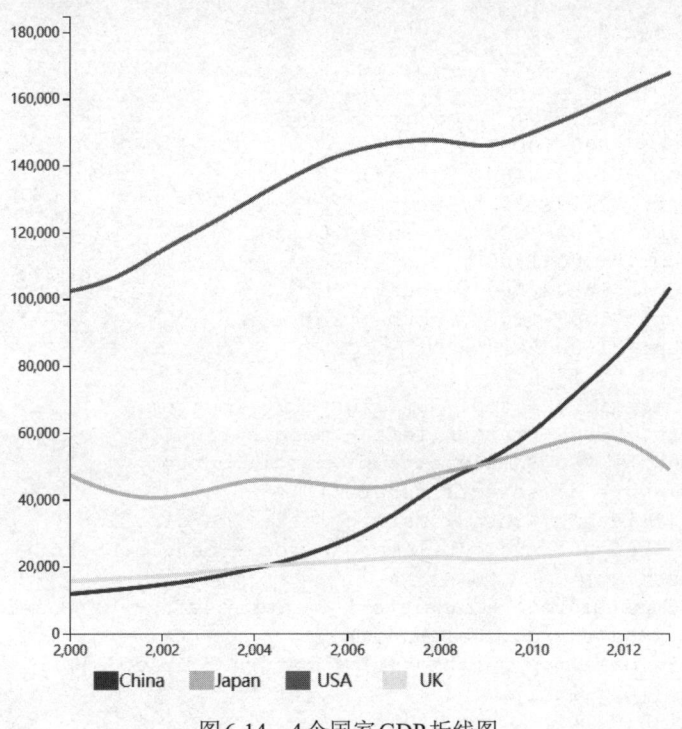

图6-14　4个国家GDP折线图

6.4　绘制有坐标轴的柱状图

【例6-10】用柱状图表示表6-1所示某市50户居民购买消费品支出分组资料。

表6-1　居民购买消费品支出分组资料

组名	居民购买消费品支出分组	居民户数
1	900以下	5
2	900~1000	1
3	1000~1100	10
4	1100~1200	10
5	1200~1300	10
6	1300~1400	7
7	1400~1500	4
8	1500~1600	2
9	1600以上	1

```html
<!DOCTYPE html>
<html>
<head>
  <script src="https://d3js.org/d3.v7.min.js"></script>
</head>
<body>
  <svg id="chart"></svg>
  <script>
    var data = [
      { group: "900 以下 ", count: 5 },
      { group: "900~1000", count: 1 },
      { group: "1000~1100", count: 10 },
      { group: "1100~1200", count: 10 },
      { group: "1200~1300", count: 10 },
      { group: "1300~1400", count: 7 },
      { group: "1400~1500", count: 4 },
      { group: "1500~1600", count: 2 },
      { group: "1600 以上 ", count: 1 }
    ];
      var margin = { top: 30, right: 30, bottom: 90, left: 60 };
    var width = 600 - margin.left - margin.right;
    var height = 400 - margin.top - margin.bottom;
      var svg = d3.select('#chart')
    .attr('width', width + margin.left + margin.right)
    .attr('height', height + margin.top + margin.bottom)
    .append('g')
    .attr('transform', 'translate(' + margin.left + ',' + margin.top + ')');
      var xScale = d3.scaleBand()
    .domain(data.map(function(d) { return d.group; }))
    .range([0, width])
    .padding(0.1);
      var yScale = d3.scaleLinear()
    .domain([0, d3.max(data, function(d) { return d.count; })])
    .range([height, 0]);
      svg.selectAll('rect')
    .data(data)
    .enter().append('rect')
      .attr('x', function(d) { return xScale(d.group); })
      .attr('y', function(d) { return yScale(d.count); })
      .attr('width', xScale.bandwidth())
      .attr('height', function(d) { return height - yScale(d.count); })
      .attr('fill', '#4682b4ff');
  svg.selectAll('.text')   // 选择所有的文本元素
    .data(data)
    .enter().append('text')   // 添加文本
      .attr('x', function(d) { return xScale(d.group) + xScale.bandwidth() / 2; })
      .attr('y', function(d) { return yScale(d.count) + 20; })
      .attr('text-anchor', 'middle')
      .attr('fill', '#ffffffff')
      .text(function(d) { return d.count; });
    svg.append('g')
      .attr('transform', 'translate(0,' + height + ')')
      .call(d3.axisBottom(xScale))
      .selectAll('text')
        .style('text-anchor', 'end')
        .attr('dx', '-0.8em')
        .attr('dy', '-0.15em')
```

```
        .attr('transform', 'rotate(-45)');
        svg.append('g')
    .call(d3.axisLeft(yScale));
        svg.append('text')
    .attr('x', width / 2)
    .attr('y', height + margin.top + 40)
    .attr('text-anchor', 'middle')
    .text(' 居民购买消费品支出分组 ');
        svg.append('text')
    .attr('transform', 'rotate(-90)')
    .attr('x', -height / 2)
    .attr('y', -margin.left + 30)
    .attr('text-anchor', 'middle')
    .text(' 居民户数 ');
    </script>
</body>
</html>
```

运行结果如图6-15所示。

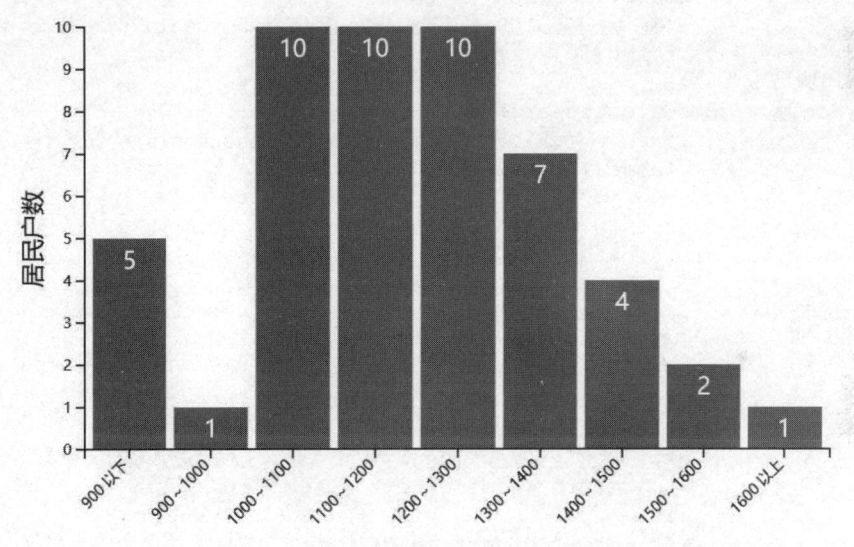

图6-15 居民购买消费品支出分组柱状图

6.5 绘制有坐标轴的散点图

【例6-11】带有坐标轴的散点图。

```
<html>
    <head>
        <meta charset="utf-8">
        <title>绘制散点图 </title>
    </head>
    <style>
```

```
        .axis path,
        .axis line{ fill: none;   stroke: black;   shape-rendering: crispEdges;   }
        .axis text { font-family: sans-serif;   font-size: 11px;}
    </style>
<body>
<script src=" http://d3js.org/d3.v3.min.js " charset="utf-8"></script>
<script>
// 圆心数据
var center = [[0.5,0.5],[0.7,0.8],[0.4,0.9],[0.11,0.32],[0.88,0.25],
              [0.75,0.12],[0.5,0.1],[0.2,0.3],[0.4,0.1],[0.6,0.7]];
var width  = 500;        //SVG 绘制区域的宽度
var height = 500;        //SVG 绘制区域的高度
var svg = d3.select("body")              // 选择 <body>
            .append("svg")                // 在 <body> 中添加 <svg>
            .attr("width", width)         // 设定 <svg> 的宽度属性
            .attr("height", height);// 设定 <svg> 的高度属性
var xAxisWidth = 300;  //x 轴宽度
var yAxisWidth = 300;  //y 轴宽度
//x 轴比例尺
var xScale = d3.scale.linear()
                .domain([0, 1.2 * d3.max(center,function(d){ return d[0]; })])
                .range([0,xAxisWidth]);
//y 轴比例尺
var yScale = d3.scale.linear()
                .domain([0, 1.2 * d3.max(center,function(d){ return d[1]; })])
                .range([0,yAxisWidth]);
// 外边框
var padding = { top: 30 , right: 30, bottom: 30, left: 30 };
var  color=d3.scale.category20b();
// 绘制圆
var cirlce = svg.selectAll("circle")
                .data(center)              // 绑定数据
                .enter()                   // 获取 enter 部分
                .append("circle")          // 添加 circle 元素,使其与绑定数组的长度一致
                .attr("fill","black")      // 设置颜色为 black
                .attr("cx", function(d){       // 设置圆心的 x 坐标
                    return padding.left + xScale(d[0]);
                })
                .attr("cy", function(d){       // 设置圆心的 y 坐标
                    return height- padding.bottom - yScale(d[1]);
                })
                .attr("r", 5 );
var text = svg.selectAll("text")
        .data(center)
        .enter()
        .append("text")
        .text(function(d) {
            return d[0] + "," + d[1];
        })
        .attr("x", function(d) {
            return padding.left + xScale(d[0]);
        })
        .attr("y", function(d) {
            return height- 5-padding.bottom -yScale(d[1]);
        })
        .attr("font-family", "sans-serif")
        .attr("font-size", "8px")
```

```
                .attr("fill", "red");
var xAxis = d3.svg.axis()
                .scale(xScale)
                .orient("bottom")
                .ticks(5);
yScale.range([yAxisWidth,0]);
var yAxis = d3.svg.axis()
                .scale(yScale)
                .orient("left")
                .ticks(5);
svg.append("g")
        .attr("class","axis")
        .attr("transform","translate(" + padding.left + "," + (height -
    padding.bottom) + ")")
        .call(xAxis);
svg.append("g")
    .attr("class","axis")
    .attr("transform","translate(" + padding.left + "," + (height -
    padding.bottom - yAxisWidth) +")")
    .call(yAxis);
    </script>
</body>
</html>
```

运行结果如图6-16所示。

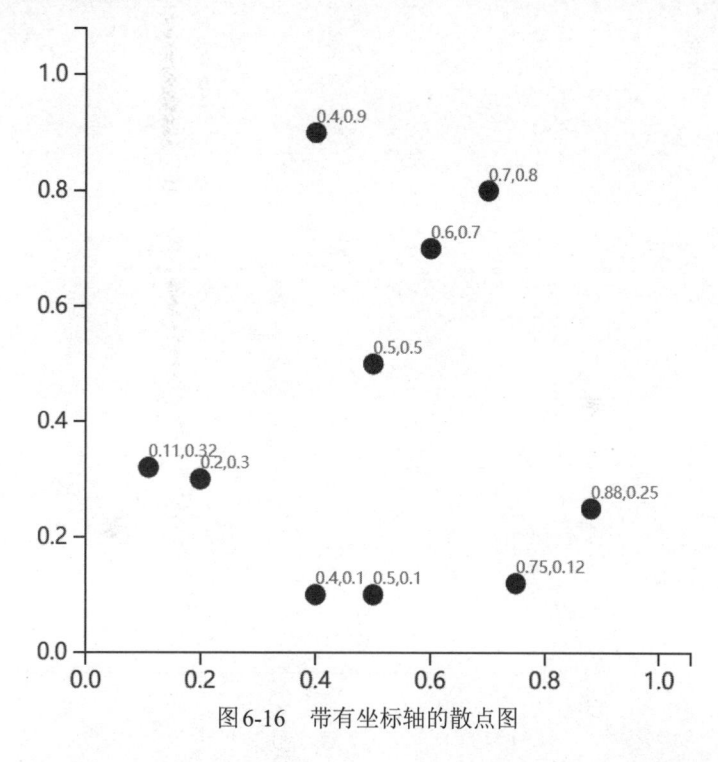

图6-16　带有坐标轴的散点图

本章小结

在D3中，比例尺和坐标轴是数据可视化中的两个关键概念，它们不只是技术实现上的工具，更具有重要的教学意义。比例尺的核心是映射关系，这可以帮助学生理解数据是如何在视觉上被展示的。坐标轴是将比例尺转换为可视化图形中的具体元素。通过比例尺和坐标轴的学习，学生不仅能够掌握如何使用D3等工具创建交互式数据可视化，而且能够更好地理解数据的可视化逻辑，提升数据分析和展示的综合能力。

第 7 章
图像动态效果的实现

教学提示

本章结合实例介绍 SVG 实现图像动态效果的方法、D3 实现动态效果的方式，以及交互可视化效果的实现方法。通过学习有利于学生掌握使用现代 Web 技术创建交互式、动态的图形和数据可视化，从而能够开发出更加生动和易于理解的数据呈现方式。

7.1 SVG 图像动态效果的实现

SVG 动画特性基于"同步多媒体集成语言"(SMIL)规范。在这个动画系统中，可以指定动画属性(颜色、动作或变形等)的起始值和终止值，以及动画开始的时间和持续时间。SVG 动画用到的动画时钟在 SVG 加载完成时开始启动计时，当用户离开页面时停止计时。因此可以以下列任意一种方式指定动画开始和持续时间为一个数值。

(1) 可以将一个动画的开始时间设置为另一个动画的结束或开始，而不是固定的时间值。

(2) 可以在两个过渡之间加一个延迟时间。

多边形和 path 元素的属性值为数字列表，可以对这些属性进行过渡，但是要保证数字列表中数字的个数没有变。

animate 元素不适合对平移、旋转、缩放进行过渡，因为这些坐标变换被包裹在 transform 属性内。animateTransform 元素可以解决这个问题。通过 type 指定进行过渡的类型，如果同时指定了多个坐标变换，如同时对平移和缩放进行动画，则需要指定 additive 属性。additive 属性默认为 replace，即会替换动画对象的指定变换，这不适合一系列变换，因为后面的会将之前的过渡覆盖掉，因此要设置 additive 属性值为 sum，以便多个变换可以累积。

如果需要让过渡对象沿着更复杂的路径运动，则需要使用 animateMotion 元素。而如果已经有了 path 轨迹，不想再在 animateMotion 元素中定义一次 path，则可以使用 mpath 元素。mpath 元素定义在 animateMotion 元素内部，通过 xlink:href 引用指定的路径即可。

现代浏览器都支持 CSS 处理 SVG 动画。使用 CSS 处理 SVG 动画需要两个步骤：一是选中要运动的元素，并设置动画属性作为一个整体。二是告诉浏览器改变选中元素的哪个属性以及在动画的什么阶段。这些都定义在@keyframes说明符中。

7.1.1　SVG的动画效果

1. 文本在路径上显示的标签 \<textPath>

基本语法如下：

```
<textPath href="path" >
    Your Text Here
</textPath>
```

该标签有如下属性。
- id：组件的唯一标识。
- path：设置路径的形状。
- startOffset：设置文本沿path绘制的起始偏移。默认值为0。
- font-size：设置文本的尺寸。默认值为30px。
- opacity：元素的透明度，取值范围为0到1，1表示为不透明，0表示为完全透明，支持属性动画。默认值为1。
- fill-opacity：字体填充透明度。默认值为1.0。
- stroke：绘制字体边框并指定颜色。默认值为black。
- stroke-width：字体边框宽度。默认值为1px。
- stroke-opacity：字体边框透明度。默认值为1.0。
- by：相对被指定动画的属性偏移值，from默认为原属性值。

2. SVG的动画标签animate

SVG中有多个用于动画的元素，它们分别是：\<animate>、\<animateMotion>、\<animate Transform>、\<mpath>。

(1) \<animate>

\<animate>元素通常放置在一个SVG图像元素中，用来定义这个图像元素的某个属性的动画变化过程。

该标签有如下属性。
- attributeName：目标属性名称。
- from：起始值。
- to：结束值。
- dur：持续时间。
- repeatCount：动画的重复次数，可以是具体次数（如3）或indefinite表示无限重复。

当我们需要一个动画从一个状态变化到另一个状态时，使用from和to属性；而需要一个动画从当前值逐渐增加一个固定的值时，使用from和by属性。这3个属性的具体值类型根据

attributeName而定。如果指定了attributeName对应的属性,则可以不指定from属性。

(2) <animateMotion>

<animateMotion>元素也是放置到一个图像元素中,它可以引用一个事先定义好的动画路径,让图像元素按路径定义的方式运动。

该标签有如下属性。

- calcMode:动画的插补模式。可以是discrete(离散)、linear(线性)、paced(匀速)或spline(样条曲线)。当使用spline时,需要配合keySplines属性使用。
- path:运动路径。
- keyPoints:定义沿路径的位置的百分比,与path属性一起使用。
- keyTimes:定义动画中各个关键帧发生的时间,与dur属性一起使用。
- keySplines:定义每个关键帧之间动画的速度曲线,与calcMode="spline"一起使用。
- rotate:应用旋转变换。
- xlink:href:一个URI引用<path>元素,它定义运动路径。

【例7-1】沿着直线运动的小球。

```
<svg width="200" height="200">
  <!-- 使用animateMotion标签使圆形沿直线路径移动 -->
  <circle cx="10" cy="10" r="5" fill="red">
    <animateMotion dur="2s" repeatCount="indefinite" path="M10,10 H190" />
  </circle>
</svg>
```

可以设置路径,让图形按照规定路径运动,例如:

```
<svg width="200" height="200">
  <!-- 使用animateMotion标签使圆形沿曲线路径移动 -->
  <circle cx="10" cy="10" r="5" fill="green">
    <animateMotion dur="4s" repeatCount="indefinite" path="M10,80 Q100,10 190,80 T380,160" />
  </circle>
</svg>
```

也可以进一步改进绘制矩形沿着路径在4秒内从起点移动到中点,然后到终点。keyPoints定义了沿路径的位置,keyTimes定义了时间点。

```
<svg width="200" height="200">
  <!-- 定义一个路径 -->
  <path id="myPath" fill="none" stroke="black" d="M10,10 Q100,50 190,10" />
  <!-- 使用animateMotion标签结合keyPoints和keyTimes -->
  <rect width="20" height="20" fill="red">
    <animateMotion dur="4s" repeatCount="indefinite" keyPoints="0;0.5;1" keyTimes="0;0.5;1">
      <mpath href="#myPath" />
    </animateMotion>
  </rect>
</svg>
```

(3) <animateTransform>

这是动画元素变换属性，使动画元素产生平移、缩放、旋转或倾斜等效果。

该标签有如下属性。

- by：相对偏移值。
- from：起始值。
- to：结束值。
- type：类型的转换其值随时间变化。可以是translate、scale、rotate、skewX、skewY。

(4) <mpath>

<mpath>是<animateMotion>元素的子元素，提供了引用外部<path>元素作为运动路径定义的函数。

定义的语法如下：

```
<animateMotion attributes="" >
  <mpath xlink:href=""/>
</animateMotion>
```

该标签有如下属性。

- xlink:href：它定义了对路径元素的引用，该元素定义了运动路径。
- 核心属性：包括id、lang、tabindex、xml:base、xml:lang、xml:space。
- XLink属性：包括xlink:href、xlink:type、xlink:role、xlink:arcrole、xlink:title、xlink:show、xlink:actuate。
- externalResourcesRequired属性：它说明了正确显示的给定容器是否需要不属于当前文档的资源。它有两个值：true或false。

【例7-2】可以将<animateMotion>和<mpath>结合，绘制一个按照路线移动的矩形。

首先，创建一个path元素作为运动路径，并在其上定义一个矩形的顶点。然后，在矩形上定义animateMotion元素，并将其duration设置为6s，以保持动画持续时间。最后，将mpath元素的xlink:href属性设置为之前定义的path元素ID。具体代码如下：

```
<!DOCTYPE html>
<html>
<body>
<svg width="400" height="400">
  <!-- 定义一个路径 -->
  <path id="myPath" fill="none" stroke="black" d="M10,90 Q90,90 90,45 Q90,10 50,10 Q10,10 10,40 Q10,70 45,70 Q70,70 75,50" />
  <!-- 使用animateMotion标签结合 <mpath> 元素 -->
  <rect x="0" y="0" width="10" height="10" fill="orange">
    <animateMotion dur="6s" repeatCount="indefinite">
      <mpath href="#myPath" />
    </animateMotion>
  </rect>
</svg>
</body>
</html>
```

运行结果如图7-1所示。

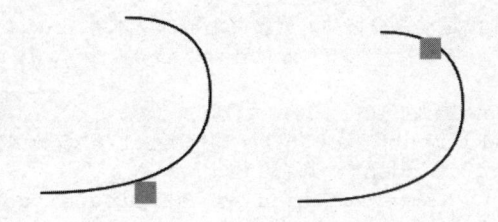

图7-1 按照路线移动的矩形

结合前文所述SVG的动画绘制方法,实现下面两个综合实例。

【例7-3】绘制逐渐放大的矩形。

```
<!DOCTYPE html>
<html>
<body>
<p><b>Note:</b> 这是一个逐渐放大的矩形 </p>
<svg width=400 height=400 xmlns="http://www.w3.org/2000/svg" version="1.1">
    <rect id="rec" x="300" y="100" width="300" height="100" style="fill:#331133">
        <animate attributeName="x" attributeType="XML" begin="0s" dur="6s" fill="freeze" from="300" to="0" />
        <animate attributeName="y" attributeType="XML" begin="0s" dur="6s" fill="freeze" from="100" to="0" />
        <animate attributeName="width" attributeType="XML" begin="0s" dur="6s" fill="freeze" from="300" to="800" />
        <animate attributeName="height" attributeType="XML" begin="0s" dur="6s" fill="freeze" from="100" to="300" />
        <animateColor attributeName="fill" attributeType="CSS" from="lime" to="red" begin="2s" dur="4s" fill="freeze" />
    </rect>
</svg>
</body>
</html>
```

运行结果如图7-2所示。

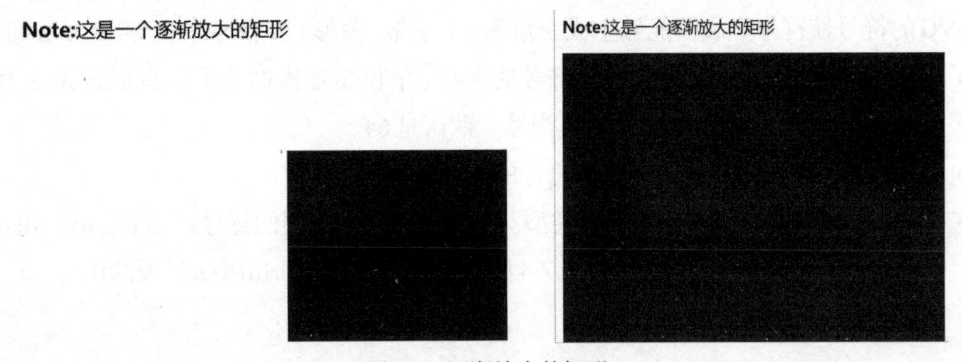

图7-2 逐渐放大的矩形

【例7-4】绘制沿一个运动路径移动、旋转并缩放的文本。

```html
<html>
<body>
<p><b>Note:</b> 一个沿运动路径移动、旋转并缩放的文本 </p>
<svg width=400 height=400 xmlns="http://www.w3.org/2000/svg" version="1.1">
    <g transform="translate(100,100)">
      <text id="TextElement" x="0" y="0" style="font-family:Verdana;font-size:24; visibility:hidden"> It's OK!
        <set attributeName="visibility" attributeType="CSS" to="visible" begin="1s" dur="5s" fill="freeze" />
        <animateMotion path="M 0 0 L 100 100" begin="0.1s" dur="5s" fill="freeze" />
        <animateTransform attributeName="transform" attributeType="XML" type="rotate" from="-30" to="0" begin="1s" dur="5s" fill="freeze" />
        <animateTransform attributeName="transform" attributeType="XML" type="scale" from="1" to="3" additive="sum" begin="1s" dur="5s" fill="freeze" />
      </text>
    </g>
</svg>
</body>
</html>
```

运行结果如图7-3所示。

Note: 一个沿运动路径移动、旋转并缩放的文本　　**Note:** 一个沿运动路径移动、旋转并缩放的文本

图7-3　移动、旋转并缩放的文本

7.1.2　符号生成器

SVG的符号使符号生成器能够生成三角形、十字架、菱形、圆形等符号，相关方法如下。

- symbol.size([size])：设定或获取符号的大小，单位是像素的平方。例如设定为100，则是一个宽度为10，高度也为10的符号。默认是64。
- symbol.type([type])：设定或获取符号的类型。
- d3.svg.symbolTypes：支持的符号类型。D3提供了7种不同的符号：circle、cross、diamond、square、star、triangle和wye，如图7-4所示；对应d3.symbols[n]中n代表的0、1、2、3、4、5、6。

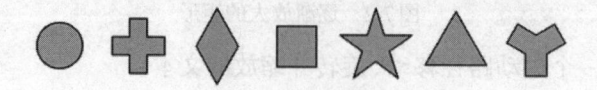

图7-4　7种符号

【例7-5】利用符号生成器生成符号。

```html
<html>
  <head>
        <meta charset="utf-8">
        <title>符号生成器生成符号</title>
  </head>
    <body>
        <script src="http://d3js.org/d3.v3.min.js" charset="utf-8"></script>
        <script>
        var width  = 500;          //SVG 绘制区域的宽度
        var height = 500;          //SVG 绘制区域的高度
        var svg = d3.select("body")              // 选择 <body>
            .append("svg")                    // 在 <body> 中添加 <svg>
            .attr("width", width) // 设定 <svg> 的宽度属性
            .attr("height", height);// 设定 <svg> 的高度属性
        var n = 20; // 数组长度
        var dataset = [];// 数组
        // 给数组添加元素
        for(var i=0;i<n;i++){
            dataset.push( {
                size: Math.random() * 30 + 200, // 符号的大小
                // 符号的类型
                type: d3.svg.symbolTypes[ Math.floor( Math.random() *
            d3.svg.symbolTypes.length )]
            } );
        }
        console.log(dataset);
        // 创建一个符号生成器
        var symbol = d3.svg.symbol()
                        .size(function(d){ return d.size; })
                        .type(function(d){ return d.type; });
        var color = d3.scale.category20c();
        // 添加路径
        svg.selectAll()
            .data(dataset)
            .enter()
            .append("path")
            .attr("d",function(d){ return symbol(d); }) // symbol(d) 的返回
               值是一个字符串
            .attr("transform",function(d,i){
                var x = 100 + i%5 * 20;
                var y = 100 + Math.floor(i/5) * 20;
                return "translate(" + x + "," + y + ")";
            })
            .attr("fill",function(d,i){ return color(i); });
        </script>
    </body>
</html>
```

运行结果如图7-5所示。

图7-5　符号生成器生成的符号

7.2　D3动态效果的实现

7.2.1　D3动态效果

D3动态效果是指在某一时间段图表的尺寸、形状、颜色、位置等发生了某种变化,并且用户可以非常直观地看到这个变化的全过程。例如,有一个圆,圆心为 (100, 100)。现在我们希望圆的x坐标从100移到300,并且移动过程在2秒的时间内发生。这时就需要用到动态效果,在D3中我们称之为过渡(transition)。

7.2.2　D3实现动态的方法

D3提供了4个方法用于实现图形的过渡:从状态A变为状态B。

1. transition()

启动过渡效果。其前后是图形变化前后的状态(形状、位置、颜色等),例如:

```
.attr("fill","red")              // 初始颜色为红色
.transition()                    // 启动过渡
.attr("fill","steelblue")        // 终止颜色为铁蓝色
```

D3会自动对两种颜色(红色和铁蓝色)之间的颜色值(RGB值)进行插值计算,从而得到过渡用的颜色值。

2. duration()

指定过渡的持续时间,单位为毫秒。例如duration(2000),指持续2000毫秒,即2秒。

3. ease()

指定过渡的方式,常用的缓动函数有:

- linear:普通的线性变化。
- circle:慢慢地到达变换的最终状态。
- elastic:带有弹跳地到达最终状态。
- bounce:在最终状态处弹跳几次。

调用时,格式形如:ease("bounce")。

4. delay()

指定延迟的时间,表示一定时间后才开始转变,单位同样为毫秒。此函数可以对整体指定延迟,也可以对个别指定延迟。例如,对整体指定时:

```
.transition()
.duration(1000)
.delay(500)
```

如此,图形整体在延迟500毫秒后发生变化,变化的时长为1000毫秒。因此,过渡的总时长为1500毫秒。

又如,对一个一个的图形(图形上绑定了数据)进行指定时:

```
.transition()
.duration(1000)
.delay(funtion(d,i){
    return 200*i;
})
```

如此,假设有10个元素,那么第1个元素延迟0毫秒(因为i = 0),第2个元素延迟200毫秒,第3个延迟400毫秒,以此类推。整个过渡的长度为200 * 9+1000=2800毫秒。

7.2.3 实现简单的动态效果

下面将在SVG画布中添加3个圆,圆出现之后,立即启动过渡效果。

(1) 第一个圆要求移动x坐标,在1秒(1000毫秒)内将圆心坐标由100变为300。

【例7-6】构建第一个圆。

```
<script>
//画布大小
var width = 400;
var height = 400;
// 在body里添加一个SVG画布
var svg = d3.select("body")
            .append("svg")
    .attr("width", width)
    .attr("height", height);
var circle1 = svg.append("circle")
                .attr("cx", 100)
```

```
                    .attr("cy", 100)
                    .attr("r", 45)
                    .style("fill","green");
    //第1个圆的动画
    circle1.transition()
        .duration(1000)  //在1秒(1000毫秒)内将圆心x坐标由100变为300
        .attr("cx", 300);
</script>
```

(2) 第二个圆要求既移动 x 坐标,又改变颜色。

【例 7-7】构建第二个圆。

```
<script>
    //画布大小
    var width = 400;
    var height = 400;
    //在body里添加一个SVG画布
    var svg = d3.select("body")
        .append("svg")
        .attr("width", width)
        .attr("height", height);
    var circle2 = svg.append("circle")
                    .attr("cx", 100)
                    .attr("cy", 200)
                    .attr("r", 45)
                    .style("fill","green");
    //第2个圆的动画
    circle2.transition()
        .duration(1500)      //在1.5秒(1500毫秒)内将圆心x坐标由100变为300,
        .attr("cx", 300)
        .style("fill","red");//将颜色从绿色变为红色
</script>
```

(3) 第三个圆要求既移动 x 坐标,又改变颜色,还改变半径。

【例 7-8】构建第三个圆。

```
<script>
    //画布大小
    var width = 400;
    var height = 400;
    //在body里添加一个SVG画布
    var svg = d3.select("body")
        .append("svg")
        .attr("width", width)
        .attr("height", height);
    var circle3 = svg.append("circle")
                    .attr("cx", 100)
                    .attr("cy", 300)
                    .attr("r", 45)
                    .style("fill","green");
    //第3个圆的动画
    circle3.transition()
        .duration(2000)  //在2秒(2000毫秒)内将圆心x坐标由100变为300
        .ease("bounce")//过渡方式采用bounce(在终点处弹跳几次)
        .attr("cx", 300) //圆心x坐标由100变为300
```

```
                .style("fill","red")// 将颜色从绿色变为红色
                .attr("r", 25);  // 将半径从45变成25
</script>
```

【例7-9】综合实例。

此实例介绍第二种过渡效果<animate>。

在SVG画布中添加3个圆,圆出现之后,立即启动过渡效果。

- 第一个圆要求移动x坐标,将圆心x坐标由100变为300。
- 第二个圆要求既移动x坐标,将圆心x坐标由100变为300,同时改变颜色
- 第三个圆要求既移动x坐标,将圆心x坐标由100变为300,同时改变颜色和半径。

```
<!DOCTYPE html>
<html lang="en">
<head>
  <meta charset="UTF-8">
  <meta name="viewport" content="width=device-width, initial-scale=1.0">
  <title>SVG Transition Example</title>
  <style>
    svg {
      border: 1px solid #ddd;
    }
  </style>
</head>
<body>
<svg width="600" height="600" xmlns="http://www.w3.org/2000/svg">
  <!-- 第一个圆 -->
  <circle cx="100" cy="100" r="20" fill="blue">
    <animate
      attributeName="cx"
      values="100;300"
      dur="2s"
      begin="0s"
      fill="freeze"
    />
  </circle>
  <!-- 第二个圆 -->
  <circle cx="100" cy="150" r="20" fill="blue">
    <animate
      attributeName="cx"
      values="100;300"
      dur="2s"
      begin="0s"
      fill="freeze"
    />
    <animate
      attributeName="fill"
      values="blue;red"
      dur="2s"
      begin="0s"
      fill="freeze"
    />
  </circle>
  <!-- 第三个圆 -->
```

```
      <circle cx="100" cy="220" r="20" fill="blue">
        <animate
          attributeName="cx"
          values="100;300"
          dur="2s"
          begin="0s"
          fill="freeze"
        />
        <animate
          attributeName="fill"
          values="blue;green"
          dur="2s"
          begin="0s"
          fill="freeze"
        />
        <animate
          attributeName="r"
          values="20;40"
          dur="2s"
          begin="0s"
          fill="freeze"
        />
      </circle>
    </svg>
  </body>
</html>
```

初始图和过渡结束后的结果图如图7-6所示。

图7-6 初始图和过渡结束后的3个圆

7.3 交互可视化效果的实现

7.3.1 交互的定义

交互指的是用户输入了某种指令，程序接收到指令后必须作出某种响应。对可视化图表来说，交互能使图表更加生动，能表现更多内容。例如，用触屏对图形进行放大或缩小、鼠标滑到图形上出现的提示框、拖动某些图形元素。目前用户交互工具有3种：鼠标、键盘、触屏。

7.3.2 添加交互的方法

拖曳是交互式中很重要的一种,是指使用鼠标将元素从一个位置移动到另一个位置。D3 为拖曳行为提供了一个简单的创建方法,该方法支持鼠标和触屏的拖曳。

对某一元素添加交互操作十分简单,代码如下:

```
var circle = svg.append("circle");
circle.on("click", function(){
    // 在这里添加交互内容
});
```

这段代码在 SVG 中添加了一个圆,然后添加了一个监听器,是通过on()添加的。在 D3 中,每一个选择集都有on()函数,用于添加事件监听器。

on() 的第一个参数是监听的事件,第二个参数是监听到事件后响应的内容,是一个函数。

(1) 鼠标常用的事件如下。

- click:鼠标单击某元素时,相当于 mousedown 和 mouseup 组合在一起。
- mouseover:光标放在某元素上。
- mouseout:光标从某元素上移出来时。
- mousemove:鼠标被移动时。
- mousedown:鼠标按钮被按下。
- mouseup:鼠标按钮被松开。
- dblclick:鼠标双击。

【例7-10】鼠标拖曳,滚动鼠标滚轮产生放大或缩小。

```
<!DOCTYPE html>
<html>
<head>
    <meta charset="utf-8">
    <title> 缩放操作 </title>
    <script src="https://d3js.org/d3.v3.min.js" charset="utf-8"></script>
</head>
<body>
    <script>
        // 设置画布宽高
var width = 800;
var height = 600;

// 定义圆的数据
var circles = [
    { cx: 150, cy: 200, r: 30 },
    { cx: 250, cy: 200, r: 30 }
];
// 设置缩放行为
var zoom = d3.behavior.zoom()
    .scaleExtent([1, 10]) // 设置缩放比例范围
    .on("zoom", zoomed); // 指定 zoom 事件的回调函数
var svg = d3.select("body").append("svg")
```

```
            .attr("width", width) // 设置 SVG 宽度
            .attr("height", height) // 设置 SVG 高度
            .call(zoom); // 应用缩放行为
        // 添加用于绘制圆形的组元素
        var circles_group = svg.append("g");
        // 绑定圆形数据并为每个数据点创建 SVG 圆形
        circles_group.selectAll("circle")
            .data(circles)
            .enter()
            .append("circle")
            .attr("cx", function(d) { return d.cx; })
            .attr("cy", function(d) { return d.cy;})
            .attr("r", function(d) { return d.r; })
            .attr("fill", "purple"); // 设置圆形颜色
        // 缩放事件的处理函数
        function zoomed() {
            circles_group.attr("transform", "translate(" + d3.event.translate + ")
scale(" + d3.event.scale + ")"); // 更新圆形组的变换属性
        }
    </script>
</body>
</html>
```

运行结果如图7-7所示。

图7-7 滚动鼠标滚轮产生的放大

【例7-11】鼠标拖曳移动扇形，拆分图形。

```
<!DOCTYPE html>
<html>
<head>
    <meta charset="utf-8">
    <title>拖曳饼状图</title>
    <script src="https://d3js.org/d3.v3.min.js" charset="utf-8"></script>
</head>
<body>
    <script>
        // 设置 SVG 画布的宽度和高度
        var width = 800;
        var height = 500;

        // 创建一个包含每个饼块大小的数据数组
        var dataset = [30, 10, 43, 55, 13];

        // 在 body 中插入一个 svg 元素，并设定宽和高
        var svg = d3.select("body").append("svg")
                    .attr("width", width)
                    .attr("height", height);

        // 创建一个 D3 饼状图布局
```

```
var pie = d3.layout.pie();

// 设置内外半径大小
var outerRadius = width / 4;
var innerRadius = width / 8;

// 使用 arc 生成器创建每个饼图弧的路径
var arc = d3.svg.arc()
            .innerRadius(innerRadius)
            .outerRadius(outerRadius);

// 使用类别 10 的色彩序列
var color = d3.scale.category20();

// 设置拖动行为
var drag = d3.behavior.drag()
            .origin(function(d) { return d; })    // 设定拖动的原点
            .on("drag", dragmove);    // 定义拖动中的行为,调用 dragmove 函数

// 在 SVG 中添加一个组元素作为饼图的容器,移动到画布中心
var gAll = svg.append("g")
            .attr("transform", "translate(" + width / 2 + "," + height / 2 + ")");

// 将数据绑定到 arc 组上
var arcs = gAll.selectAll(".arc")
            .data(pie(dataset))
            .enter()
            .append("g")
            .attr("class", "arc")
            .each(function(d) {    // 为每个 arc 初始化圆心的 dx 和 dy
                d.dx = 0;
                d.dy = 0;
            })
            .call(drag);    // 应用拖动行为

// 添加路径元素并设置填充色和路径 d 属性
arcs.append("path")
    .attr("fill", function(d, i) {
        return color(i);
    })
    .attr("d", arc);

// 添加文本标签到每个饼块的中心
arcs.append("text")
    .attr("transform", function(d) {
        return "translate(" + arc.centroid(d) + ")";
    })
    .attr("text-anchor", "middle")
    .text(function(d) {
        return d.value;
    });

// 定义拖动时调用的函数
function dragmove(d) {
    d.dx += d3.event.dx;    // 更新 dx 位置
    d.dy += d3.event.dy;    // 更新 dy 位置
    d3.select(this).attr("transform", "translate(" + d.dx + "," + d.dy
```

```
            + ")"); // 移动当前饼块
        }
    </script>
</body>
</html>
```

初始显示为环形图,可以用鼠标拖曳各部分,任意移动,显示效果如图7-8所示。

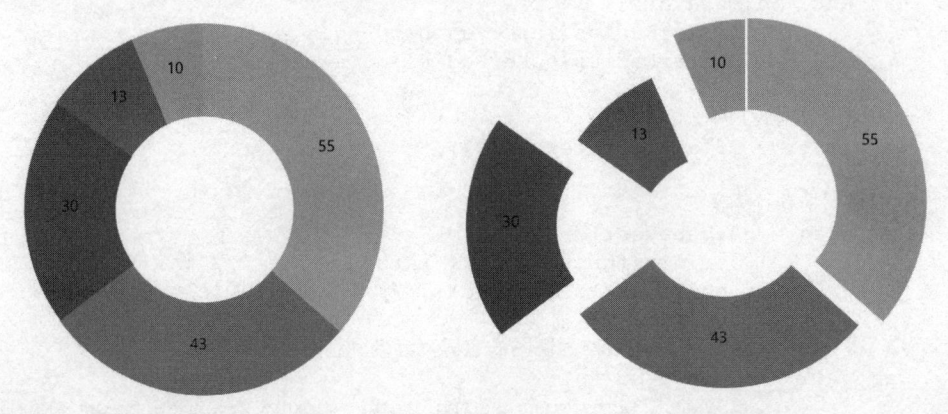

图7-8 环形图拆分效果

(2) 键盘常用的事件有3个。

- keydown:当用户按下任意键时触发,按住不放会重复触发此事件。该事件不会区分字母的大小写,例如A和a被视为一致。
- keypress:当用户按下字符键(大小写字母、数字、加号、等号、回车等)时触发,按住不放会重复触发此事件。该事件区分字母的大小写。
- keyup:当用户释放键时触发,不区分字母的大小写。

【例7-12】键盘移动图形。

```
<!DOCTYPE html>
<html>
<head>
<meta charset="utf-8">
<title>键盘交互</title>
<style>
    /* 下面的样式设置不起作用,因为它们是针对坐标轴的样式,而代码中我们并未创建坐标轴 */
    axis path, axis line {
        fill: none;
        stroke: black;
        shape-rendering: crispEdges;
    }
    axis text {
        font-family: sans-serif;
        font-size: 11px;
    }
</style>
</head>
<body>
<script src="https://d3js.org/d3.v3.min.js" charset="utf-8"></script>
<script>
```

```
// 设置 SVG 画布大小
var width = 400;
var height = 400;
// 创建 SVG 元素并添加到 body 中
var svg = d3.select("body")
            .append("svg")
            .attr("width", width)
            .attr("height", height);
// 定义我们将要使用的字符集
var characters = ['W', 'A', 'S', 'D'];

// 在 SVG 上添加红色圆形
var circle = svg.append("circle")
                .attr("cx", 120)
                .attr("cy", 80)
                .attr("r", 50)
                .attr("fill", "orange");
// 为每个字符创建矩形,并设置它们的属性
var rects = svg.selectAll("rect")
               .data(characters)
               .enter()
               .append("rect")
               .attr("x", function(d, i) { return 10 + i * 60; })
               .attr("y", 150)
               .attr("width", 55)
               .attr("height", 55)
               .attr("rx", 5) // 设置矩形边角的圆滑度
               .attr("ry", 5)
               .attr("fill", "#331155");
// 为每个字符创建文本元素
var texts = svg.selectAll("text")
               .data(characters)
               .enter()
               .append("text")
               .attr("x", function(d, i) { return 10 + i * 60; })
               .attr("y", 150)
               .attr("dx", 10) // 设置文本的 x 偏移量
               .attr("dy", 25) // 设置文本的 y 偏移量
               .attr("fill", "white")
               .attr("font-size", 24)
               .text(function(d) { return d; });
// 添加键盘按下事件监听器
d3.select("body").on("keydown", function() {
    rects.attr("fill", function(d) {
        // 根据按下的是哪个键,移动红色圆形
        if (String.fromCharCode(d3.event.keyCode) == "A") {
            circle.attr("cx", parseInt(circle.attr("cx")) - 5);
        }
        if (String.fromCharCode(d3.event.keyCode) == "D") {
            circle.attr("cx", parseInt(circle.attr("cx")) + 5);
        }
        if (String.fromCharCode(d3.event.keyCode) == "W") {
            circle.attr("cy", parseInt(circle.attr("cy")) - 5);
        }
        if (String.fromCharCode(d3.event.keyCode) == "S") {
            circle.attr("cy", parseInt(circle.attr("cy")) + 5);
        }
```

```
                // 如果按下的键与矩形对应的字符匹配,则将其填充为黄色
                if (d == String.fromCharCode(d3.event.keyCode)) {
                    return "yellow";
                } else {
                    return "#331155";    // 否则保持黑色
                }
            });
        });
        // 添加键盘松开事件监听器,将矩形的填充色恢复为黑色
        d3.select("body").on("keyup", function() {
            rects.attr("fill", "#331155");
        });
    </script>
</body>
</html>
```

显示效果如图7-9所示。

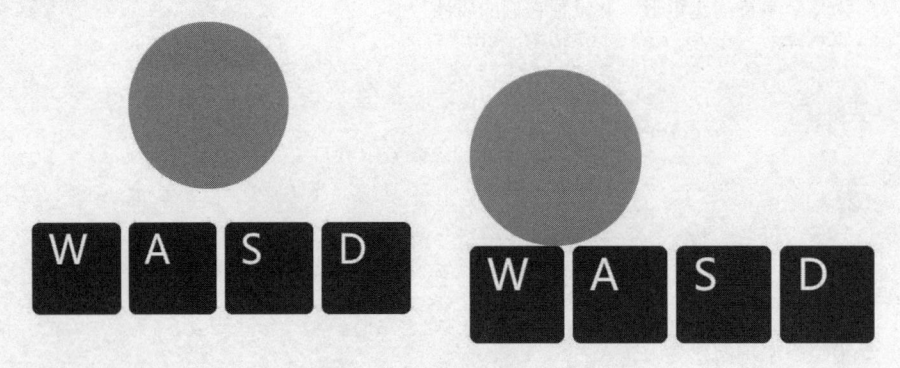

图7-9 键盘移动图形效果

(3) 触屏常用的事件有3个。
- touchstart:当触摸点被放在触摸屏上时。
- touchmove:当触摸点在触摸屏上移动时。
- touchend:当触摸点从触摸屏上拿开时。

当某个事件被监听到时,D3会把当前的事件存到d3.event对象中,里面保存了当前事件的各种参数。如果需要监听到事件后立刻输出该事件,可以添加一行代码。

```
circle.on("click", function(){
    console.log(d3.event);
});
```

7.4 数据可视化动态效果应用

【例7-13】带渐变色和鼠标触碰显示的饼形图。

```html
<!DOCTYPE html>
<html lang="en">
<head>
    <meta charset="UTF-8">
    <meta http-equiv="X-UA-Compatible" content="IE=edge">
    <meta name="viewport" content="width=device-width, initial-scale=1.0">
    <title>D3.js Interactive Visualization</title>
    <script src="https://d3js.org/d3.v5.min.js"></script>
</head>
<body>
<div id="chart"></div>
<script>
```
```javascript
// 数据
const data = [
    { year: 2015, higherEducation: 504, vocationalEducation: 656, highSchool: 878 },
    { year: 2016, higherEducation: 546, vocationalEducation: 748, highSchool: 871 },
    { year: 2017, higherEducation: 566, vocationalEducation: 810, highSchool: 840 },
    { year: 2018, higherEducation: 608, vocationalEducation: 812, highSchool: 837 },
    { year: 2019, higherEducation: 640, vocationalEducation: 874, highSchool: 830 }
];
// 更新图形
function updateChart() {
    // 创建颜色比例尺
    const color = d3.scaleOrdinal()
        .domain(["higherEducation", "vocationalEducation", "highSchool"])
        .range(["#66c2a5", "#fc8d62", "#8da0cb"]);
    // 创建饼图
    const pie = d3.pie()
        .value(d => d.higherEducation + d.vocationalEducation + d.highSchool)
        .sort(null);
    const path = d3.arc()
        .outerRadius(radius - 10)
        .innerRadius(0);
    const label = d3.arc()
        .outerRadius(radius - 40)
        .innerRadius(radius - 40);
    // 添加饼图路径
    const arcs = svg.selectAll(".arc")
        .data(pie(data))
        .enter()
        .append("g")
        .attr("class", "arc")
        .on("mouseover", function(d) {
            // 鼠标移入时改变颜色
            d3.select(this).select("path").attr("fill", "#e41a1c");
            // 显示注释文字
            const text = svg.append("text")
                .attr("class", "label")
                .attr("font-size", "8px")
                .attr("transform", function() {
                    const centroid = label.centroid(d);
                    return "translate(" + centroid[0] + "," + centroid[1] + ")";
```

```javascript
        });
        // 在图上分几行显示注释
        text.append("tspan")
            .attr("x", 50)
            .attr("dy", "-0.7em")
            .attr("text-anchor", "middle")
            .text(d.data.year);
        text.append("tspan")
            .attr("x", 50)
            .attr("dy", "1.2em")
            .attr("text-anchor", "middle")
            .text("Total: " + (d.data.higherEducation + d.data.
    vocationalEducation + d.data.highSchool));
        text.append("tspan")
            .attr("x", 50)
            .attr("dy", "1.2em")
            .attr("text-anchor", "middle")
            .text("Higher Education: " + d.data.higherEducation);
        text.append("tspan")
            .attr("x", 50)
            .attr("dy", "1.2em")
            .attr("text-anchor", "middle")
            .text("Vocational Education: " + d.data.vocationalEducation);
        text.append("tspan")
            .attr("x", 50)
            .attr("dy", "1.2em")
            .attr("text-anchor", "middle")
            .text("High School: " + d.data.highSchool);
        // 将文本存储在数据中,以便在移动时更新位置
        d.text = text;
    })
    .on("mouseout", function(d) {
        // 鼠标移出时恢复颜色
        d3.select(this).select("path").attr("fill", function(d) {
    return color(d.data.year); });
        // 移除注释文字
        if (d.text) {
            d.text.remove();
        }
    })
    .append("path")
    .attr("d", path)
    .attr("fill", d => color(d.data.year));
// 拖曳分离
const drag = d3.drag()
    .on("start", function() {
        d3.select(this).raise().classed("active", true);
    })
    .on("drag", function(d) {
        d3.select(this).attr("transform", "translate(" + d3.event.x +
    "," + d3.event.y + ")");
        // 更新注释文本位置
        if (d.text) {
            d.text.attr("transform", "translate(" + (d3.event.x -
    width / 2) + "," + (d3.event.y - height / 2) + ")");
        }
    })
```

```
                .on("end", function() {
                    d3.select(this).classed("active", false);
                });
        arcs.call(drag);
}
// SVG 尺寸
let width = window.innerWidth;
let height = window.innerHeight;
const radius = Math.min(width, height) / 2;
// 创建 SVG 元素
const svg = d3.select("#chart")
    .append("svg")
    .attr("width", "1000")
    .attr("height", "1000")
    //.attr("viewBox", -width/2 + " " + -height/2 + " " + width + " " + height)
    .append("g")
    .attr("transform", "translate(" + width / 2 + "," + height / 2 + ")");
// 初始化图形
updateChart();
// 监听窗口大小变化事件
window.addEventListener("resize", function() {
    // 更新窗口大小
    width = window.innerWidth;
    height = window.innerHeight;
    // 更新 SVG 大小
    svg.attr("width", "100%")
        .attr("height", "100%")
        .attr("viewBox", -width/2 + " " + -height/2 + " " + width + " " + height);
    // 更新图形
    updateChart();
});
// 鼠标滚轮缩放
svg.call(d3.zoom()
    .scaleExtent([0.5, 5]) // 设置缩放范围
    .on("zoom", function() {
        svg.attr("transform", d3.event.transform);
    })
);
</script>
</body>
</html>
```

运行结果如图 7-10 所示。

图 7-10 饼形图效果

【例7-14】根据表7-1的数据，绘制出其结果显示(可视化图形自主定义)，该结果图具备一定交互功能，至少包括：

(1) 鼠标移动到每一部分时，显示注释文字并且图形改变颜色。

(2) 可视化图中每一部分均可拖曳分离。

(3) 滑动鼠标滚轮时整体图形可进行缩放。

表7-1　2015—2019年不同教育方式的支出费用

年份	普通高等教育	中等职业教育	普通高中
2015	504	656	878
2016	546	748	871
2017	566	810	840
2018	608	812	837
2019	640	874	830

完整代码如下：

```
<!DOCTYPE html>
<html>

<head>
    <title> 堆叠图 </title>
    <script src="https://d3js.org/d3.v5.min.js"></script>
    <style>
        .bar {
            fill-opacity: 0.8;
        }
    </style>
</head>

<body>
    <div id="chart"></div>

    <script>
        // 图表尺寸和边距
        var margin = { top: 20, right: 30, bottom: 60, left: 80 },
            width = 600 - margin.left - margin.right,
            height = 400 - margin.top - margin.bottom;

        // 创建 SVG 元素
        var svg = d3.select("#chart")
            .append("svg")
            .attr("width", width + margin.left + margin.right)
            .attr("height", height + margin.top + margin.bottom)
            .append("g")
            .attr("transform", "translate(" + margin.left + "," + margin.top + ")");

        // 数据
        var data = [
            { data: "2015", food: 504, transportation: 656, education: 878 },
            { data: "2016", food: 546, transportation: 748, education: 871 },
```

```
        { data: "2017", food: 566, transportation: 810, education: 840 },
        { data: "2018", food: 608, transportation: 812, education: 837 },
        { data: "2019", food: 640, transportation: 874, education: 830 }
];

// 堆叠生成器
var stack = d3.stack()
    .keys(["food", "transportation", "education"])
    .order(d3.stackOrderNone)
    .offset(d3.stackOffsetNone);
var series = stack(data);
// 创建比例尺
var x = d3.scaleBand()
    .domain(data.map(function (d) { return d.data; }))
    .range([0, width])
    .padding(0.1);
var y = d3.scaleLinear()
    .domain([0, d3.max(series, function (d) { return d3.max(d,
function (d) { return d[1]; }); })])
    .range([height, 0]);
// 创建颜色比例尺
var color = d3.scaleOrdinal()
    .domain(["food", "transportation", "education"])
    .range(["#1f77b4", "#ff7f0e", "green"]);

// 绘制柱状图
var bars = svg.selectAll(".series")
    .data(series)
    .enter().append("g")
    .attr("class", "series")
    .attr("fill", function (d) { return color(d.key); });
bars.selectAll("rect")
    .data(function (d) { return d; })
    .enter().append("rect")
    .attr("x", function (d) { return x(d.data.data); })
    .attr("y", function (d) { return y(d[1]); })
    .attr("height", function (d) { return y(d[0]) - y(d[1]); })
    .attr("width", x.bandwidth())
    .on("mouseover", function (d, i) { // 添加鼠标捕获
        d3.select(this)
            .attr("fill", "yellow")
    })
    .on("mouseout", function (d, i) {
        d3.select(this)
            .transition()
            .duration(500)
            .attr("fill", color(d3.select(this.parentNode).datum().key));
    })
    .call(d3.drag() // 添加拖曳事件
        .on("start", dragstarted)
        .on("drag", dragged)
        .on("end", dragended));
// 添加缩放事件
svg.call(d3.zoom()
    .scaleExtent([1, 5]) // 设置缩放的范围
    .on("zoom", zoomed));
```

```javascript
function zoomed() {
    bars.attr("transform", d3.event.transform);
}
function dragstarted(d) {
    d3.select(this).raise().classed("active", true);
}
function dragged(d) {
    d3.select(this).attr("y", d[1] = d3.event.y)
    d3.select(this).attr("x", d[0] = d3.event.x)
}
function dragended(d) {
    d3.select(this).classed("active", false);
}
// 添加 x 轴
svg.append("g")
    .attr("class", "axis")
    .attr("transform", "translate(0," + height + ")")
    .call(d3.axisBottom(x));
// 添加 x 坐标轴标签
svg.append("text")
    .attr("x", 480)
    .attr("y", 355)
    .style("text-anchor", "middle")
    .style("font-size", "10")
    .text(" 日期 ");
svg.append("rect")
    .attr("x", 0)
    .attr("y", 355)
    .attr("width", 50)
    .attr("height", 50)
    .attr("fill", "#1f77b4")
svg.append("text")
    .attr("x", 80)
    .attr("y", 375)
    .style("text-anchor", "middle")
    .style("font-size", "10")
    .text(" 普通高等教育 ");
svg.append("rect")
    .attr("x", 120)
    .attr("y", 355)
    .attr("width", 50)
    .attr("height", 50)
    .attr("fill", "#ff7f0e")
svg.append("text")
    .attr("x", 200)
    .attr("y", 375)
    .style("text-anchor", "middle")
    .style("font-size", "10")
    .text(" 中等职业教育 ");
svg.append("rect")
    .attr("x", 240)
    .attr("y", 355)
    .attr("width", 50)
    .attr("height", 50)
    .attr("fill", "green")
svg.append("text")
    .attr("x", 310)
```

```
                .attr("y", 375)
                .style("text-anchor", "middle")
                .style("font-size", "10")
                .text(" 普通高中 ");

            // 添加 y 坐标轴标签
            svg.append("text")
                .attr("transform", "rotate(-90)")
                .attr("x", -10)
                .attr("y", -40)
                .style("text-anchor", "middle")
                .text(" 支出 ")
                .style("font-size", "12");

            // 添加 y 轴
            svg.append("g")
                .attr("class", "axis")
                .call(d3.axisLeft(y));
    </script>
</body>
</html>
```

运行结果如图 7-11 所示。

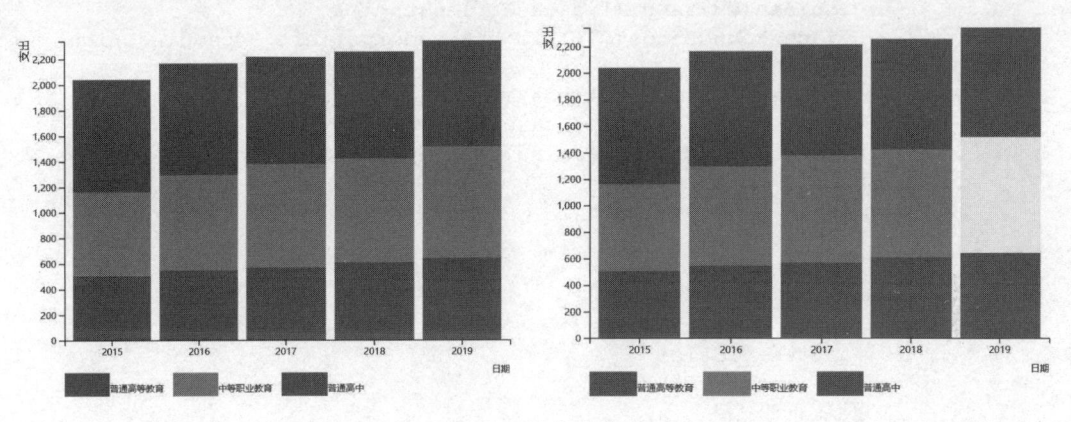

图 7-11　柱状图效果

【例 7-15】带渐变色的柱状图。

```
<html>
<head>
    <meta charset="utf-8">
    <title> 交互式操作 </title>
</head>
<style>
    .axis path,
    .axis line {
        fill: none;
        stroke: black;
        shape-rendering: crispEdges;
    }
    .axis text {
        font-family: sans-serif;
        font-size: 11px;
```

```
            }
            .MyText {
                fill: white;
                text-anchor: middle;
            }
        </style>
        <body>
            <script src="http://d3js.org/d3.v3.min.js" charset="utf-8"></script>
            <script>
                // 画布大小
                var width = 400;
                var height = 400;
                // 在 body 里添加一个 SVG 画布
                var svg = d3.select("body")
                    .append("svg")
                    .attr("width", width)
                    .attr("height", height);
                // 画布周边的空白
                var padding = { left: 50, right: 30, top: 20, bottom: 20 };
                // 定义一个数组
                var dataset = [10, 20, 15, 33, 17, 24, 12, 5];
                //x 轴的比例尺
                var xScale = d3.scale.ordinal()
                    .domain(d3.range(1,dataset.length+1))
                    .rangeRoundBands([1, width - padding.left - padding.right]);
                //y 轴的比例尺
                var yScale = d3.scale.linear()
                    .domain([0, d3.max(dataset)])
                    .range([height - padding.top - padding.bottom, 0]);
                // 定义 x 轴
                var xAxis = d3.svg.axis()
                    .scale(xScale)
                    .orient("bottom");
                // 定义 y 轴
                var yAxis = d3.svg.axis()
                    .scale(yScale)
                    .orient("left");
                // 矩形之间的空白
                var rectPadding = 4;
                // 添加矩形元素
                var rects = svg.selectAll(".MyRect")
                    .data(dataset)
                    .enter()
                    .append("rect")
                    .attr("class", "MyRect")           // 添加类别
                    .attr("transform", "translate(" + padding.left + "," + padding.top + ")")
                    .attr("x", function (d, i) {
                        return xScale(i+1) + rectPadding / 2;
                    })
                    .attr("y", function (d) {
                        return yScale(d);
                    })
                    .attr("width", xScale.rangeBand() - rectPadding)
                    .attr("height", function (d) {
                        return height - padding.top - padding.bottom - yScale(d);
                    })
                    .attr("fill", "#331155")           // 填充颜色不要写在 CSS 里
```

```javascript
        .on("mouseover", function (d, i) { // 鼠标捕获
            d3.select(this)
                .attr("fill", "#33ffee");
        })
        .on("mouseout", function (d, i) {
            d3.select(this)
                .transition()
                .duration(500)
                .attr("fill", "#331155");
        });
// 添加文字元素
var texts = svg.selectAll(".MyText")
    .data(dataset)
    .enter()
    .append("text")
    .attr("class", "MyText")
    .attr("transform", "translate(" + padding.left + "," + padding.top + ")")
    .attr("x", function (d, i) {
        return xScale(i+1) + rectPadding / 2;
    })
    .attr("y", function (d) {
        return yScale(d);
    })
    .attr("dx", function () {
        return (xScale.rangeBand() - rectPadding) / 2;
    })
    .attr("dy", function (d) {
        return 20;
    })
    .text(function (d) {
        return d;
    });
// 添加 x 轴
svg.append("g")
    .attr("class", "axis")
    .attr("transform", "translate(" + padding.left + "," + (height - padding.bottom) + ")")
    .call(xAxis);
// 添加 y 轴
svg.append("g")
    .attr("class", "axis")
    .attr("transform", "translate(" + padding.left + "," + padding.top + ")")
    .call(yAxis);
// 添加标签
// 添加 x 轴标签
svg.append("text")
    .attr("class", "axis-label")
    .attr("x", width / 1.02)
    .attr("y", height - 1) // 调整垂直位置
    .style("text-anchor", "middle")
    .text("X");
// 添加 y 轴标签
svg.append("text")
    .attr("class", "axis-label")
    //.attr("transform", "rotate(0)")
    .attr("x", 15)
    .attr("y", 35) // 调整位置
```

```
                .style("text-anchor", "middle")
                .text("Y");
    </script>
</body>
</html>
```

无鼠标接触时显示效果如图7-12所示。

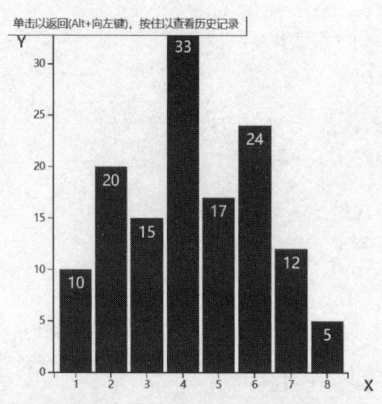

图7-12 无鼠标接触时柱状图效果

鼠标移动到某一处时显示效果如图7-13所示。

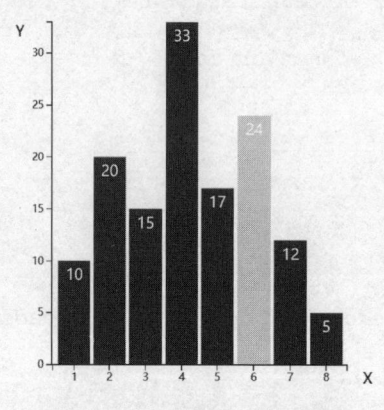

图7-13 鼠标接触时柱状图效果

这段代码添加了鼠标移入(mouseover)和鼠标移出(mouseout)两个事件的监听器。监听器函数中都使用了 d3.select(this)，表示选择当前的元素，this是当前的元素，可用于改变响应事件的元素。

- mouseover 监听器函数的内容为：将当前元素变为黄色。
- mouseout 监听器函数的内容为：缓慢地将元素变为原来的颜色(蓝色)。

【例7-16】加入交互和动态效果的柱状图。

为<rect>矩形添加跳跃过渡效果。

```
// 添加矩形元素
var rects = svg.selectAll(".MyRect")
    .data(dataset)
    .enter()
```

```
      .append("rect")
      .attr("class", "MyRect")
      .attr("transform", "translate(" + padding.left + "," + padding.top + ")")
      .attr("x", function(d, i) {
        return xScale(i) + rectPadding / 2;
      })
      .attr("width", xScale.bandwidth() - rectPadding)
      .attr("y", height - padding.top - padding.bottom) // 将矩形初始的 y 坐
标设为底部
      .attr("height", 0) // 将矩形初始的高度设为 0
      .transition() // 添加过渡效果
      .delay(function(d, i) {
        return i * 200;
      })
      .duration(2000)
      .ease(d3.easeBounce) // 使用弹跳效果的缓动
      .attr("y", function(d) {
        return yScale(d);
      })
      .attr("height", function(d) {
        return height - padding.top - padding.bottom - yScale(d);
      })
```

为文字 <text> 加入跳跃过渡效果。

```
  // 添加文字元素
var texts = svg.selectAll(".MyText")
  .data(dataset)
  .enter()
  .append("text")
  .attr("class", "MyText")
  .attr("transform", "translate(" + padding.left + "," + padding.top + ")")
  .attr("x", function(d, i) {
    return xScale(i) + xScale.bandwidth() / 2;
  })
  .attr("y", height - padding.top - padding.bottom) // 初始 y 坐标设为底部与柱子同步
  .attr("text-anchor", "middle") // 设置文字居中对齐

  .transition() // 添加过渡效果
  .delay(function(d, i) {
    return i * 200;
  })
  .duration(500)
  .ease(d3.easeBounce)
  .attr("y", function(d) {
    return yScale(d) + 18; // 将文本下移到柱状图的顶部内部
  })
  .text(function(d) {
    return d;
  });
```

该代码运行后会产生如下效果,运行结果如图 7-14 所示。

(1) 每个柱逐一显示;

(2) 全部显示后,柱状图连同文字有跳跃效果;

(3) 鼠标触碰到某个柱状图上，会改变颜色表示已被选中。

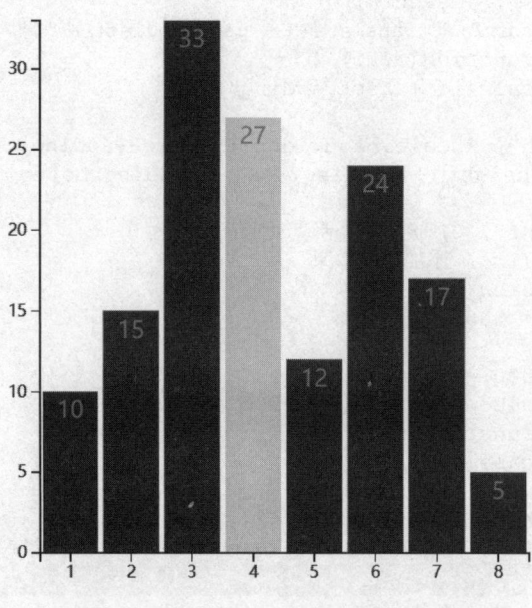

图 7-14　加入交互和动态效果的柱状图

本章小结

　　SVG 是一种基于 XML 的图形格式，用于描述二维矢量图形，通过实现 SVG 图像的动态效果，可以理解如何通过代码操作图形元素。D3 特别适用于创建复杂的图形和数据可视化效果，学习 D3 的动态效果，能够创建实时变化的数据图表，更好地展示数据的变化过程。交互可视化涉及通过图形化的方式呈现数据，并允许用户与图形或数据进行交互，以便探索和分析数据。通过本章的学习，学生不仅能看到数据的静态展示，还能与数据进行互动，设计出更加生动、直观的 Web 应用。

第8章
可视化布局设计

> **教学提示**
>
> 本章是有关D3可视化技术的高阶知识,主要讲解D3的布局方式,每种布局的概念、数学知识、属性,以及不同布局的特点和适用情景。本章将详细讲解每种布局的设计步骤、数据转换原理和核心代码,并提供完整实例。

"布局"这个词可能会让初学者联想成是为了"绘制",其实布局只是为了计算哪个元素显示到哪里。从直观上看,布局的作用是将某种数据转换成另一种数据,而转换后的数据是利于可视化的。因此将布局也称为"数据转换"。

可视化布局设计是关于如何有序地安排数据可视化元素,以有效地传达信息和支持观众的理解。它包括信息层次结构:布局设计应考虑信息的层次结构,将重要的信息放置在更显眼的位置,以帮助观众快速获取关键信息。布局应该保持平衡,避免视觉上的混乱或过于拥挤的感觉。平衡可以通过适当分布元素、对齐和间距来实现。同时,布局应该引导观众的视线流向,以确保观众按照你的意图浏览信息。这通常通过排列和定位元素来实现。保持布局的一致性有助于提供更好的用户体验。一致性包括颜色、字体、标签和图例的一致性。

1. D3可视化布局原则

(1) 简单性:保持布局简单明了,避免不必要的装饰或元素。简单的布局更容易理解和解释。

(2) 对齐:元素之间的对齐可以提高布局的整体外观,使其更具吸引力。水平和垂直对齐都很重要。

(3) 间距:适当的间距可以帮助元素在布局中"呼吸",避免拥挤感。不同元素之间的间距应该是一致的。

(4) 重点突出:使用视觉层次来强调重要信息。较重要的元素可以使用大字体、鲜艳的颜色或其他突出的方式来显示。

(5) 一致性:保持一致的颜色和字体选择,以确保整个可视化项目看起来协调一致。

2. D3可视化布局类别

D3提供了12个布局:力导图、饼状图、弦图、树状图、集群图、捆图、打包图、直方图、分区图、堆栈图、矩阵树图、层级图。12个布局中,层级图不能直接使用,集群图、打包图、分区图、树状图、矩阵树图是由层级图扩展来的，因此能够使用的布局是11个。D3 3.X版本中的12个布局都在d3.layout模块里。

8.1 力导图

力导图，也被称为力导向布局图，是一种用于可视化网络和图形数据的布局方法。它的基本概念是通过模拟物理力的作用来布局图中的节点和边，从而使节点之间的连接关系更具可读性。

8.1.1 力导图的概念和属性

力导图的基本原理和数学基础涉及一些物理学概念和数学模型，用于描述和计算节点之间的引力和斥力，以及节点的位置布局。力导图的基本原理为引力和斥力，节点之间的连接关系通过引力来吸引彼此，使得相关节点更靠近。同时，节点之间的靠近距离会引发斥力，防止节点过于拥挤。

1. 力导图的关键概念

(1) 节点：节点是图形中的实体或数据点，它们代表网络中的个体或对象。在力导图中，节点通常以圆形、方形等形状表示，并具有位置信息。

(2) 边：边是节点之间的连接，它们表示节点之间的关系或连接。在力导图中，边通常以线段表示，并连接两个节点。

(3) 引力：引力是一种作用在节点之间的吸引力，使节点趋向于彼此靠近。节点之间的连接关系越强，引力越大，节点之间越接近。

(4) 斥力：斥力是一种作用在节点之间的排斥力，使节点之间避免过于拥挤。斥力随着节点之间的距离减小而增加。

(5) 势能函数：力导图使用势能函数来描述节点之间的相互作用。这个势能函数通常包括引力项和斥力项，引力项随距离增加而减小，斥力项随距离减小而增加。

(6) 优化问题：布局力导图可以被看作一个优化问题，其目标是最小化系统的总势能。通过调整节点的位置，优化算法寻找最小势能状态，这对应于平衡状态的力导图布局。为了找到最优的布局，力导图算法通常采用迭代方法。在每次迭代中，计算节点上的力，并更新节点的位置。不断迭代直到系统达到平衡状态或达到预定的迭代次数。

(7) 平衡状态：力导图的目标是将节点布局到一个平衡状态，其中引力和斥力平衡，节点不再有明显的位移趋势。在平衡状态下，图形呈现出一种可读性良好的布局。

(8) 优化算法：为了达到平衡状态，力导图使用优化算法，例如梯度下降算法。这些算法通过计算节点上的力，并根据力的方向和大小来更新节点的位置，直到达到平衡。数学基础包括牛顿万有引力定律，牛顿万有引力定律描述了两个物体之间引力的大小和方向与它们的质量和距离之间的关系。在力导图中，节点之间的引力通常被建模为类似于牛顿万有引力定律的函数，其中距离越近引力越大。

这些基本原理和数学基础帮助力导图算法模拟节点之间的物理相互作用，以生成具有可读性的图形布局。不同的力导图算法可能采用不同的数学模型和参数设置，以适应不同的数据集和可视化需求。

2. 力导图的属性

定义布局的力导图通常采用以下方式。

```
var force = d3.layout.force()
            .nodes(nodes)        // 指定节点数组
            .links(edges)        // 指定连线数组
```

力导图的属性及方法有：

- d3.layout.force：使用物理模拟排放链接节点的位置。
- force.alpha：取得或设置力布局的冷却参数。
- force.chargeDistance：取得或设置最大电荷距离。
- force.charge：取得或设置电荷强度。
- force.drag：给节点绑定拖动行为。
- force.friction：取得或设置摩擦系数。
- force.gravity：取得或设置重力强度。
- force.linkDistance：取得或设置链接距离。
- force.linkStrength：取得或设置链接强度。
- force.links：取得或设置节点间的链接数组。
- force.nodes：取得或设置布局的节点数组。
- force.on：监听在计算布局位置时的更新。
- force.resume：重新加热冷却参数，并重启模拟。
- force.size：取得或设置布局大小。
- force.start：当节点变化时启动或重启模拟。
- force.stop：立即停止模拟。
- force.theta：取得或设置电荷作用的精度。
- force.tick：运行布局模拟的一步。

8.1.2 力导图的布局步骤

力导图是绘图的一种算法。在二维或三维空间里配置节点，节点之间用线连接，称为连线。各连线的长度几乎相等，且尽可能不相交。节点和连线都被施加了力的作用，力是根据节点和连线的相对位置计算的。根据力的作用,来计算节点和连线的运动轨迹,并不断降低它们的能量,最终达到一种平衡状态。力导图能表示节点之间的多对多的关系。

下面介绍绘制力导图的步骤。

1. 初始数据

假设有7个城市,以力导图展示城市之间的铁路线,以节点描述城市,边表示城市存在铁路线。定义节点和边的数组如下:

```
var nodes = [ { name: "桂林" }, { name: "广州" },
              { name: "厦门" }, { name: "杭州" },
              { name: "上海" }, { name: "青岛" },
              { name: "天津" } ];
var edges = [ { source : 0 , target: 1 }, { source : 0 , target: 2 },
              { source : 0 , target: 3 }, { source : 1 , target: 4 },
              { source : 1 , target: 5 }, { source : 1 , target: 6 } ];
```

在节点和连线的数组中,节点是一些城市名,连线的两端是节点的序号(序号从0开始)。

2. 数据转换

在力导图中节点以圆形显示,需要在画布中绘制每个节点的位置。因此,需要进行数据转换,也就是定义一个力导图布局,代码如下:

```
var force = d3.layout.force()
              .nodes(nodes)            // 指定节点数组
              .links(edges)            // 指定连线数组
              .size([width,height])    // 指定范围
              .linkDistance(150)       // 指定连线长度
              .charge(-400);           // 相互之间的作用力
force.start();// 开始转换
```

经过上述代码转换后的数据格式如下:

```
{"0":{"index":0,"name":"桂林","px":857.33402349957748, "py":-186.44021231582869,
"weight":3,"x":858.674411221956468, "y":-169.17178624179547},
    "1":{"index":1,"name":"广州","px":784.81205116386195, "py":-250.49585288644968,
"weight":4,"x":778.59272797403207, "y":-253.24563528014750},
    "2":{"index":2,"name":"厦门","px":871.13140607439323, "py":-323.21847165869366,
"weight":1, "x":860.74969378240041, "y":-322.54930644394238},
    "3":{"index":3,"name":"杭州","px":792.0708807159923, "py":-274.32170941029403,
"weight":1, "x":774.14246653209921,"y":-279.00284683556794},
    "4":{"index":4,"name":"上海","px":724.12207061373897, "py":-134.29481802935663,
"weight":1,"x":718.38898596382751, "y":-125.49944542746482},
    "5":{"index":5,"name":"青岛","px":672.94408183029657, "py":-226.29228810143286,
"weight":1,"x":660.59664245742226, "y":-227.94920484081257},
    "6":{"index":6,"name":"天津","px":794.87930924108457, "py":-85.140494835897599,
"weight":1,"x":793.94903344772047, "y":-80.184867224136326},
    "length":7}
```

可以看到格式转换后,数据中生成转换后的坐标点和索引,用于绘图。

3. 绘图

力导图显示部分主要根据转换后的数据绘制节点、节点的连线、节点上显示的文本、力的拖曳动作。

(1) 节点和边的设计：设计节点和边的外观。

```
// 边可以表示城市之间的连接关系
var svg_edges = svg.selectAll("line")
                   .data(edges)
                   .enter()
                   .append("line")
                   .style("stroke","#33ff33")// 使用线条的颜色来表示连接的强度
                   .style("stroke-width",1);// 使用线条的粗细表示连接的强度
        var color = d3.scale.category20b();// 使用颜色编码来区分不同类型的节点,
                                            // 可以使用不同的颜色来表示不同的城市
// 添加节点
var svg_nodes = svg.selectAll("circle")
                   .data(nodes)
                   .enter()
                   .append("circle")
                   .attr("r",20)
                   .style("fill",function(d,i){
                        return color(i);   // 使用不同的颜色区分节点
                   })
```

(2) 添加节点标签文本，包括城市名称或其他相关信息，确保标签可读且不会重叠。

```
var svg_texts = svg.selectAll("text")
                   .data(nodes)
                   .enter()
                   .append("text")
                   .style("fill", "black")  // 节点标签的文字颜色
                   .attr("dx", 20)  // 节点标签相对位置
                   .attr("dy", 8)
                   .text(function(d){
                        return d.name;  // 节点标签文本内容
                   });
```

(3) 调用call(force.drag)后节点可被拖动。force.drag()是一个函数,将其作为 call() 的参数,相当于将当前选择的元素传到 force.drag() 函数中。

(4) 由于力导图是不断运动的，每一时刻都在发生更新,因此必须不断更新节点和连线的位置。力导图布局 force 有一个 tick 事件,每进行到一个时刻,都要调用它,更新的内容就写在它的回调函数中。

```
force.on("tick", function(){        // 对于每一个时间间隔
            // 更新连线坐标
            svg_edges.attr("x1",function(d){ return d.source.x; })
                    .attr("y1",function(d){ return d.source.y; })
                    .attr("x2",function(d){ return d.target.x; })
                    .attr("y2",function(d){ return d.target.y; });
            // 更新节点坐标
            svg_nodes.attr("cx",function(d){ return d.x; })
                    .attr("cy",function(d){ return d.y; });
```

```
            // 更新文字坐标
            svg_texts.attr("x", function(d){ return d.x; })
                    .attr("y", function(d){ return d.y; });
        });
```

8.1.3 力导图的实例

【例8-1】绘制几个城市之间联系的力导图。

设计步骤如下。

(1) 数据准备:收集城市之间联系的数据。

(2) 力的模拟:根据所选的力导图算法,模拟节点之间的引力和斥力。引力使相互连接的城市更靠近,斥力避免了节点之间的重叠。

(3) 节点和边的设计:设计节点和边的外观。每个节点可以表示一个城市,使用不同的颜色、形状或标签来表示城市属性或角色。边可以表示城市之间的连接关系,使用线条的粗细或颜色来表示连接的强度。

(4) 标签和信息:添加节点标签,包括城市名称或其他相关信息。要确保标签可读且不会重叠。根据实际数据的大小和复杂性,调整布局参数。

(5) 颜色编码:使用颜色编码来区分不同类型的节点,例如可以使用不同的颜色来表示不同的城市。

(6) 交互功能:添加交互功能,例如拖动节点以重新布局、缩放和平移以浏览大型网络、点击节点以查看详细信息等。

完整代码如下:

```
<html>
  <head>   <meta charset="utf-8"> <title>力导图</title> </head>
<body>
        <script src="http://d3js.org/d3.v3.min.js" charset="utf-8"></script>
        <script>
        var nodes = [ { name: "桂林" }, { name: "广州" },
                      { name: "厦门" }, { name: "杭州" },
                      { name: "上海" }, { name: "青岛" },
                      { name: "天津" } ];
        var edges = [ { source : 0 , target: 1 }, { source : 0 , target: 2 },
                      { source : 0 , target: 3 }, { source : 1 , target: 4 },
                      { source : 1 , target: 5 }, { source : 1 , target: 6 } ];

        var width = 400; var height = 400;
        var svg = d3.select("body")
                    .append("svg")
                    .attr("width",width)
                    .attr("height",height);
        var force = d3.layout.force()
                    .nodes(nodes)         // 指定节点数组
                    .links(edges)         // 指定连线数组
                    .size([width,height])  // 指定范围
                    .linkDistance(150)  // 指定连线长度
```

```
                .charge(-400);        // 相互之间的作用力
force.start();// 开始转换
console.log(nodes);      console.log(edges);
// 添加连线
var svg_edges = svg.selectAll("line")
                    .data(edges)
                    .enter()
                    .append("line")
                    .style("stroke","#33ff33")
                    .style("stroke-width",1);
var color = d3.scale.category20b();
// 添加节点
var svg_nodes = svg.selectAll("circle")
                .data(nodes).enter().append("circle")
                .attr("r",20)
                .style("fill",function(d,i){return color(i);})
                .call(force.drag); // 使得节点能够拖动
// 添加描述节点的文字
var svg_texts = svg.selectAll("text")
                .data(nodes)
                .enter().append("text")
                .style("fill", "black")
                .attr("dx", 20)
                .attr("dy", 8)
                .text(function(d){ return d.name; });

force.on("tick", function(){// 对于每一个时间间隔
    // 更新连线坐标
    svg_edges.attr("x1",function(d){ return d.source.x; })
            .attr("y1",function(d){ return d.source.y; })
            .attr("x2",function(d){ return d.target.x; })
            .attr("y2",function(d){ return d.target.y; });
    // 更新节点坐标
    svg_nodes.attr("cx",function(d){ return d.x; })
            .attr("cy",function(d){ return d.y; });
    // 更新文字坐标
    svg_texts.attr("x", function(d){ return d.x; })
        .attr("y", function(d){ return d.y; });
});
</script></body></html>
```

显示结果如图8-1所示。

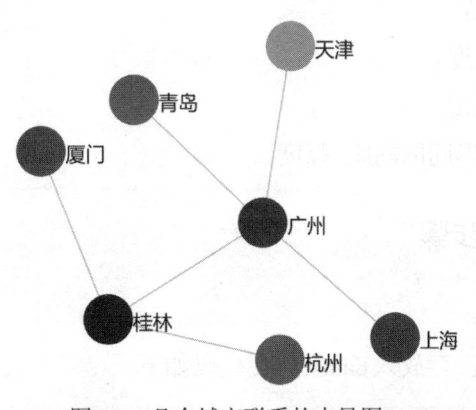

图8-1 几个城市联系的力导图

8.2 饼状图

饼状图又称饼图，是一个圆被分成多份，用不同的颜色表示不同的数据。每个数据的大小决定了其在整个圆所占弧度的大小。第7章使用了弧生成器来生成饼状图，当时遇到的一个问题就是数据需要转换成弧生成器的角度数据，对此D3中提供的d3.layout.pie()饼状图布局函数可以解决。

8.2.1 饼状图的属性

饼状图通过将圆形划分为几个扇形来描述数量或百分比的关系。扇形的大小和数量的多少成正比例，所有扇形正好组成一个完整的圆。

饼状图的属性和方法包括如下。

- d3.layout.pie()：创建一个饼图布局。
- pie(value[, index])：转换数据，转换后每一个对象中都包含有起始角度和终止角度。
- pie.value([accessor])：设置或获取值访问器，即如何从接收的数据中提取初始值；如果省略参数，则返回当前的值访问器。
- pie.sort([comparator])：设置或获取比较器，用于排序，例如d3.ascending和d3.descending；如果省略，则返回当前比较器。
- pie.startAngle([angle])：设定或获取饼状图的起始角度，默认为0(弧度)。
- pie.endAngle([angle])：设定或获取饼状图的终止角度，默认为2π(弧度)。

通过d3.pie返回的数据和d3.area的属性，可以发现它们适合一起使用，应该成对出现。d3.area的属性有：

- innerRadius：内边距。
- outerRadius：外边距。
- startAngle：开始弧度。
- startAngle：结束弧度。
- padAngle：每个弧形间的间距(弧度)。

8.2.2 饼状图的布局步骤

1. 初始数据

初始数据为一维数组，存放入dataset中，代码如下：

```
var dataset = [ 111,89,83,61,28,33,33 ];
```

2. 数据转换

将dataset中的数据转换成可以显示的数据,使用pie布局方式。

```
var pie = d3.layout.pie();
```

返回值赋给变量 pie,此时 pie 可以当作函数使用。pie(dataset)中存有转换后的数据,控制台显示原数组和转换后的数组如下:

```
console.log(dataset);// 原始数据
    {"0":111,"1":89,"2":83,"3":61,"4":28,"5":33,"6":33,"length":7}
console.log(pie(dataset));//pie 转换后的数据
{"0":{"data":111,"endAngle":1.5923140846961965,"padAngle":0,"startAngle":0,"value":111},
    "1":{"data":89,"endAngle":2.8690343868399939,"padAngle":0,"startAngle":1.5923140846961965,"value":89},
    "2":{"data":83,"endAngle":4.0596836573785913,"padAngle":0,"startAngle":2.8690343868399939,"value":83},
    "3":{"data":61,"endAngle":4.9347391453647891,"padAngle":0,"startAngle":4.0596836573785913,"value":61},
    "4":{"data":28,"endAngle":6.2831853071795871,"padAngle":0,"startAngle":5.8815204930219878,"value":28},
    "5":{"data":33,"endAngle":5.4081298191933884,"padAngle":0,"startAngle":4.9347391453647891,"value":33},
    "6":{"data":33,"endAngle":5.8815204930219878,"padAngle":0,"startAngle":5.4081298191933884,"value":33},
    "length":7}
```

如上所示,7个整数被转换成7个对象,索引、数据值、每个对象变量的起始角度(startAngle)和终止角度(endAngle)用于程序绘图。

3. 绘制扇形圆弧

饼图的每一部分都是一段弧,因此使用弧生成器arc(),能够生成弧的路径。

```
var outerRadius = 150; // 外半径
var innerRadius = 0;  // 内半径,为0则中间没有空白
var arc = d3.svg.arc() // 弧生成器
    .innerRadius(innerRadius) // 设置内半径
    .outerRadius(outerRadius); // 设置外半径
```

弧生成器返回的结果赋值给 arc。此时,arc 可以当作一个函数使用,把 piedata 作为参数传入,即可得到路径值。

4. 绘制饼图的每一部分

下一步是使用以下代码加载数据。

```
var arc = g.selectAll(".arc")
    .data(pie(data))
    .enter()
    .append("g")
    .attr("class", "arc");
```

接下来可以为数据集中的每个数据值的组元素分配数据，采用不同颜色绘制。

```
arcs.append("path")  // 添加 path：现在，追加路径并将一个类 arc 分配给组
    .attr("d", arc)
    .attr("fill", function(d) { return color(d.data.states); });
//fill 用于应用数据颜色。它取自 d3.scaleOrdinal 函数
```

5. 添加文本

通过提供半径来添加饼图中的标签，SVG 文本元素用于在标签中显示文本。使用前文定义的 d3.arc() 创建的标签弧返回一个质心点，它是标签的位置，并显示文本。

```
var label = d3.arc()
            .outerRadius(radius)
            .innerRadius(radius - 80);
arc.append("text")
    .attr("transform", function(d) {
              return "translate(" + label.centroid(d) + ")";
         })
    .text(function(d) { return d.data.states; });
```

8.2.3 饼状图的实例

【例 8-2】采用饼状图绘制大数据系各班级在校生人数，具体数据如表 8-1 所示。

表 8-1 大数据系各班级在校生人数

年级	2024级	2024级	2023级	2023级	2022级	2022级	2021级
班级	1班	2班	1班	2班	1班	2班	1班
人数	33	33	28	61	83	89	111

设计步骤如下。

(1) 数据准备：将表 8-1 中的数据转成数组代码。

(2) 扇形图的设计：根据所选的 pie() 的属性，设定内外半径、每个分组的弧度的起始角度和结束角度，避免节点之间的重叠。

(3) 绘制扇形的弧：弧度表示数据占总数的比例，使用不同的颜色区分不同扇区，使用线条的粗细或颜色来表示扇区的边框。

(4) 标签和信息：添加扇区显示标签、标签文本字体、颜色、大小。根据实际数据显示效果，调整布局参数。确保标签可读且不会重叠。

(5) 颜色编码：使用颜色编码来区分不同的扇区，例如可以使用不同的颜色来表示不同的各班级在校生人数。

完整代码如下：

```
<html>
 <head><meta charset="utf-8"> <title>Pie</title> </head>
 <body>
```

```
    <script src="http://d3js.org/d3.v3.min.js" charset="utf-8"></script>
    <script>
    var width = 300;    var height = 300;
    var dataset =[ 111,89,83,61,28,33,33 ];
    var svg = d3.select("body")
.append("svg").attr("width",width)    .attr("height",height);
    var pie = d3.layout.pie();
    var outerRadius = width / 2;
    var innerRadius = 0;
    var arc = d3.svg.arc().innerRadius(innerRadius).outerRadius (outerRadius);
    var color = d3.scale.category20();
    var arcs = svg.selectAll("g").data(pie(dataset)).enter().append("g")
.attr("transform","translate("+outerRadius+","+outerRadius+")");
    arcs.append("path")
        .attr("fill",function(d,i){ return color(i);})
        .attr("d",function(d){ return arc(d); });
    arcs.append("text")
        .attr("transform",function(d){return "translate(" + arc.centroid(d) 
+ ")";})
        .attr("text-anchor","middle")
        .text(function(d){ return d.value;});
    console.log(dataset);
    console.log(pie(dataset));
</script></body></html>
```

显示结果如图8-2所示。

将var innerRadius = 0修改为var innerRadius = width / 4，可由饼状图转换成环形图，如图8-3所示。

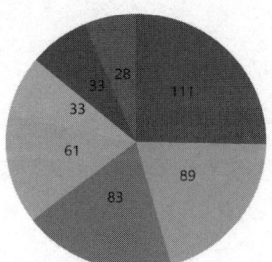

图8-2　饼状图效果图　　　　　　　　图8-3　环形图效果图

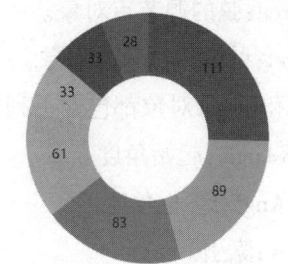

8.3　弦图

弦图是一种用于描述节点之间联系的图表。两点之间的连线表示谁和谁具有联系，线的粗细表示权重，D3提供了弦图的布局d3.layout.chord。弦图可以显示不同实体之间的相互关系和彼此共享的一些相通之处，因此这种图表非常适合用来比较数据集或不同数据组之间的相似性。节点围绕着圆周分布，点与点之间以弧线或贝塞尔曲线彼此连接以显示其中关系，然后再给每个连接分配数值(通过每个圆弧的大小比例表示)。此外，也可以用颜色将数据分成不同类别，以有助于进行比较和区分，常用于表示一组元素之间的联系。

8.3.1 弦图的原理和属性

弦图主要是用来表示多个节点之间的关系,经过布局之后会生成两块:一块是groups,表示节点;另一块是chords,表示弦(连线),chords里面还会分source与target,表示连线的两端。

弦图的属性说明如下。

- d3.layout.chord:从关系矩阵生成一个弦图。
- chord.chords:取回计算的弦角度。
- chord.groups:取回计算的分组角度。
- chord.matrix:取得或设置布局需要的矩阵数据。
- chord.padding:取得或设置弦片段间的角填充。
- chord.sortChords:取得或设置用于弦的比较器(Z轴顺序)。
- chord.sortGroups:取得或设置用于分组的比较器。
- chord.sortSubgroups:取得或设置用于子分组的比较器。

画一个弦图,首先需要一个矩阵数据dataset。source表示起始弧,target表示目标弧,每个弧需要设定开始弧度、终止弧度、半径。例如:

```
var dataset ={source:{ startAngle: 0.3 , endAngle: Math.PI * 0.4 , radius: 100 },
target:{ startAngle: Math.PI * 1.2 , endAngle: Math.PI * 1.6 , radius:140 }};
```

返回值是一组chords,表示一对节点间的流量,包含两个属性。

- source:弦的源节点对象。
- target:弦的目标节点对象。

source和target对象都包含下列属性:

- startAngle:起始角度。
- endAngle:终止角度。
- index:索引。
- subindex:子索引。
- value:matrix[i][j]的值。

然后使用d3.svg.chord()来绘制两个弧构成的封闭图形,即为弦图,代码如下:

```
var chord = d3.svg.chord();    // 弦生成器
    // 添加路径
    svg.append("path")
        .attr("d", chord (dataset))          // 设置路径信息
        .attr("transform","translate(200,200)")
        .attr('stroke', '#333')
        .attr('stroke-width', '2')
        .attr('fill', 'purple ')
```

运行结果如图8-4所示。

图8-4　弦图

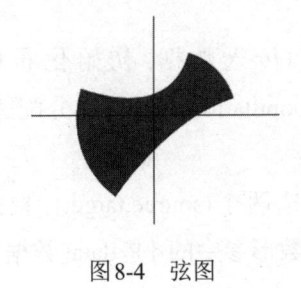

8.3.2　弦图的布局步骤

1. 初始数据

例如，现数据为4个城市向其他城市发出的列车数量。

```
var city_name = [ "北京" , "上海" , "广州","沈阳"];
var population = [
            [ 0, 20 , 20 , 30 ], // 北京
            [ 5, 0 , 55 , 10 ], // 上海
            [ 20, 5 , 0 , 5 ], // 广州
            [20, 20 , 20 , 0 ],// 沈阳
             ]
```

第一行是被统计的来源城市，即：北京市向上海发出20班次列车，向广州发出20班次列车，向沈阳发出30班次列车。那么，北京的总发列车数为20+20+30=70班次。

第二行表示上海市向北京发出5班次列车，向广州发出55班次列车，向沈阳发出10班次列车。那么，上海的总发列车数为5+55+10=70班次。

第三行表示广州市向北京发出20班次列车，向上海发出5班次列车，向沈阳发出5班次列车。那么，广州的总发列车数为20+5+5=30班次。

第四行表示沈阳市向北京发出20班次列车，向上海发出20班次列车，向广州发出20班次列车。那么，沈阳的总发列车数为20+20+20=60班次。

2. 数据转换

数据转换由弦图chord()实现，代码如下：

```
var chord_layout = d3.layout.chord()
    .padding(0.03) //节点之间的间隔
    .sortSubgroups(d3.descending) //排序
    .matrix(population); //输入矩阵
```

然后，应用此布局转换数据，可以通过控制器看到转换后的数据。

```
var groups = chord_layout.groups();var chords = chord_layout.chords();
console.log( groups );
console.log( chords );
```

经过转换后，实际上分成了两部分：groups和chords。前者是节点，后者是连线，也就是

191

弦。chords 就是图中的连线。

先用 d3.layout.chord() 这个 API 传入数据，初始化布局所需的数据：groups 和 chords。groups 数据中包含 4 个城市，根据 population 所占权重分配圆弧的大小，在数据上的反映就是 startAngle 和 endAngle。

chords 数据有 6 条，4 个城市选两个 (source,target)，根据排列组合应该是 3+2+1=6 条弦 (source 和 target 可以相同)。回调函数形参中的 d 是 data(数据) 的意思，i 是 index(索引) 的意思。equals(s,t) 判断两个端点是否相同来决定绘制的方式。

```
    //console.log( groups ); 数据组
    {"0":{"angle":0.9378760250055892,"endAngle":1.8757520500111784,"index":0,"name":"北京","startAngle":0,"value":70},
    "1":{"angle":2.8436280750167677,"endAngle":3.7815041000223566,"index":1,"name":"上海","startAngle":1.9057520500111784,"value":70},
    "2":{"angle":4.2134509678818945,"endAngle":4.6153978357414323,"index":2,"name":"广州","startAngle":3.8115041000223564,"value":30},
    "3":{"angle":5.4492915714605097,"endAngle":6.253185307179586,"index":3,"name":"沈阳","startAngle":4.6453978357414325,"value":60},
    "length":4}
    //console.log( chords ); 弦
    {"0":{"source":{"endAngle":1.3398228928651275,"index":0,"startAngle":0.80389373571907641,"subindex":1,"value":20},"target":{"endAngle":3.7815041000223-566,"index":1,"startAngle":3.647521810735844,"subindex":0,"value":5}},
    "1":{"source":{"endAngle":1.8757520500111784,"index":0,"startAngle":1.3398228928651275,"subindex":2,"value":20},"target":{"endAngle":4.347433257168407-1,"index":2,"startAngle":3.8115041000223564,"subindex":0,"value":20}},
    "2":{"source":{"endAngle":0.80389373571907641,"index":0,"startAngle":0,"subindex":3,"value":30},"target":{"endAngle":5.1813269928874837,"index":3,"startAngle":4.6453978357414325,"subindex":0,"value":20}},
    "3":{"source":{"endAngle":3.3795572321628184,"index":1,"startAngle":1.9057520500111784,"subindex":2,"value":55},"target":{"endAngle":4.481415546454919-7,"index":2,"startAngle":4.3474332571684071,"subindex":1,"value":5}},
    "4":{"source":{"endAngle":5.7172561500335348,"index":3,"startAngle":5.1813269928874837,"subindex":1,"value":20},"target":{"endAngle":3.647521810735844-,"index":1,"startAngle":3.3795572321628184,"subindex":3,"value":10}},
    "5":{"source":{"endAngle":6.253185307179586,"index":3,"startAngle":5.7172561500335348,"subindex":2,"value":20},"target":{"endAngle":4.6153978357414323-,"index":2,"startAngle":4.4814155464549197,"subindex":3,"value":5}},
    "length":6}
```

3. 绘制外圆弧

节点位于弦图的外部。节点数组 groups 的每一项都有起始角度和终止角度，因此节点其实是用弧形来表示的，这与饼状图类似。这里绘制外部弦 (即分组，有多少个城市画多少个弦)。

```
        var outer_arc = d3.svg.arc()
                          .innerRadius(innerRadius)
                          .outerRadius(outerRadius);
        var g_outer = svg.append("g");
        g_outer.selectAll("path")
               .data(chord_layout.groups)
```

```
                    .enter()
                    .append("path")
                    .style("fill", function(d) { return color20(d.index); })
                    .style("stroke", function(d) { return color20(d.index); })
                    .attr("d", outer_arc );
```

4. 绘制内弦

```
            var inner_chord =  d3.svg.chord()
                              .radius(innerRadius);
            svg.append("g")
                .attr("class", "chord")
                .selectAll("path")
                .data(chord_layout.chords)
                .enter()
                .append("path")
                .attr("d", inner_chord )
                .style("fill", function(d) { return color20(d.source.index); })
                .style("opacity", 1)
```

5. 添加文本，显示在外圆弧外侧

最后是城市名称的显示和样式设计。each()：表示对任何一个绑定数据的元素，都执行后面的无名函数 function(d,i)；d.angle：计算起始角度和终止角度的平均值，即文字显示在弧的中间位置；d.name：表示城市名称，数据来源于city_name[i]；transform的参数：用translate进行坐标变换。代码如下：

```
            g_outer.selectAll("text")
                    .data(chord_layout.groups)
                    .enter()
                    .append("text")
                    .each( function(d,i) {
                        d.angle = (d.startAngle + d.endAngle) / 2;
                        d.name = city_name[i];
                    })
                    .attr("dy",".35em")
                    .attr("transform", function(d){
                        return "rotate(" + ( d.angle * 180 / Math.PI ) + ")" +
                              "translate(0,"+ -1.0*(outerRadius+10) +")" +
                              ( ( d.angle > Math.PI*3/4 && d.angle <
                              Math.PI*5/4 ) ? "rotate(180)" : "");
                    })
                    .text(function(d){ return d.name;});
```

8.3.3 弦图的实例

【例8-3】显示城市之间铁路列车班次数。

完整代码如下：

```
    <html>
```

```html
<head>    <meta charset="utf-8">    <title>Chord</title>    </head>
<style>
.chord path {  fill-opacity: 0.67;  stroke: #000;  stroke-width: 0.5px;}</style>
<body>
        <script src="http://d3js.org/d3.v3.min.js"></script>
        <script>
        var city_name = [ "北京" , "上海" , "广州", "沈阳"];
        var population = [
          [ 0,  20 , 20 , 30  ], // 北京
          [ 5,  0  , 55 , 10 ], // 上海
          [ 20,  5 , 0  , 5  ], //广州
          [20,  20 , 20 , 0 ],//沈阳
        ];
        //转换数据, 并输出转换后的数据
        var chord_layout = d3.layout.chord()
                            .padding(0.03)
                            .sortSubgroups(d3.descending)
                            .matrix(population);
console.log(chord_layout.groups());
console.log(chord_layout.chords());
//SVG、弦图、颜色函数的定义
var width  = 600;
var height = 600;
var innerRadius = width/2 * 0.7;
var outerRadius = innerRadius * 1.1;
var color20 = d3.scale.category10();
var svg = d3.select("body").append("svg")
     .attr("width", width)
     .attr("height", height)
     .append("g")
     .attr("transform", "translate(" + width/2 + "," + height/2 + ")");
// 绘制外部弦 (即分组,有多少个城市画多少个弦) 及绘制城市名称
    var outer_arc = d3.svg.arc().innerRadius(innerRadius).outerRadius(outerRadius);
    var g_outer = svg.append("g");
    g_outer.selectAll("path").data(chord_layout.groups)
        .enter().append("path")
        .style("fill", function(d) { return color20(d.index); })
        .style("stroke", function(d) { return color20(d.index); })
        .attr("d", outer_arc );
    g_outer.selectAll("text")
            .data(chord_layout.groups)
            .enter().append("text")
            .each( function(d,i) {
                d.angle = (d.startAngle + d.endAngle) / 2;
                d.name = city_name[i];        })
            .attr("dy",".35em")
            .attr("transform", function(d){
                return "rotate(" + ( d.angle * 180 / Math.PI ) + ")" +
                        "translate(0,"+ -1.0*(outerRadius+10) +")" +
         ( ( d.angle > Math.PI*3/4 && d.angle < Math.PI*5/4 ) ?
    "rotate(180)" : "");
            })
            .text(function(d){   return d.name;      });
// 绘制内部弦 (即所有城市人口的来源,有 5*5=25 条弧)
var inner_chord = d3.svg.chord().radius(innerRadius);
svg.append("g")
    .attr("class", "chord")
```

```
            .selectAll("path")
            .data(chord_layout.chords)
            .enter().append("path")
            .attr("d", inner_chord )
            .style("fill", function(d) { return color20(d.source.index); })
            .style("opacity", 1)
</script> </body></html>
```

运行结果如图 8-5 所示。

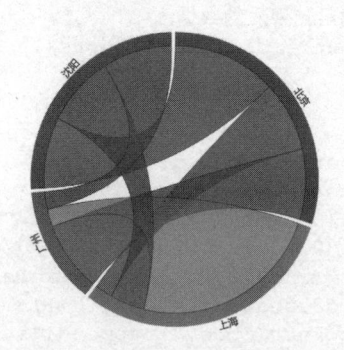

图 8-5　铁路列车班次数弦图

【例 8-4】带有交互功能的弦图布局实例——城市之间的人口流动比例。

此实例与交互式操作 mouseover 和 mouseout 有关。当某一个弦被接触到，则改变颜色，以表示提示；鼠标移开后，恢复原来显示状态。代码如下：

```
svg.append("g")
    .attr("class", "chord")
    .selectAll("path")
    .data(chords)
    .enter()
    .append("path")
.on("mouseover",function(d,i){
    d3.select(this)
        .style("fill","yellow");
})
    .on("mouseout",function(d,i) {
    d3.select(this)
        .transition()
        .duration(1000)
        .style("fill",color20(d.source.index));
});
```

完整代码如下：

```
<html>
<head>
    <meta charset="utf-8"> <title> Chord </title>
</head>
<style>.chord path { fill-opacity: 0.67; stroke: #000; stroke-width: 0.5px;}</style>
    <body>
        <script src="http://d3js.org/d3.v3.min.js"></script>
        <script>
```

```javascript
var city_name = [ "北京" , "上海" , "广州" , "深圳" , "香港","沈阳" ];
var population = [
  [ 1000,  3045  , 4567 , 1234 , 3714,1344 ],
  [ 3214,  2000  , 2060 , 1124 , 3234,3344],
  [ 8761,  6545  , 3000 , 8045 , 647,2344],
  [ 3211,  1067  , 3214 , 4000 , 1006,1344],
  [ 2146,  1034  , 6745 , 4764 , 5000,4344 ],
  [ 1146,  3034  , 2745 , 1764 , 2000,2344 ],
];
// 转换数据，并输出转换后的数据
var chord_layout = d3.layout.chord()
                    .padding(0.03)
                    .sortSubgroups(d3.descending)
                    .matrix(population);
console.log(chord_layout.groups());
console.log(chord_layout.chords());
//SVG、弦图、颜色函数的定义
var width  = 600;  var height = 600;
var innerRadius = width/2 * 0.7; var outerRadius = innerRadius * 1.1;
var color20 = d3.scale.category10();
var svg = d3.select("body").append("svg")
    .attr("width", width).attr("height", height)
    .append("g")
    .attr("transform", "translate(" + width/2 + "," + height/2 + ")");
// 绘制外部弦（即分组，有多少个城市画多少个弦）及绘制城市名称
var outer_arc = d3.svg.arc()
                    .innerRadius(innerRadius)
                    .outerRadius(outerRadius);
var g_outer = svg.append("g");
g_outer.selectAll("path")
        .data(chord_layout.groups)
        .enter().append("path")
        .style("fill", function(d) { return color20(d.index); })
        .style("stroke", function(d) { return color20(d.index); })
        .attr("d", outer_arc );
g_outer.selectAll("text")
        .data(chord_layout.groups)
        .enter().append("text")
        .each( function(d,i) { d.angle = (d.startAngle + d.endAngle) / 2;
            d.name = city_name[i];  })
        .attr("dy",".35em")
        .attr("transform", function(d){
           return "rotate(" + ( d.angle * 180 / Math.PI ) + ")" +
"translate(0,"+ -1.0*(outerRadius+10) +")" + ( ( d.angle >
Math.PI*3/4 && d.angle < Math.PI*5/4 ) ? "rotate(180)" : "");  })
        .text(function(d){ return d.name;});
// 绘制内部弦（即所有城市人口的来源，有5*5=25 条弧）
var inner_chord =  d3.svg.chord().radius(innerRadius);
svg.append("g").attr("class", "chord")
    .selectAll("path")
    .data(chord_layout.chords)
    .enter().append("path")
    .attr("d", inner_chord )
    .style("fill", function(d) { return color20(d.source.index); })
    .style("opacity", 0.51)
    .on("mouseover",function(d,i){d3.select(this) .style("fill","yellow");})
    .on("mouseout",function(d,i) {
```

```
            d3.select(this)
                .transition()
                .duration(1000)
                .style("fill",color20(d.source.index));});
    </script> </body> </html>
```

运行结果如图8-6所示。

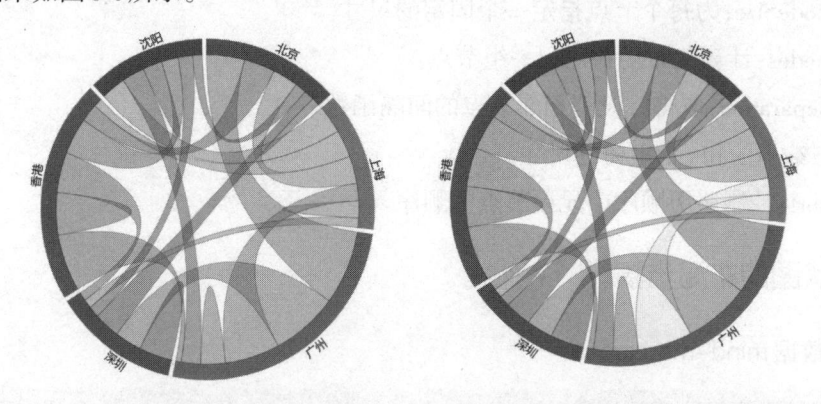

图8-6 交互式操作前后的城市人口流动比例弦图

8.4 树状图

树状图通常用于表示层级、上下级、包含与被包含关系。树状图又称树图或系统图,是一种利用包含关系表达层次化数据的可视化方法。树状图形似一棵树的枝干,适合思维导图等图例的制作,它通过树枝状的结构展示数据之间的关系,使得数据展示时具有高效的空间利用率和良好的交互性。在科学、社会学、工程、商业等领域,树状图都得到了广泛的应用,因为它能够将复杂的数据结构以直观的方式呈现出来,帮助用户更好地理解和分析数据。

8.4.1 树状图布局的属性

树状图在很多实际场景中都有广泛的应用,例如:

(1) 数据可视化:通过树形图来展示层次结构数据,并利用D3库对数据进行交互式操作,实现数据的可视化呈现。

(2) 网络拓扑:使用树形图来表示网络设备之间的连接关系,并使用D3库来动态渲染和更新拓扑结构。

(3) 组织结构:以树形图形式展示公司或团队的组织结构,并利用D3库来实现交互式数据可视化。

(4) 知识图谱:使用树形图来表示知识领域的层次结构,并通过D3库来展示和探索图谱中的数据。

树状图布局的属性主要有：

- d3.layout.tree：整齐地排列树节点。
- tree.children：取得或设置孩子访问器。
- tree.links：计算树节点的父-子连接。
- tree.nodeSize：为每个节点指定一个固定的尺寸。
- tree.nodes：计算父布局并返回一组节点。
- tree.separation：取得或设置相邻节点的间隔函数。
- tree.size：用x和y指定树的尺寸。
- tree.sort：控制遍历顺序中兄弟节点的顺序。

8.4.2 树状图的布局步骤

1. 初始数据 mind-map.json

```
{ "name":"学习D3",
"children":[
{   "name":"预备知识",
     "children": [   {"name":"HTML&CSS" },{"name":"Javacript" },
  {"name":"DOM" }, {"name":"SVG" } ] },
{   "name":"入门知识",
     "children":[{"name":"绑定数据"}, {"name":"文档结构"},
         {"name":"基本图形"},{"name":"色彩使用"}] },
{   "name":"绘制基本图形",
     "children":[{"name":"柱状图"},{"name":"环形图"},
         {"name":"折线图"},{"name":"树图"}] },
{   "name":"高阶知识",
     "children":[{"name":"动画"},{"name":"动态效果"},
         {"name":"交互式"},{"name":"布局layout"}]}]}
```

2. 数据转换

将层次化的数据通过如d3.tree等进行布局。简单来说，就是先设定当前绘制区域的大小，然后计算各节点的位置、大小等用于绘制的数据。

d3.tree()创建一个新的整齐(同深度节点对齐)的树布局，代码如下：

```
var tree = d3.layout.tree()
    .size([width, height-200])
    .separation(function(a, b) { return (a.parent == b.parent ? 1 : 2); });
```

tree()将指定的层次数据布局为整齐的树图，对指定的root层次结构进行布局，并为root以及它的每一个后代附加两个属性。

- node.x：节点的x坐标；
- node.y：节点的y坐标。

3. 绘制对角线

```
var diagonal = d3.svg.diagonal().projection(function(d) {
    return [d.y, d.x];});
```

在设置图表垂直向下或水平向右的控制上没有相关函数处理，但可以在绘制时调换 x 和 y，同时调换 d3.tree 设置的宽高。

绘制线条时应考虑：

① d3.linkVertical——创建一个新的垂直 link 生成器。

② d3.linkHorizontal——创建一个新的水平 link 生成器。

③ 绘制连线时注意 path 应该将 fill 属性设置为 none，并设置 stroke 值。

④ 使用 tree() 布局绘制对角线时，应该将 link 放置在 node 前绘制。

代码如下：

```
const link=group.selectAll('.link')
        .data(nodes.links())
        .enter()
        .append('path')
        .attr('class','link')
        .attr('d', d3.linkHorizontal()
        .x(function(d) { return d.y;})
        .y(function(d) { return d.x;})
        )
```

运行结果如图 8-7 所示。

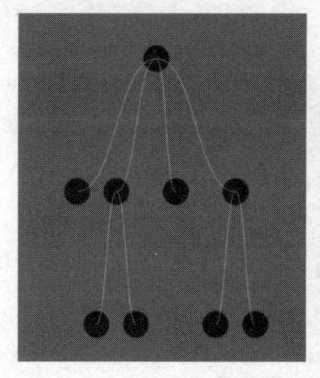

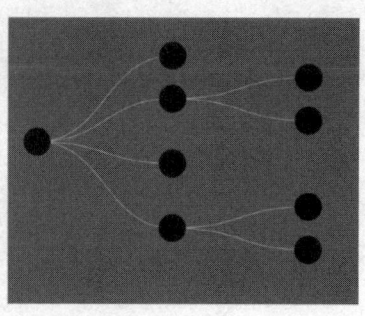

图 8-7　树状图绘制对角线

4. 绘制节点和文字

```
var node = svg.selectAll(".node")
    .data(nodes)     // 绑定节点数据
    .enter()
    .append("g")
    .attr("class", "node")
    .attr("transform", function(d) { return "translate(" + d.y + "," + d.x + ")"; })
node.append("circle")    //   绘制节点，包括圆的样式、半径等
    .attr("r", 4.5);
node.append("text")      //   绘制文字
```

```
        .attr("dx", function(d) { return d.children ? -8 : 8; })
        .attr("dy", 3)
        .style("text-anchor", function(d) { return d.children ? "end" : "start"; })
        .text(function(d) { return d.name; });
    });
```

8.4.3 树状图的实例

【例8-5】绘制D3知识体系思维导图。

完整代码如下:

```
<html>
<head>   <meta charset="utf-8">  <title>树状图</title>   <style>
.node circle { fill: purple; stroke: purple;  stroke-width: 1.5px;  }
.node {  font: 8px sans-serif;   }
.link { fill: none; stroke: #33aaaa; stroke-width: 1.5px;   }
</style> </head>
<body>
<script src="http://d3js.org/d3.v3.min.js"></script>
<script>
var width = 400; height = 400;
var tree = d3.layout.tree()
    .size([width, height-200])
    .separation(function(a, b) { return (a.parent == b.parent ? 1 : 2); });
var diagonal = d3.svg.diagonal()
    .projection(function(d) { return [d.y, d.x]; });
var svg = d3.select("body").append("svg")
    .attr("width", width)
.attr("height", height)
    .append("g")
.attr("transform", "translate(40,0)");
d3.json("mind-map.json", function(error, root) {
    var nodes = tree.nodes(root);     var links = tree.links(nodes);
    console.log(nodes);      console.log(links);
    var link = svg.selectAll(".link")
      .data(links) .enter() .append("path")
      .attr("class", "link") .attr("d", diagonal);
    var node = svg.selectAll(".node")
      .data(nodes) .enter() .append("g")
      .attr("class", "node")
      .attr("transform", function(d) { return "translate(" + d.y + "," + d.x + ")"; })
    node.append("circle") .attr("r", 5.5);
    node.append("text")
      .attr("dx", function(d) { return d.children ? -8 : 8; }) .attr("dy", 3)
      .style("text-anchor", function(d) { return d.children ? "end" : "start"; })
      .text(function(d) { return d.name; });   });
    console.log(nodes);     console.log(links);
</script></body></html>
```

显示效果如图8-8所示。

第8章 可视化布局设计

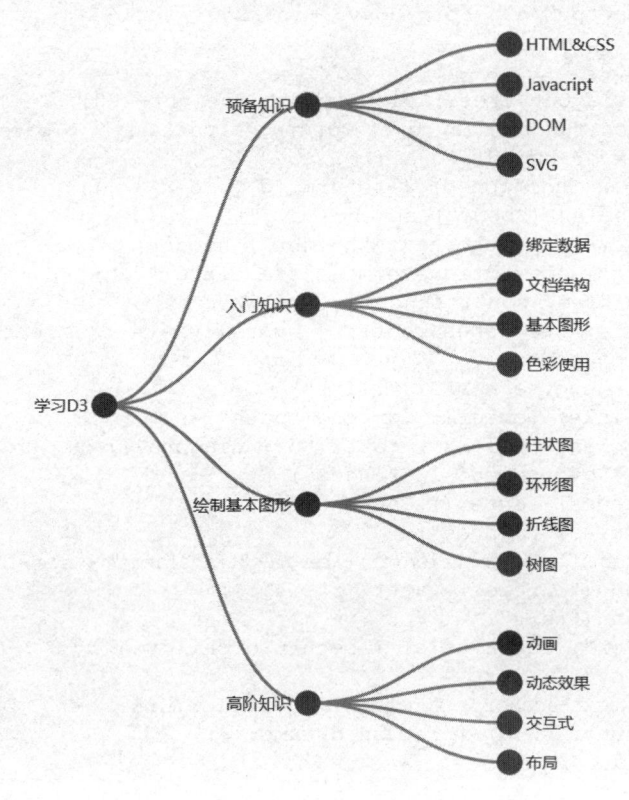

图8-8 知识体系思维导图

【例8-6】采用树状布局绘制部分城市的行政层次图。

设计步骤如下：

(1) 数据准备：收集城市之间联系的行政隶属关系。

(2) 数据转换：利用树状布局将JSON初始数据转换为树状布局的数据，以便显示与绘制。

(3) 节点和边的设计：每个节点表示一个城市，使用不同的颜色、形状或标签来表示城市属性或角色。

(4) 连接线的设计：连接线表示城市之间的连接关系，使用 d3.svg.diagonal() 的曲线形式，通过设计线条的粗细或颜色来表示连接的强度。

(5) 标签和信息：添加节点标签，包括城市名称或其他相关信息。确保标签可读且不会重叠。根据实际数据的大小和复杂性，调整布局参数。

完整代码如下：

```
<html>
  <head>  <meta charset="utf-8">  <title>树状图</title>
<style>
.node circle {  fill: #fff;  stroke: steelblue;  stroke-width: 1.5px;}
.node {  font: 12px sans-serif;}
.link {  fill: none;  stroke: #ccc;  stroke-width: 1.5px;}
</style> </head>
<body>
```

```
<script src="http://d3js.org/d3.v3.min.js"></script>
<script>
var width = 500, height = 500;
var tree = d3.layout.tree().size([width, height-200])
    .separation(function(a, b) { return (a.parent == b.parent ? 1 : 2); });
var diagonal = d3.svg.diagonal()
    .projection(function(d) { return [d.y, d.x]; });
var svg = d3.select("body").append("svg")
    .attr("width", width).attr("height", height)
    .append("g").attr("transform", "translate(40,0)");
d3.json("city_tree.json", function(error, root) {
   var nodes = tree.nodes(root);     var links = tree.links(nodes);
   console.log(nodes);     console.log(links);
   var link = svg.selectAll(".link")
     .data(links) .enter() .append("path")
     .attr("class", "link") .attr("d", diagonal);
   var node = svg.selectAll(".node")
     .data(nodes) .enter() .append("g")
     .attr("class", "node")
     .attr("transform", function(d) { return "translate(" + d.y + "," + d.x + ")"; })
   node.append("circle") .attr("r", 4.5);
   node.append("text")
     .attr("dx", function(d) { return d.children ? -8 : 8; })
     .attr("dy", 3)
     .style("text-anchor", function(d) { return d.children ? "end" : "start"; })
     .text(function(d) { return d.name; });   });
</script></body></html>
```

运行结果如图 8-9 所示。

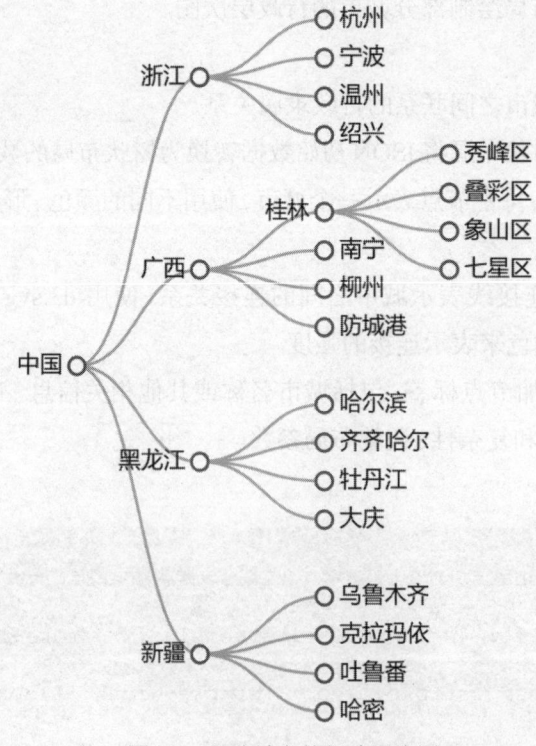

图 8-9 部分城市的行政层次图

8.5 集群图

集群图通常用于表示包含与被包含关系。D3 提供了集群图的布局 d3.layout.cluster(4.X 中为 d3-hierarchy)用于集群图转换数据。

8.5.1 集群图的原理和属性

集群图是一种用于可视化复杂系统或网络中的群集结构和群集间关系的图形表示方式。在集群图中,节点(或子图)分组成不同的群集,每个群集代表具有相关性、相似性或紧密联系的一组元素。这些群集之间的连接表示群集之间的关联或交互。

集群图设计的基本原理涉及如何有效地组织和呈现群集结构以及群集之间的关系。集群图设计的基本原理包括如下。

(1) 群集检测算法选择:首先,需要选择适当的群集检测算法,以将节点分组成不同的群集。常见的算法包括谱聚类、模块化分析、K均值聚类等。算法的选择应根据数据类型和分析目标来确定。

(2) 节点分组:一旦群集被检测出来,节点应该被分组到相应的群集中。每个群集代表具有相关性或相似性的节点集合。在图中,通常使用颜色、形状、标签或虚线边界来表示不同的群集。

(3) 群集布局:节点的布局可以采用不同的方法,例如力导图、树状布局、层次布局等,具体取决于数据和可视化的要求。在布局时,通常会考虑将同一群集的节点放在彼此附近,以便更容易识别和理解群集之间的结构。

(4) 群集间关系:群集之间的关系可以通过连接或边来表示。这些边可以表示不同群集之间的相互作用、关联或连接程度。边的粗细、颜色或曲线度可以用来传达关系的强度或类型。

(5) 群集的标签和描述:为帮助观众理解群集的含义,可以为每个群集添加标签或描述。这些标签通常显示在节点群集的中心或附近。

(6) 颜色编码和视觉元素:使用颜色、形状和其他视觉元素来突出显示不同的群集和节点属性。颜色编码可以用于区分不同群集,形状可以表示不同的节点类型,标签可以提供额外的信息。

(7) 交互性:添加交互功能,例如点击群集以展开或折叠其内部节点,或者缩放和平移以更深入地探索数据。这些交互功能可以增强用户体验并支持深入分析。

(8) 可读性和美观性:确保图表具有良好的可读性,节点和边的布局不会过于拥挤,标签清晰可见。同时,注重图表的美观性,以使其更具吸引力。

(9) 反馈和测试：在设计过程中获取反馈并进行测试，以确保图表能够有效地传达数据的群集结构和关系。

集群图设计的基本原理旨在创建一个清晰、有用和易于理解的可视化工具，以帮助分析复杂系统中的群集结构和交互。通过有效地组织数据并使用视觉元素来传达信息，集群图可以提供深入的数据洞察和可视化呈现。

集群图的属性如下。

- d3.layout.cluster：将实体聚集成树状图。
- cluster.children：取得或设置子节点的访问器函数。
- cluster.links：计算树节点之间的父子连接。
- cluster.nodeSize：为每个节点指定固定的尺寸。
- cluster.nodes：计算簇布局并返回节点数组。
- cluster.separation：取得或设置邻接节点的分隔函数。
- cluster.size：取得或设置布局的尺寸。
- cluster.sort：取得或设置兄弟节点的比较器函数。

8.5.2 集群图的布局步骤

1. 初始数据

初始数据先写在一个 JSON 文件中，再用 D3 来读取。现有数据如下：

```
{"name":"中国",
"children":[
  { "name":"浙江",
    "children": [ {"name":"杭州" }, {"name":"宁波" },
             {"name":"温州" }, {"name":"绍兴" } ] },
  { "name":"广西",
      "children":[
          { "name":"桂林",
            "children":[{"name":"秀峰区"}, {"name":"叠彩区"},
                {"name":"象山区"},{"name":"七星区"} ] },
          {"name":"南宁"},
          {"name":"柳州"},
          {"name":"防城港"}] },
  { "name":"黑龙江",
      "children":[{"name":"哈尔滨"}, {"name":"齐齐哈尔"},
          {"name":"牡丹江"}, {"name":"大庆"}]   },
  { "name":"新疆",
      "children":[{"name":"乌鲁木齐"}, {"name":"克拉玛依"},
          {"name":"吐鲁番"}, {"name":"哈密"} ]  }
] }
```

这段数据表示"中国-省份名-城市名"的包含与被包含关系。

2. 数据转换

定义一个集群图布局。

```
var cluster = d3.layout.cluster()
                .size([width, height - 200]);
```

布局保存在变量 cluster 中，变量 cluster 可用于转换数据。size()设定尺寸，即转换后的各节点的坐标在哪一个范围内。

接着，转换数据。

```
d3.json("city.json", function(error, root) {
  var nodes = cluster.nodes(root);
  var links = cluster.links(nodes);
  console.log(nodes);
  console.log(links); }
```

输出转换后的数据。nodes 中有各个节点的子节点(children)、深度(depth)、名称(name)、位置(x, y)信息，其中 name 是 JSON 文件中就有的属性。links 中有连线两端(source, target)的节点信息。

3. 绘制节点连线

d3.svg.diagonal()是一个对角线生成器，只需要输入两个顶点坐标，即可生成一条贝塞尔曲线，创建一个对角线生成器。

```
var diagonal = d3.svg.diagonal()
    .projection(function(d) { return [d.y, d.x]; });
```

projection()是一个点变换器，默认是 [d.x , d.y]，即保持原坐标不变。如果写成 [d.y , d.x]，即对任意输入的顶点，都交换 x 和 y 坐标。

绘制连线时，使用方法如下：

```
var link = svg.selectAll(".link")
      .data(links)
      .enter()
      .append("path")
      .attr("class", "link")
      .attr("d", diagonal);      // 使用对角线生成器 path 值
```

4. 绘制节点和文字

```
// 获取所有节点元素
  var node = svg.selectAll(".node")
      .data(nodes)
      .enter()
      .append("g")
      .attr("class", "node")
      .attr("transform", function(d) { return "translate(" + d.y + "," + d.x
    + ")"; })
  // 节点元素绘制圆
  node.append("circle")
      .attr("r", 4.5);
  // 添加文本
  node.append("text")
```

```
        .attr("dx", function(d) { return d.children ? -8 : 8; })
        .attr("dy", 3)
        .style("text-anchor", function(d) { return d.children ? "end" : "start"; })
        .text(function(d) { return d.name; });
```

8.5.3 集群图的实例

【例8-7】采用集群图布局绘制部分城市的行政层次图。

完整代码如下:

```
<html>
    <head> <meta charset="utf-8"><title> 集群布局 </title></head>
    <style>
        .node circle {fill: #000;  stroke: steelblue; stroke-width: 1.5px;}
        .node {font: 8px sans-serif;  }
        .link {fill: none;  stroke: steelblue; stroke-width: 1.5px;}
    </style>
    <body>
    <script src="http://d3js.org/d3.v3.min.js"></script>
    <script>
    var width = 400,  height = 400;
    var cluster = d3.layout.cluster() .size([width, height - 200]);
    var diagonal = d3.svg.diagonal()
            .projection(function(d) { return [d.y, d.x]; });
    var svg = d3.select("body").append("svg")
            .attr("width", width) .attr("height", height)
            .append("g") .attr("transform", "translate(40,0)");
    d3.json("city.json", function(error, root) {
        var nodes = cluster.nodes(root);
        var links = cluster.links(nodes);
        console.log(nodes);  console.log(links);
        var link = svg.selectAll(".link") .data(links)
            .enter() .append("path") .attr("class", "link") .attr("d", diagonal);
        var node = svg.selectAll(".node")
            .data(nodes) .enter() .append("g") .attr("class", "node")
            .attr("transform", function(d) { return "translate(" + d.y +
    "," + d.x + ")"; })
        node.append("circle") .attr("r", 4.5);
        node.append("text")
            .attr("dx", function(d) { return d.children ? -8 : 8; })
            .attr("dy", 3)
            .style("text-anchor", function(d) { return d.children ? "end" : "start"; })
            .text(function(d) { return d.name; });    });
    </script>
    </body>
</html>
```

运行结果如图8-10所示。

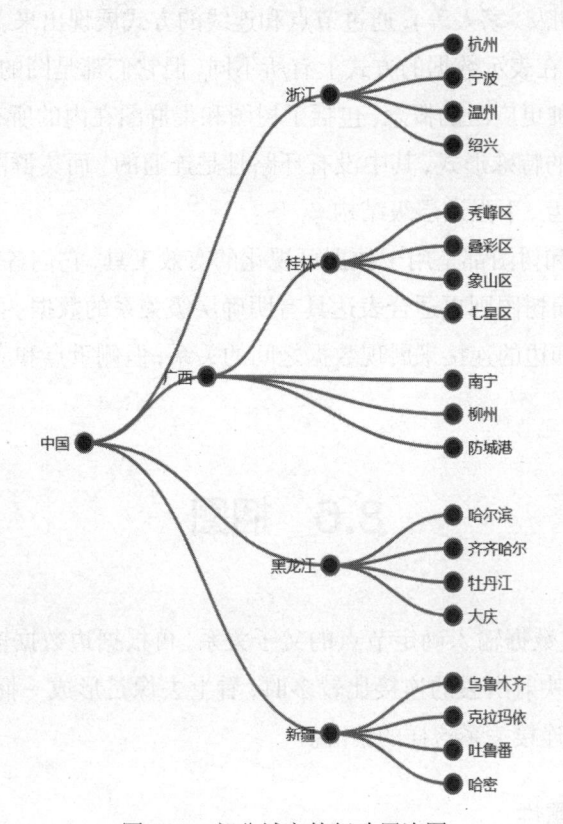

图8-10　部分城市的行政层次图

集群图(见例8-7)和树图(见例8-6)采用同一组初始数据,但是可以看出表现形式存在差异。

树图是一种用于表示层次结构和分类的数据可视化方法。它通过父子层次结构来组织对象,通常用于展示从一般到具体的逐步转化过程,帮助理解和分析复杂的数据结构或知识体系。相比之下,树图是一种层次化的图表,它有一个明确的根节点和子节点,形成了一种树状结构。树图适合表示具有层次关系的数据,如组织结构、家族谱系等。树图通过节点和边的连接展示数据之间的层级关系,每个节点代表一个数据项,边表示数据项之间的关系。树图的特点是能够清晰地展示数据之间的层级结构和父子关系。树图在数学、计算机科学、生物学等领域中广泛应用,用于表示数据间的层级关系,如系统树状图和表型树状图等。

集群图则更多地应用于数据分析和数据可视化领域,尤其是在D3.js等数据可视化工具中。集群图通常用于处理树形结构数据,与树图相似,但集群图的所有叶子节点(每个分支深度最深的节点)都放在统一深度的位置上,形成一个圆或其他形状,这为数据的展示提供了更多的视觉效果和交互性。集群图的设计旨在更好地理解和分析大量数据之间的关系和模式,通过视觉化的方式帮助用户发现数据中的集群和模式。集群图主要用于表示两个节点之间的联系,通过两点之间的连线来表示节点之间的关联。集群图能够清晰地展示节点之间的连接关系,适用于展示节点之间的复杂联系和交互。例如,在社交网络分析中,集群图可以用来表示人与人之间的关系(如朋友、家人等),通过节点和连线的方式展现出来。

尽管集群图和树图在表示数据的方式上有所不同,但它们都是图的一种表现形式,都属于网络图的范畴。图是一种更广泛的概念,包括了树图和集群图在内的所有节点和边构成的网络结构。树图可以看作图的特殊形式,其中没有环路且是连通的。而集群图则更加侧重于展示节点之间的直接联系和交互,不强调层级结构。

总的来说,集群图和树图都是用于数据可视化的有效工具,它们各有优势。集群图适用于展示复杂的网络关系,而树图则更适合表达具有明确层级关系的数据。两者都是数据关系的一种表现形式,通过节点和边的连接来展现数据之间的关系,但侧重点和应用场景有所不同。

8.6 捆图

捆绑布局根据节点数据输入确定节点的父子关系,再根据边数据输入确定节点之间的边怎么画。当从一个节点映射出去的连接比较多时,看上去像是形成一捆绳,因此叫捆图,适合展示各大城市之间高铁连接关系这样的情况。

8.6.1 捆图布局的属性

捆图是 D3 中比较奇特的一个布局,它只有两个函数,而且需要与其他布局配合使用。
- d3.layout.bundle():创建一个捆图布局。
- bundle(links):根据数组 links 的 source 和 target,计算路径。

捆图的布局之所以函数少,是因为它常与其他层级布局一起使用。所谓层级布局是指采用嵌套结构(父子节点关系)来描述节点信息,根据层级布局扩展出来的布局有集群图、打包图、分区图、树状图、矩阵树图。最常见的是将捆图与集群图一起使用,使用集群图布局计算节点的位置,再用捆图布局计算连线路径。也就是说,捆图布局只干一件事:计算连线的路径。它适合用来描述某些点的密集程度,如可以用来表示经过哪一座城市的高铁最密集等。

8.6.2 捆图的布局步骤

中国的高铁已经在很多城市开通,如北京到上海、北京到桂林等。现要制作一个捆图来表示经过哪一座城市的高铁最密集。具体步骤如下。

1. 初始数据

现有 9 座城市。

```
var cities = { name: "",
    children:[
```

```
                {name: "北京"},{name: "上海"},{name: "杭州"},
                {name: "广州"},{name: "桂林"},{name: "昆明"},
                {name: "成都"},{name: "西安"},{name: "太原"}
        ] };
```

这9座城市所属的节点有一个公共的父节点,父节点名称为空,稍后并不绘制此父节点。另外还有连接各城市高铁的数组,source和target分别表示高铁的两端。

```
var railway = [
                {source: "北京", target: "上海"}, {source: "北京", target: "广州"},
                {source: "北京", target: "杭州"}, {source: "北京", target: "西安"},
                {source: "北京", target: "成都"}, {source: "北京", target: "太原"},
                {source: "北京", target: "桂林"}, {source: "北京", target: "昆明"},
                {source: "北京", target: "成都"}, {source: "上海", target: "杭州"},
                {source: "昆明", target: "成都"}, {source: "西安", target: "太原"}
];
```

2. 数据转换

前面提到,捆图布局要和其他布局联合使用,这里与集群图布局联合。首先分别创建一个集群图布局和一个捆图布局。

```
var cluster = d3.layout.cluster()
                .size([360, width/2 - 50])
                .separation(function(a, b) {
return (a.parent == b.parent ? 1 : 2) / a.depth;
});
var bundle = d3.layout.bundle();
```

从集群图布局的参数可以看出,接下来节点将要呈圆形分布。捆图布局没有参数可以设置,只创建即可,保存在变量bundle中。

先使用集群图布局计算节点。

```
var nodes = cluster.nodes(cities);
console.log(nodes);
```

将计算后的节点数组保存在nodes中,并输出该数组。第一个节点有9个子节点,其他的节点都有且只有一个父节点,没有子节点。这是接下来捆图要使用的节点数组,但却是用集群图布局计算而来的。

下一步是重点,要使用数组railway。由于railway中存储的source和target都只有城市名称,因此先要将其对应成nodes中的节点对象。写一个函数,按城市名将railway中的source和target替换成节点对象。

```
function map( nodes, links ){
var hash = [];
    for(var i = 0; i < nodes.length; i++){
        hash[nodes[i].name] = nodes[i];
    }
    var resultLinks = [];
    for(var i = 0; i < links.length; i++){
```

```
            resultLinks.push({        source: hash[ links[i].source ],
                                      target: hash[ links[i].target ]
                                   });
    }
    return resultLinks;  }
```

通过该函数返回的数组即可作为捆图布局bundle的参数使用。

```
var oLinks = map(nodes, railway);
    console.log(oLinks);
var links = bundle(oLinks);
console.log(links);
```

捆图布局根据各连线的source和target为我们计算了一条条连线路径，我们可以把捆图布局的作用简单地解释为：使用这些路径绘制的线条能更美观地表示"经过哪座城市的高铁最多"。

3. 绘制

经过捆图布局转换后的数据很适合用d3.svg.line()和d3.svg.line.radial()来绘制，前者是线段生成器，后者是放射式线段生成器。在line.interpolate()所预定义的插值模式中，有一种就叫做bundle，它正是为捆图准备的。

由于本例中用集群图布局计算节点数组使用的是圆形，因此要用放射式的线段生成器。首先创建一个生成器。

```
var line = d3.svg.line.radial()
        .interpolate("bundle")
        .tension(.85)
        .radius(function(d) { return d.y; })
        .angle(function(d) { return d.x / 180 * Math.PI; });
```

此线段生成器是用来获取连线路径的。接下来，添加一个分组元素<g>，用来放所有与捆图相关的元素。

```
gBundle = svg.append("g")
            .attr("transform",
"translate(" + (width/2) + "," + (height/2) + ")");
var color = d3.scale.category20c();    // 颜色比例尺
```

然后，先在gBundle中添加连线路径。

```
var link = gBundle.selectAll(".link")
            .data(links)
            .enter()
            .append("path")
            .attr("class", "link")
            .attr("d", line);        // 使用线段生成器
```

在该连线的样式中，添加透明度能够在连线汇聚处更显示出"捆"的效果。例如样式设定为：

```
.link {
     fill: none;
     stroke: black;
     stroke-opacity: .5;
     stroke-width: 8px;
}
```

最后，向图中添加节点。节点用一个圈，里面写上城市的名称来表示。首先，绑定节点数组，并添加与之对应的<g>元素。

```
var node = gBundle.selectAll(".node")
                .data( nodes.filter(function(d) { return !d.children; }) )
                .enter()
                .append("g")
                .attr("class", "node")
                .attr("transform", function(d) {
                    return "rotate(" + (d.x - 90) + ")translate("
+ d.y + ")" + "rotate("+ (90 - d.x) +")";
                });
```

要注意，被绑定的数组是经过过滤后的nodes数组。nodes.filter(function(d) { return !d.children; })函数表示只绑定没有子节点的节点，也就是说9座城市的公共父节点不绘制。然后只要在该分组元素<g>中分别加入<circle>和<text>即可。

```
node.append("circle")
            .attr("r", 20)
            .style("fill",function(d,i){ return color(i); });
node.append("text")
            .attr("dy",".2em")
            .style("text-anchor", "middle")
            .text(function(d) { return d.name; });
```

8.6.3 捆图的实例

【例8-8】绘制多个城市之间的高铁连接情况捆图。

完整代码如下：

```
<!DOCTYPE html>
<html lang="en">
  <head>    <title> 捆图 Bundle</title>    <style>
    .link{fill: none;    stroke: darkorange;    stroke-opacity: 0.5; stroke-width: 8px; }
    </style>    </head>
  <body>
    <script src="http://d3js.org/d3.v3.min.js"></script>
    <script>
      // 画布大小
      var width = 700; var height = 600;
      var svg = d3.select("body")
        .append("svg") .attr("width", width) .attr("height", height);
      // 先定义一个外边框对象
      var margin = { left: 50, right: 50, top: 30, bottom: 30 };
```

```javascript
var arr = [];
for (var i = 0; i < railway.length; i++) { var item = railway[i];
  if (arr.indexOf(item.source) == -1) { arr.push(item.source); }
  if (arr.indexOf(item.target) == -1) { arr.push(item.target); }     }
var cities = { name: "",children: [] };
cities.children = arr.map(function(item) { return { name: item }; });
console.log(cities);
// 集群图布局
var cluster = d3.layout .cluster()
  .size([360, width / 2 - margin.left - margin.right])
  .separation(function(a, b) { return (a.parent == b.parent ? 1 : 2) / a.depth; });
// 捆图布局
var bundle = d3.layout.bundle();
// 使用集群图布局计算节点
var nodes = cluster.nodes(cities);   console.log(nodes);
// 定义一个函数，按城市名将 railway 中的 source 和 target 替换成节点对象
function mapNodes(nodes, links) {
  var hash = [];
  for (var i = 0; i < nodes.length; i++) { hash[nodes[i].name] = nodes[i]; }
  var resultLinks = [];
  for (var j = 0; j < links.length; j++) {
    resultLinks.push({
      source: hash[links[j].source],
      target: hash[links[j].target]   });   }
  return resultLinks;      }
var oLinks = mapNodes(nodes, railway);
console.log(oLinks);
var links = bundle(oLinks);
console.log(links);
// 放射式的线段生成器
var line = d3.svg.line.radial()
  .interpolate("bundle") .tension(0.85)
  .radius(function(d) { return d.y; })
  .angle(function(d) { return (d.x / 180) * Math.PI;   });
// 添加一个分组元素 <g>，用来放所有与捆图相关的元素
var gBundle = svg
  .append("g")
  .attr("transform", "translate(" + width / 2 + "," + height / 2 + ")");
var color = d3.scale.category20();  // 颜色比例尺
// 在 gBundle 中添加连线路径
var link = gBundle
  .selectAll(".link") .data(links)
  .enter() .append("path")
  .attr("class", "link") .attr("d", line); // 使用线段生成器
// 向图中添加节点
var node = gBundle.selectAll(".node")
  .data( nodes.filter(function(d) {
      return !d.children; // 只绑定没有子节点的节点      }) )
  .enter() .append("g").attr("class", "node")
  .attr("transform", function(d) {
    return ( "rotate(" + (d.x - 90) + ")translate(" + d.y +")" +
    "rotate(" + (90 - d.x) +")"
    );
  });
node .append("circle")   .attr("r", 20)
  .style("fill", function(d, i) {   return color(i);   });
node.append("text")  .attr("dy", ".2em")  .style("text-anchor", "middle")
```

```
            .text(function(d) {    return d.name;          });
</script></body></html>
```

运行结果如图8-11所示。

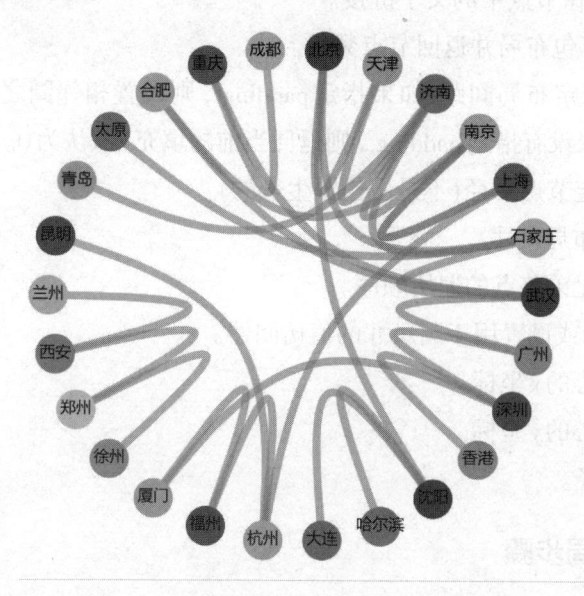

图8-11　多个城市之间的高铁连接情况捆图

由图可见，由于经过北京的高铁线路最多，连线在北京的圆圈处最密集，就好像将很多条绳子"捆"在这里一样。当节点和连线变得很多很复杂时，捆图可以展现更为高阶的设计技术。

8.7　打包图

打包图用于描述对象之间包含与被包含的关系，也可表示各个对象的权重，通常用一圆套一圆来表示包含与被包含的关系，用圆的大小来表示各个对象的权重。它是层级布局的一个扩展，用来表示包含与被包含的关系。

8.7.1　打包图布局的属性

打包图使用嵌套来表示层次结构。对于打包指定的一组circle，每个圆必须包含circle.r属性来表示圆的半径。每个圆会被附加以下属性。

- circle.x：圆中心的x坐标。
- circle.y：圆中心的y坐标。

计算能包裹一组circle的最小圆。最小包裹圆的实现基于Matoušek-Sharir-Welzl算法。d3.pack()创建一个打包布局，有如下属性：

- d3.layout.pack:用递归的圆生成一个层次布局。
- pack.children:取得或设置子节点的访问器。
- pack.links:计算树节点中的父子链接。
- pack.nodes:计算包布局并返回节点数组。
- pack.padding:指定布局间距,如果指定padding,则设置相邻圈之间的大概填充,以像素为单位。如果没有指定padding,则返回当前的填充,默认为0。
- pack.radius:指定节点半径(不是由值派生来的)。
- pack.size:指定布局尺寸。
- pack.sort:控制兄弟节点的遍历顺序。
- pack.value:取得或设置用于圆尺寸的值访问器。
- node.x:节点中心的x坐标。
- node.y:节点中心的y坐标。
- node.r:圆的半径。

8.7.2 打包图的布局步骤

1. 初始数据

以下列家电品牌数据为例,分为电视、手机、豆浆机3个类别,每个类别下又有具体品牌,写入JSON文件如下。

```
{ "name":" 家电品牌 ",
"children":[
    { "name":" 电视 ",
        "children":  [ {"name":"海信" }, {"name":" 长虹 " },{"name":"创维" } ]
    },
    { "name":" 手机 ",
        "children":  [{"name":"华为"}, {"name":" 小米 "}, {"name":"荣耀"} ]
    },
    { "name":" 豆浆机 ",
        "children":[{"name":"九阳"},{"name":"小白熊"},{"name":"美的"}]
} ] }
```

2. 数据转换

打包图用于表示包含与被包含的关系,也可表示各对象的权重,通常用一圆套一圆来表示前者,用圆的大小来表示后者。

```
var pack = d3.layout.pack()
        .size([ width, height ])
        .radius(20);
```

第1行:打包图的布局。

第2行:size()设定转换的范围,即转换后顶点的坐标(x,y)都会在此范围内。如果指定了大小size,则设定可用的布局大小为指定的表示x和y的二元数组。如果size大小没有指定,则返回当前大小,默认为1×1。

第3行:radius()设定转换后最小的圆的半径。如果指定了半径radius,则设置半径的函数,用于计算每个节点的半径。如果半径radius为空,默认情况下,半径自动从节点值确定,且调整为适合的布局大小。如果半径radius未指定,则返回当前的半径函数,默认为null。此半径radius也可为均匀的圆大小指定一个恒定数目。

读取数据并转换的代码如下:

```
d3.json("city2.json", function(error, root) {
    var nodes = pack.nodes(root);
    var links = pack.links(nodes);
}
```

上面用pack函数分别将数据转换成了顶点nodes和连线links。可以看到,数据被转换后,多了深度信息(depth)、半径大小(r)、坐标位置(x,y)等。打包图无须对连线进行绘制。

其中,pack.nodes(root)运行包布局,返回与指定根节点root相关联的节点的数组。簇布局是D3家族分层布局中的一部分。这些布局遵循相同的基本结构:输入参数是层次结构的根节点root,输出的返回值是一个代表所有节点计算出的位置的数组。每个节点上填充以下几个属性。

- parent:父节点,或根节点为null。
- children:子节点数组,或叶子节点为null。
- value:节点的值,作为访问器返回的值。
- depth:节点的深度,根节点从0开始。
- x:计算的节点位置的x坐标。
- y:计算的节点位置的y坐标。
- r:计算的节点半径。

pack.links(nodes)给定一个特定节点的数组nodes,例如由节点返回的,返回表示每个节点的从父母到孩子链接的对象数组。叶子节点将不会有任何的链接。每个链接都是一个对象,且具有两个属性:

- source:父节点(如上所述)。
- target:子节点。

3. 绘制圆和文字

```
svg.selectAll("circle").append("circle")
    .attr("fill","#6495ED")  .attr("fill-opacity","0.5")
    .attr("cx",function(d){ return d.x;})
    .attr("cy",function(d){ return d.y;})
    .attr("r",function(d){  return d.r;    })
svg.selectAll("text") .data(nodes)  .append("text")
    .attr("font-size","10px") .attr("fill","white")
    .attr("fill-opacity",function(d){
        if(d.depth == 2)    return "0.9";
```

```
                else    return "0";                }
```

8.7.3 打包图的实例

【例8-9】以打包图显示家电品牌。

```
<html>
<head> <meta charset="utf-8"><title>Pack</title> </head>
<body>
<script src="http://d3js.org/d3.v3.min.js"></script>
<script>
    var width  = 400;   var height = 400;
    var pack = d3.layout.pack().size([ width, height ]).radius(20);
    var svg = d3.select("body").append("svg")
        .attr("width", width) .attr("height", height)
        .append("g") .attr("transform", "translate(0,0)");
    d3.json("brand.json", function(error, root) {
        var nodes = pack.nodes(root);     var links = pack.links(nodes);
        console.log(nodes);      console.log(links);
        svg.selectAll("circle")
            .data(nodes).enter()   .append("circle")
            .attr("fill","#6495ED").attr("fill-opacity","0.5")
            .attr("cx",function(d){return d.x; })
            .attr("cy",function(d){return d.y; })
            .attr("r",function(d){return d.r;})
        svg.selectAll("text")
            .data(nodes) .enter() .append("text")
            .attr("font-size","10px")
            .attr("fill","white")  .attr("fill-opacity",function(d){
             if(d.depth == 2)      return "0.9";
                else   return "0";  })
            .attr("x",function(d){ return d.x; }) .attr("y",function(d){ return d.y; })
            .attr("dx",-12)   .attr("dy",1)
            .text(function(d){ return d.name; });  });
</script></body> </html>
```

运行结果如图8-12所示。

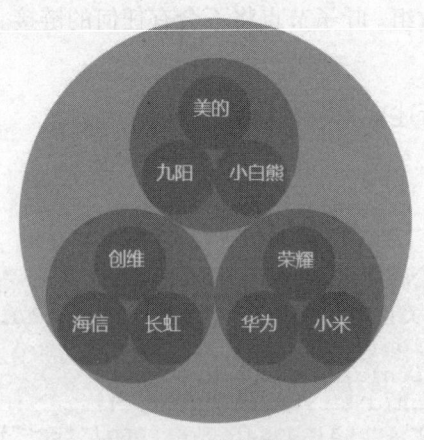

图8-12 家电品牌打包图

【例8-10】可以给每个包分组设置交互效果，本例是带有动态交互的打包图显示D3学习思维导图，初始数据在mind-map.json中。

```
<html>
<head><meta charset="utf-8"> <title>Pack</title></head>
<body>
<script src="http://d3js.org/d3.v3.min.js"></script>
<script>
    var width  = 400;  var height = 400;
    var pack = d3.layout.pack().size([ width, height ]) .radius(20);
    var svg = d3.select("body").append("svg")
        .attr("width", width) .attr("height", height)
        .append("g") .attr("transform", "translate(0,0)");
    d3.json("city2.json", function(error, root) {
        var nodes = pack.nodes(root); var links = pack.links(nodes);
        console.log(nodes);      console.log(links);
        svg.selectAll("circle")
            .data(nodes).enter().append("circle")
            .attr("fill","purple").attr("fill-opacity","0.5").
attr("stroke","white")
            .attr("cx",function(d){return d.x;})
            .attr("cy",function(d){return d.y; })
            .attr("r",function(d){return d.r; })
            .on("mouseover",function(d,i){d3.select(this).
attr("fill","yellow");   })
            .on("mouseout",function(d,i){d3.select(this).
attr("fill","purple");   });
        svg.selectAll("text")
            .data(nodes) .enter() .append("text")
            .attr("font-size","8px") .attr("fill","white")
            .attr("fill-opacity",function(d){
   if(d.depth == 2)   return "0.9";
            else   return "0";        })
            .attr("x",function(d){ return d.x; }) .attr("y",function(d){ return d.y; })
        .attr("dx",-12)  .attr("dy",1) .text(function(d){ return d.name; }); });
</script></body> </html>
```

运行结果如图8-13所示。

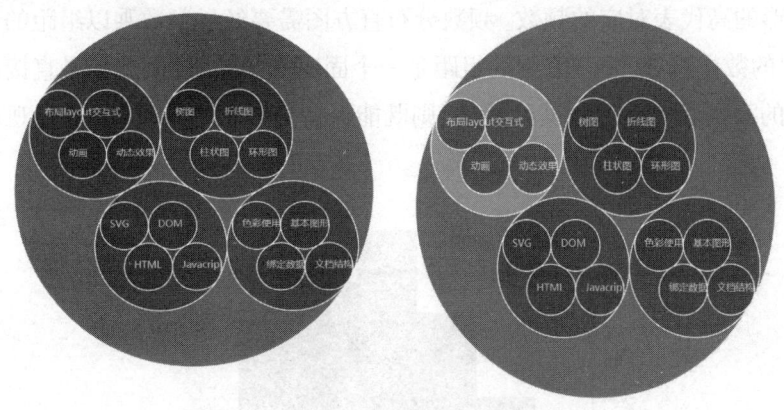

图8-13　带有交互效果的家电品牌打包图

8.8 直方图

直方图用于描述概率分布，D3 提供了直方图的布局 d3.layout.histogram 用于直方图转换数据。它能够显示各组频数或数量分布的情况，易于显示各组之间频数或数量的差别。通过直方图还可以观察和估计哪些数据比较集中，以及异常或孤立的数据分布。

8.8.1 直方图的数学知识和属性

直方图形状类似柱状图，却有着与柱状图完全不同的含义。直方图牵涉统计学的概念，首先要对数据进行分组，然后统计每个分组内数据元的数量。它由一批长方形构成，通过长方形的面积或高度来代表对应组在数据中所占的比例。用长方形的面积代表对应组的频数与组距的比时，则称为频率分布直方图；当用长方形的高代表对应组的频数时，则称为频数分布直方图。严格统计意义上的直方图都是指频率分布直方图，而且统计意义上的直方图没有纵向刻度。

1. 直方图中的统计学概念

(1) 组数：在统计数据时，我们把数据按照不同的范围分成几个组，分成的组的个数称为组数。

(2) 组距：每一组两个端点的差。

(3) 频数：分组内的数据元的数量除以组距。

2. 直方图中的各部分意义

在平面直角坐标系中，频数分布直方图如图 8-14 所示，横轴标出每个组的端点，纵轴表示频数，每个矩形的高代表对应的频数。频数分布直方图需要经过频数乘以组距的计算过程才能得出每个分组的数量，同一个直方图的组距是一个固定不变的值，因此如果直接用纵轴表示数量，每个矩形的高代表对应的数据元数量，则既能保持分布状态不变，又能直观地看出每个分组的数量。

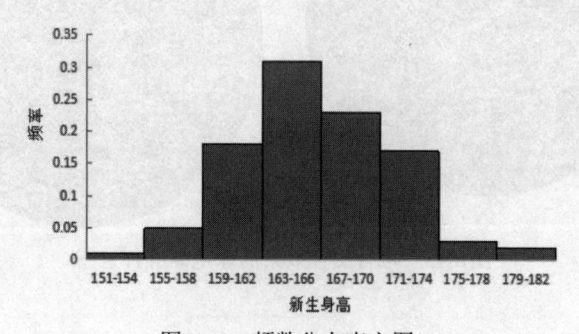

图 8-14 频数分布直方图

例如：随机生成1000个整数，分为20组，结果如图8-15显示。纵轴为每个分组的数据的个数即频数，横轴为每个分组数据占1000的比率，即频率。

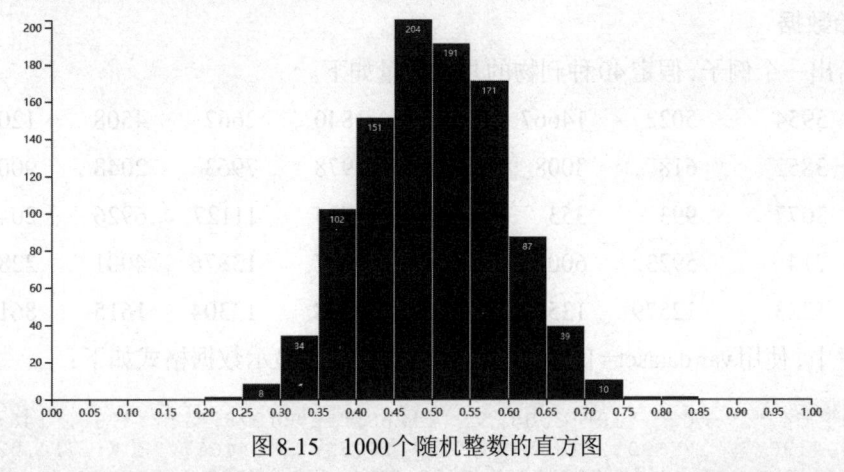

图8-15　1000个随机整数的直方图

直方图与柱状图的区别在于：柱状图是以矩形的长度表示每一组的频数或数量，其宽度（表示类别）则是固定的，利于较小的数据集分析。直方图是以矩形的长度表示每一组的频数或数量，宽度则表示各组的组距，因此其高度与宽度均有意义，利于展示大量数据集的统计结果。由于分组数据具有连续性，直方图的各矩形通常是连续排列，而柱状图则是分开排列。

3. 直方图布局的属性

直方图布局的属性如下。

- d3.layout.histogram：构造一个新的默认的直方图布局。
- histogram.bins：指定值是如何组织到箱中的，bins为分隔数。
- histogram.frequency：按频数或频率计算分布，若值为 true，则统计的是个数；若值为 false，则统计的是概率。指定直方图的y值是否是一个计数（频率）或概率（密度），默认值为频率。如果没有指定频数，则返回当前频率的布尔值。
- histogram.range：取得或设置值的范围、区间的范围。指定直方图范围，忽略在指定范围之外的值。可以通过二元数组指定range，数组表示范围的最大值和最小值；或者将range指定为一个函数，该函数返回values数组和传递到histogram的当前索引。默认范围为值的长度（minimum和maximum）。如果未指定range，则返回当前范围函数。
- histogram.value：取得或设置值访问器。

在指定的values数组上计算直方图时，可以指定一个可选参数index，传递给范围函数和箱函数。返回值为数组的数组：外部数组的每个元素表示一个容器，每个容器包含输入values的相关元素。此外，每个容器有3个属性：

- x：区间的起始位置。
- dx：区间的宽度。
- y：落到此区间的数值的数量（如果 frequency 为 true）；落到此区间的概率（如果 frequency 为 false）。

8.8.2 直方图的布局步骤

1. 初始数据

此处给出一个例子，假定40种刊物的月发行量如下。

5954	5022	14667	6582	1840	2662	4508	1208
3852	618	3008	1268	1978	7963	2048	9005
3077	993	353	14263	1714	11127	6926	2047
714	5923	6006	14267	1697	13876	4001	2280
1223	12579	13588	7215	4538	13304	1615	8612

在程序中，使用 var dataset= []; 存放上述数据，控制台显示数据格式如下：

```
{"0":5954,"1":5022,"10":3008,"11":1268,"12":1978,"13":7963,"14":2048,"15
":9005,"16":3077,"17":993,"18":353,"19":14263,"2":14667,"20":1714,"21":11127
,"22":6926,"23":2047,"24":714,"25":5923,"26":6006,"27":14267,"28":1697,"29":1
3876,"3":6582,"30":4001,"31":2280,"32":1223,"33":12579,"34":13588,"35":7215,"
36":4538,"37":13304,"38":1615,"39":8612,"4":1840,"5":2662,"6":4508,"7":1208,"
8":3852,"9":618,
    "length":40}
```

2. 数据转换

接下来，要将上述数据进行转换，即确定一个区间和分隔数之后，让数组的数值落在各区域里。先定义一个直方图的布局。

```
var bin_num = 15;
var histogram = d3.layout.histogram()
                  .range([0, 16000]) //
                  .bins(bin_num)
                  .frequency(true);
var data = histogram(dataset);
```

通过以上代码，定义了15个分组，显示数据区间为[0, 16000]，对数据进行转换。转换后的结果如下：

```
{"0":[618,993,353,714], "1":[1840,1208,1268,1978,2048,1714,2047,1697,1223,1615],
"2":[2662,3008,3077,2280],"3":[3852,4001],"4":[5022,4508,4538],"5":[5954
,5923,6006],"6":[6582,6926,7215],"7":[7963],"8":[9005,8612],"9":[],"10":[111
27],"11":[12579],"12":[13588,13304],"13":[14667,14263,14267,13876],"14":[],
    "length":15}
```

转换后的数组包含编号、落在此区间的数值；length 表示分组长度，如上述代码中转换后有15个分组。

3. 绘制

(1) 绘制直方图的矩形。

```
// 绘制矩形
```

```
        .append("rect")
        .attr("x", function(d, i) { return i * rect_step;         })
        .attr("y", function(d, i) { return max_height - yScale(d.y);  })
        .attr("width", function(d, i) { return rect_step - 2;     })
        .attr("height", function(d) { return yScale(d.y);         })
        .attr("fill",function(d, i) { return color(i);            });
```

(2) 绘制坐标轴的直线。

```
        .append("line") .attr("stroke", "black") .attr("stroke-width", "1px")
        .attr("x1", 0) .attr("y1", max_height)
        .attr("x2", data.length * rect_step) .attr("y2", max_height);
```

(3) 绘制坐标轴的分隔符直线。

```
    graphics .selectAll(".linetick")
      .attr("stroke", "black") .attr("stroke-width", "1px")
      .attr("x1", function(d, i) { return i * rect_step + rect_step / 2;  })
      .attr("y1", max_height)
      .attr("x2", function(d, i) { return i * rect_step + rect_step / 2;  })
      .attr("y2", max_height + 5);
```

(4) 绘制坐标轴的标签。

```
    graphics .selectAll("text")
      .data(data) .enter() .append("text")
      .attr("font-size", "10px")
      .attr("x", function(d, i) { return i * rect_step;     })
      .attr("y", function(d, i) { return max_height;        })
      .attr("dx", rect_step / 2 - 8)
      .attr("dy", "15px")
      .text(function(d) {   return Math.floor(d.x);     });
```

8.8.3 直方图的实例

【例8-11】直方图显示40种刊物的月发行量情况。

完整代码如下：

```
<!DOCTYPE html>
<html lang="en">
  <head>
    <meta charset="UTF-8" />
    <meta name="viewport" content="width=device-width, initial-scale=1.0" />
    <meta http-equiv="X-UA-Compatible" content="ie=edge" />
    <title>D3.js 进阶篇：直方图 </title>
    <style>
      .node circle {
        fill: #fff;
        stroke: steelblue;
        stroke-width: 1.5px;
      }

      .node {
        font: 12px sans-serif;
```

```
      }
    .link {
      fill: none;
      stroke: #ccc;
      stroke-width: 1.5px;
    }
  </style>
</head>

<body>
  <script src="https://d3js.org/d3.v3.min.js"></script>
  <script>
    // 画布大小
    var width = 600;
    var height = 600;

    var svg = d3
      .select("body")
      .append("svg")
      .attr("width", width)
      .attr("height", height)
      .append("g")
      .attr("transform", "translate(40,0)");

    // 生成一个随机数组
    var rand = d3.random.normal(0, 25);
    var dataset = [];
    for (var i = 0; i < 100; i++) {
      dataset.push(+rand().toFixed(2)); // 保留两位小数
    }

    var dataset =[5954,5022,14667,6582,1840,2662,4508,1208,
    3852,618,3008,1268,1978,7963,2048, 9005,
    3077, 993, 353,14263,1714,11127,6926,2047,
    714,5923,6006,14267,1697,13876,4001,2280,
    1223,12579,13588,7215,4538,13304,1615,8612]

    console.log(dataset);
    var color = d3.scale.category20(); // 颜色比例尺
    //   指定间隔数

    var bin_num = 15;
    // 定义一个直方图的布局
    var histogram = d3.layout
      .histogram()
      // .range([-50, 50])
      .range([0, 16000])
      .bins(bin_num)
      .frequency(true);

    // 应用布局, 对数据进行转换
    var data = histogram(dataset);
    console.log(data);

    // 定义比例尺
    var max_height = 400;
```

```javascript
var rect_step = 30;
var heights = [];
for (var i = 0; i < data.length; i++) {
  heights.push(data[i].y);
}
var yScale = d3.scale
  .linear()
  .domain([d3.min(heights), d3.max(heights)])
  .range([0, max_height]);

// 绘制图形
var graphics = svg.append("g").attr("transform", "translate(30,20)");

// 绘制矩形
graphics
  .selectAll("rect")
  .data(data)
  .enter()
  .append("rect")
  .attr("x", function(d, i) {
    return i * rect_step;
  })
  .attr("y", function(d, i) {
    return max_height - yScale(d.y);
  })
  .attr("width", function(d, i) {
    return rect_step - 2;
  })
  .attr("height", function(d) {
    return yScale(d.y);
  })
  .attr("fill",function(d, i) {
    return color(i);
  });


// 绘制坐标轴的直线
graphics
  .append("line")
  .attr("stroke", "black")
  .attr("stroke-width", "1px")
  .attr("x1", 0)
  .attr("y1", max_height)
  .attr("x2", data.length * rect_step)
  .attr("y2", max_height);

// 绘制坐标轴的分隔符直线
graphics
  .selectAll(".linetick")
  .data(data)
  .enter()
  .append("line")
  .attr("stroke", "black")
  .attr("stroke-width", "1px")
  .attr("x1", function(d, i) {
    return i * rect_step + rect_step / 2;
  })
```

```
      .attr("y1", max_height)
      .attr("x2", function(d, i) {
        return i * rect_step + rect_step / 2;
      })
      .attr("y2", max_height + 5);

    // 绘制文字
    graphics
      .selectAll("text")
      .data(data)
      .enter()
      .append("text")
      .attr("font-size", "10px")
      .attr("x", function(d, i) {
        return i * rect_step;
      })
      .attr("y", function(d, i) {
        return max_height;
      })
      .attr("dx", rect_step / 2 - 8)
      .attr("dy", "15px")
      .text(function(d) {
        return Math.floor(d.x);
      });
    </script>
  </body>
</html>
```

运行效果如图8-16所示。

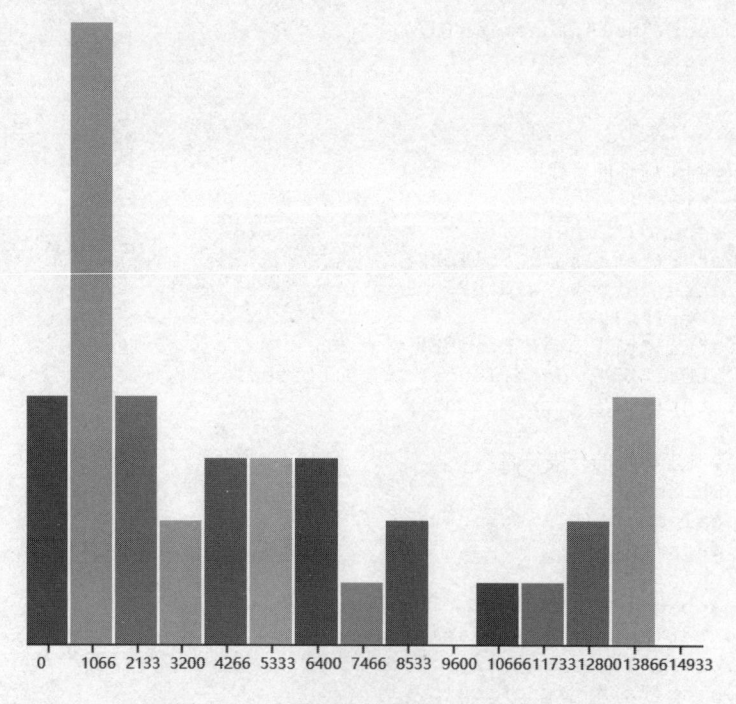

图8-16　40种刊物的月发行量直方图

8.9 分区图

分区图是一种数据可视化图表，通常用于展示分层或分组数据，其中每个分区代表一个特定的类别、类别集合或组织单元。分区图通过将整体数据集划分为多个部分(分区)，以便更清晰地呈现数据的层次结构和组织关系。这些分区通常以不同的方式可视化，例如不同的颜色、大小、形状或排列方式，以突出显示它们的差异或关联性。

8.9.1 分区图布局的属性

分区图布局算法是用于确定分区图中节点位置的方法，以使分区图能够有效地呈现数据的分层结构和组织关系。选择适当的分区图布局算法通常取决于数据的结构、目标和可视化需求。在实际应用中，可以使用各种工具和库来实现这些布局算法，以便有效地可视化数据的分层结构和组织关系。

分区布局将会产生邻接的图形：一个节点链的树图的空间填充转化体。节点将被绘制为实心区域图(无论是弧还是矩形)，而不是在层次结构中绘制父子间链接；将被绘制成固定区域(弧度或者方形)，并且相对于其他节点的位置显示它们在层次结构中的位置。

这些基本元素一起构成了分区图的结构，使其能够有效地表示和传达数据的分层组织结构和关系。通过适当的设计和布局，分区图可以用于可视化各种类型的数据，从文件系统到组织结构，以及数据分类和地理信息等领域。

分区图的方法和属性如下。

- d3.layout.partition：递归地将节点树分区为旭日图或冰柱图。
- partition.children：取得或设置孩子访问器。
- partition.links：计算树节点中的父子链接。
- partition.nodes：计算分区布局并返回节点数组。
- partition.size：指定布局的尺寸。
- partition.sort：控制兄弟节点的遍历顺序。
- partition.value：取得或设置用来指定圆尺寸的值访问器。

8.9.2 分区图的布局步骤

1. 初始数据

以例8-6中定义的city.json的城市行政隶属关系数据为例子。

2. 数据转换

采用分区图的布局 partition() 转换数据。

```
var partition = d3.layout.partition()
  .sort(null)
  .size([width, height])
  .value(function(d) {  return 1;  });
```

- sort()：设置内部的顶点的排序函数，null 表示不排序。
- size()：设置转换后图形的范围，.size([width, height])定义矩形分区的宽和高，.size([2 * Math.PI, radius * radius])定义圆形分区图的弧度和半径。
- value()：设置表示分区大小的值。如果数据文件中用 size 值表示节点大小，那么这里可写成 return d.size。

接下来读取并转换数据。

```
d3.json("city_tree.json", function(error, root) {
  if (error) {  console.log(error);     }
  console.log(root);
  // 转换数据
  var nodes = partition.nodes(root);
  var links = partition.links(nodes);
```

转换后，nodes(root)中增加了以下几个属性：顶点的 x 坐标位置、顶点的 y 坐标位置、顶点的宽度 dx、顶点的高度 dy。

partition.links(nodes)给定指定的节点数组，如这些返回的节点，将返回一个对象数组，该数组表示从父到子的每个节点的链接。叶节点将不会有任何的链接。每个链接是一个对象，每个对象具有以下两个属性：

- source：父节点
- target：子节点。

3. 绘制矩形（圆形）及标签文本

```
rects.append("rect")  // 绘制矩形
    .attr("x", function(d) { return d.x; })        // 顶点的 x 坐标
    .attr("y", function(d) { return d.y; })        // 顶点的 y 坐标
    .attr("width", function(d) { return d.dx; })   // 顶点的宽度 dx
    .attr("height", function(d) { return d.dy; })  // 顶点的高度 dy
    .style("stroke", "#fff")
    .style("fill", function(d) { return color((d.children ? d : d.parent).name); })
rects.append("text")    // 绘制标签文本
    .attr("class","node_text")
    .attr("transform",function(d,i){  // 定义标签文本位置
        return "translate(" + (d.x+20) + "," + (d.y+20) + ")";        })
    .text(function(d,i) {    return d.name;}); // 显示标签文本
```

8.9.3　分区图的实例

分区图也是D3的一个布局,它常用于表示包含与被包含关系。

【例8-12】绘制中国境内几个城市的所属关系的矩形分区图,初始数据在例8-6定义的city.json中。

```html
<html>
  <head>    <meta charset="utf-8"> <title>矩形分区图</title>    </head>
<style>.node_text {font-size: 10px;text-anchor: middle;}</style>
<body>
<script src="http://d3js.org/d3.v3.min.js"></script>
<script>
var width = 600, height = 400,
    color = d3.scale.category20();
var svg = d3.select("body").append("svg")
            .attr("width", width).attr("height", height)
            .append("g");
var partition = d3.layout.partition()
                 .sort(null)
                 .size([width,height])
                 .value(function(d) { return 1; });
d3.json("city_tree.json", function(error, root) {
    if(error) console.log(error);
    console.log(root);
    var nodes = partition.nodes(root);
    var links = partition.links(nodes);
    console.log(nodes);
    var rects = svg.selectAll("g")  .data(nodes)  .enter().append("g");
    //绘制矩形和文字
    rects.append("rect")
         .attr("x", function(d) { return d.x; })      // 顶点的 x 坐标
         .attr("y", function(d) { return d.y; })      // 顶点的 y 坐标
         .attr("width", function(d) { return d.dx; })   // 顶点的宽度 dx
         .attr("height", function(d) { return d.dy; })  //顶点的高度 dy
         .style("stroke", "#fff")
         .style("fill", function(d) { return color((d.children ? d : d.parent).name); })
         .on("mouseover",function(d){d3.select(this).style("fill","yellow");})
         .on("mouseout",function(d){
            d3.select(this)   .transition().duration(200)
            .style("fill", function(d) {return color((d.children ? d : d.parent).name);});
         });
    rects.append("text")
         .attr("class","node_text")
         .attr("transform",function(d,i){
            return "translate(" + (d.x+20) + "," + (d.y+20) + ")";   })
         .text(function(d,i) {   return d.name;});   });
</script></body>  </html>
```

运行结果如图8-17所示。

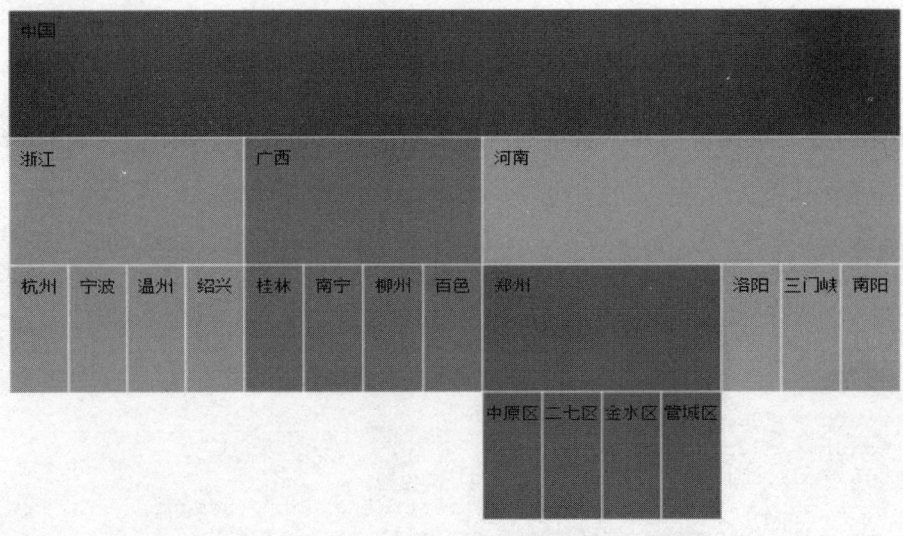

图8-17 几个城市的所属关系的矩形分区图

分区图布局既可用于制作矩形分区图,也可用于制作圆形分区图。

【例8-13】绘制中国境内几个城市的所属关系的圆形分区图。

```
var partition = d3.layout.partition()
                .sort(null)
                .size([2 * Math.PI, radius * radius])
                .value(function(d) { return 1; });
var arc = d3.svg.arc()
            .startAngle(function(d) { return d.x; })
            .endAngle(function(d) { return d.x + d.dx; })
            .innerRadius(function(d) { return Math.sqrt(d.y); })
            .outerRadius(function(d) { return Math.sqrt(d.y + d.dy); });
```

运行结果如图8-18所示。

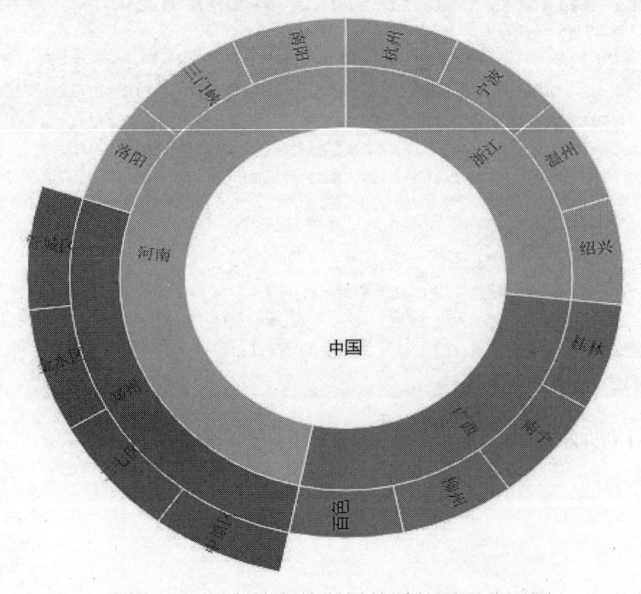

图8-18 几个城市的所属关系的圆形分区图

8.10 堆栈图

堆栈图布局能够计算二维数组每一数据层的基线,以方便将各数据层叠加起来。堆叠布局需要一个二维的数据数组,并计算基准线;这个基准线会被传到上层,以便生成一个堆叠图。它支持多个基线算法,可以用启发式的排序算法来提高感知灵敏度。

8.10.1 堆栈图布局的属性

堆叠布局可以工作在任意的二维xy坐标系空间,就像是D3的其他布局一样,包括树布局。因此,图层可以被垂直、水平叠放,或者采用其他径向的叠放。尽管图表的默认偏移是零,但是依然可以使用扭动或摆动的偏移量来绘制流图,它会尽量减少在偏移时所产生的锯齿边界。

堆栈图的方法和属性如下。

- d3.layout.stack:构造一个新的默认的堆叠布局。
- stack.offset:指定整体的基线算法。
- stack.order:控制每个系列的顺序。
- stack.out:取得或设置用于存储基线的输出函数。
- stack.values:取得或设置每个系列的值访问器函数。
- stack.x:取得或设置x维访问器函数。
- stack.y:取得或设置y维访问器函数。
- stack:计算堆叠图或面积图的基线。

8.10.2 堆栈图的布局步骤

以上一章的一个数据为例,绘制出表7-1的结果显示图(可视化图形自主定义)。该结果图具备一定交互功能,至少包括:

- 鼠标移动到每一部分时,显示注释文字并且图形改变颜色。
- 可视化图中每一部分均可拖曳分离。
- 滑动鼠标滚轮时整体图形可进行缩放。

1. 初始数据

```
var data = [
        { data: "2015", food: 504, transportation: 656, education: 878 },
        { data: "2016", food: 546, transportation: 748, education: 871 },
        { data: "2017", food: 566, transportation: 810, education: 840 },
```

```
    { data: "2018", food: 608, transportation: 812, education: 837 },
    { data: "2019", food: 640, transportation: 874, education: 830 }    ];
```

2. 数据转换

先定义一个堆栈图的布局。

```
var stack = d3.layout.stack()
    .values(function(d) {   return d.sales;   })
    .x(function(d) {   return d.year;   })
    .y(function(d) {   return d.profit;   });
```

对数据进行转换。

```
var data = stack(dataset);console.log(data);
```

要注意，转换之后原数据也会改变，因此 dataset 和 data 的值是一样的。sales 的每一项都多了两个值：y0 和 y。y0 即该层起始坐标，y 是高度。x 坐标是 year。

3. 绘制

```
bars.selectAll("rect")
        .data(function (d) { return d; })
        .enter().append("rect")
        .attr("x", function (d) { return x(d.data.data); })
        .attr("y", function (d) { return y(d[1]); })
        .attr("height", function (d) { return y(d[0]) - y(d[1]); })
        .attr("width", x.bandwidth())
```

4. 交互

```
.on("mouseover", function (d, i) { // 添加鼠标捕获
        d3.select(this)
            .attr("fill", "yellow")    })
    .on("mouseout", function (d, i) {
        d3.select(this)
            .transition()
            .duration(500)
            .attr("fill", color(d3.select(this.parentNode).datum().key));   })
    .call(d3.drag() // 添加拖曳事件
        .on("start", dragstarted)
        .on("drag", dragged)
        .on("end", dragended));
// 添加缩放事件
svg.call(d3.zoom()
    .scaleExtent([1, 5]) // 设置缩放的范围
    .on("zoom", zoomed));
function zoomed() {
    bars.attr("transform", d3.event.transform);       }
function dragstarted(d) {
    d3.select(this).raise().classed("active", true);       }
```

8.10.3 堆栈图的实例

【例8-14】绘制2015—2019年不同教育方式支出费用的堆叠图。

完整代码如下：

```
<!DOCTYPE html>
<html>
<head>    <title>堆叠图</title>
    <script src="https://d3js.org/d3.v5.min.js"></script>
    <style>  .bar { fill-opacity: 0.8; }    </style>
</head>
<body>
    <script>
        // 图表尺寸和边距
        var margin = { top: 20, right: 30, bottom: 60, left: 80 },
            width = 600 - margin.left - margin.right,
            height = 400 - margin.top - margin.bottom;
        // 创建 SVG 元素
        var svg = d3.select("#chart")
            .append("svg")
            .attr("width", width + margin.left + margin.right)
            .attr("height", height + margin.top + margin.bottom)
            .append("g")
            .attr("transform", "translate(" + margin.left + "," + margin.top + ")");
        // 数据
        var data = [
            { data: "2015", food: 504, transportation: 656, education: 878 },
            { data: "2016", food: 546, transportation: 748, education: 871 },
            { data: "2017", food: 566, transportation: 810, education: 840 },
            { data: "2018", food: 608, transportation: 812, education: 837 },
            { data: "2019", food: 640, transportation: 874, education: 830 }    ];
        // 堆叠生成器
        var stack = d3.stack()
            .keys(["food", "transportation", "education"])
            .order(d3.stackOrderNone)  .offset(d3.stackOffsetNone);
        var series = stack(data);
        // 创建比例尺
        var x = d3.scaleBand()
            .domain(data.map(function (d) { return d.data; }))
            .range([0, width])  .padding(0.1);
        var y = d3.scaleLinear()
            .domain([0, d3.max(series, function (d) {
return d3.max(d, function (d) { return d[1]; }); })])
            .range([height, 0]);
        // 创建颜色比例尺
        var color = d3.scaleOrdinal()
            .domain(["food", "transportation", "education"])
            .range(["#1f77b4", "#ff7f0e", "green"]);
        // 绘制柱状图
        var bars = svg.selectAll(".series")
            .data(series).enter().append("g").attr("class", "series")
            .attr("fill", function (d) { return color(d.key); });
        bars.selectAll("rect")
            .data(function (d) { return d; })
            .enter().append("rect")
            .attr("x", function (d) { return x(d.data.data); })
```

```
                .attr("y", function (d) { return y(d[1]); })
                .attr("height", function (d) { return y(d[0]) - y(d[1]); })
                .attr("width", x.bandwidth())
                .on("mouseover", function (d, i) { // 添加鼠标捕获
                    d3.select(this) .attr("fill", "yellow")       })
                .on("mouseout", function (d, i) {
                    d3.select(this).transition() .duration(500)
                        .attr("fill", color(d3.select(this.parentNode).datum().key)); })
                .call(d3.drag() // 添加拖曳事件
                    .on("start", dragstarted) .on("drag", dragged) .on("end", dragended));
            // 添加缩放事件
            svg.call(d3.zoom()
                .scaleExtent([1, 5]) // 设置缩放的范围
                .on("zoom", zoomed));
            function zoomed() { bars.attr("transform", d3.event.transform);      }
            function dragstarted(d) { d3.select(this).raise().classed("active", true);   }
            function dragged(d) {
                d3.select(this).attr("y", d[1] = d3.event.y)
                d3.select(this).attr("x", d[0] = d3.event.x)         }
            function dragended(d) {   d3.select(this).classed("active", false); }
            // 添加 x 轴
            svg.append("g") .attr("class", "axis")
                .attr("transform", "translate(0," + height + ")")
                .call(d3.axisBottom(x));
            // 添加 x 坐标轴标签
            svg.append("text") .attr("x", 480).attr("y", 355)
                .style("text-anchor", "middle")
                .style("font-size", "10") .text(" 日期 ");
            svg.append("rect") .attr("x", 0).attr("y", 355)
.attr("width", 50).attr("height", 50).attr("fill", "#1f77b4")
            svg.append("text")
                .attr("x", 80).attr("y", 375).style("text-anchor", "middle").
        style("font-size", "10")
                .text(" 普通高等教育 ");
            svg.append("rect").attr("x", 120) .attr("y", 355) .attr("width", 50)
.attr("height", 50) .attr("fill", "#ff7f0e")
            svg.append("text")
                .attr("x", 200) .attr("y", 375)
                .style("text-anchor", "middle").style("font-size", "10")
                .text(" 中等职业教育 ");
            svg.append("rect")
                .attr("x", 240).attr("y", 355).attr("width", 50).attr("height", 50)
                .attr("fill", "green");
            svg.append("text") .attr("x", 310).attr("y", 375)
                .style("text-anchor", "middle") .style("font-size", "10")
                .text(" 普通高中 ");
            // 添加 y 坐标轴标签
            svg.append("text")
                .attr("transform", "rotate(-90)").attr("x", -10) .attr("y", -40)
                .style("text-anchor", "middle")
                .text(" 支出 ") .style("font-size", "12");
            // 添加 y 轴
            svg.append("g") .attr("class", "axis") .call(d3.axisLeft(y));
    </script></body></html>
```

运行结果如图 8-19 所示。

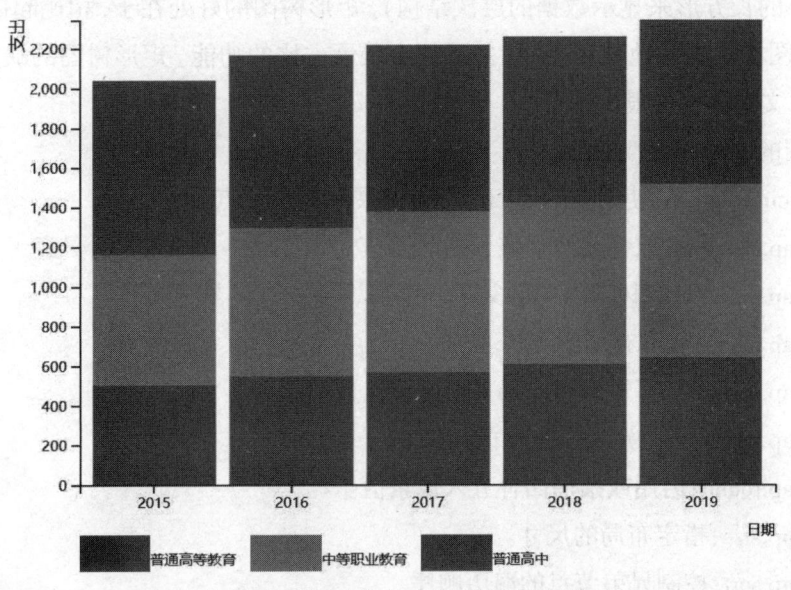

图8-19　不同教育方式支出费用的堆叠图

8.11　矩阵树图

矩形树图也叫矩形式树状结构图,简称矩形树图或树图,最先由Ben Shneiderman在1991年提出,它采用多组面积不等的矩形嵌套而成。矩阵树图也是层级布局的扩展,根据数据将区域划分为矩形的集合。矩形的大小和颜色都是数据的反映。矩形树图会递归地对一块矩形区域进行切分,以达到层级展示的效果。正如分区布局中,每个节点的大小都是显而易见的。正方化的矩形树图使用近正方的矩形,因此相比于传统的切块或切片图,具有更好的可读性和节点大小易读性。

8.11.1　矩阵树图布局的属性

矩形式树状结构图是一种有效的实现层次结构可视化的图表结构。在矩形树图中,各个小矩形的面积表示每个子节点的大小,矩形面积越大,表示子节点在父节点中的占比越大,整个矩形的面积之和表示整个父节点。通过矩形树图及其钻取情况,我们可以很清晰地知道数据的全局层级结构和每个层级的详情。

矩形树图将层次结构(树状结构)的数据显示为一组嵌套矩形。树的每个分支都有一个矩形,然后用代表子分支的较小矩形平铺。叶子节点的矩形面积与数据占比成比例。通常,叶节点会用不同的颜色来显示数据的关联维度。

矩形树图适合展现具有层级关系的数据,能够直观体现同级之间的比较(矩形树图使用不同颜色和大小的长方形来显示数据的层次结构)。矩形树图的好处在于,相比起传统的树形结构图,矩形树图能更有效地利用空间,并且拥有展示占比的功能。矩形树图的缺点在于,当分类占比太小时文本会变得很难排布。

矩形树图的方法和属性如下。

- d3.layout.treemap:使用空间递归分区算法展示树的节点。
- treemap.children:取得或设置孩子访问器。
- treemap.links:计算树节点中的父子链接。
- treemap.mode:改变布局的算法。
- treemap.nodes:计算矩形树布局并返回节点数组。
- treemap.padding:指定父子之间的间距。
- treemap.round:启用或禁用四舍五入像素值。
- treemap.size:指定布局的尺寸。
- treemap.sort:控制兄弟节点的遍历顺序。
- treemap.sticky:让布局对稳定的更新是粘滞的。
- treemap.value:取得或设置用来指定矩形树中矩形单元尺寸的值访问器。

8.11.2 矩阵树图的布局步骤

1. 初始数据 city.json

我国部分城市的 GDP 数据如表 8-2 所示。

表 8-2 我国部分城市的 GDP 数据情况

城市	广州	深圳	佛山	东莞	中山	南京
GDP	10652	11008	3869	4475	1989	3703
城市	南通	无锡	杭州	宁波	温州	绍兴
GDP	1299	2074	12556.16	9846.94	5453.17	5108.04
城市	长沙	衡阳	岳阳	赣州	九江	苏州
GDP	5060	1215	1508	1323	893	2477

2. 数据转换

创建一个矩阵树图布局,尺寸设置为[width, height],即 SVG 画布的尺寸,值访问器设定为 gdp,代码如下:

```
var treemap = d3.layout .treemap()
  .size([width, height])
  .value(function(d) {   return d.gdp;  });
  // 转换数据
  var nodes = treemap.nodes(root);
  var links = treemap.links(nodes);
```

其中，treemap.nodes(root)运行树形图布局，返回与指定根节点相关的节点数组。树状图布局是D3家族分层布局的一部分。这些布局遵循相同的基本结构：布局的输入参数是层次结构的根节点，输出的返回值是一个代表所有节点计算出的位置的数组。每个节点还有一些属性。

- parent：父节点，或根是null。
- children：子节点的数组，或叶节点是null。
- value：节点的值，通过值访问器返回。
- depth：节点的深度，根从0开始。
- x：节点位置的最小横坐标。
- y：节点位置的最小纵坐标。
- dx：节点位置的x轴宽。
- dy：节点位置的y轴宽。

虽然布局有x和y尺寸，但是这表示一个任意的坐标系统。例如，可以x为半径、y为角度产生辐射状而不是直角的布局。在直角方向，x、y、dx和dy对应于SVG矩形元素的x、y、"宽度"和"高度"属性。

treemap.links(nodes)给定指定的节点数组，如这些返回的节点，将返回一个对象数组代表从父到子节点的链接。叶节点将不会有任何链接。每一个关系都是有两个属性的对象。

- source：父节点(如上所述)。
- target：子节点。

这种方法是有用的，可用于检索一组适合于显示的链接描述，经常与对角线形状发生器一起使用。例如：

```
svg.selectAll("path")
    .data(partition.links(nodes))
    .enter().append("path")
    .attr("d", d3.svg.diagonal());
```

各连线对象都包含有source和target，分别是连线的两端。

3. 绘制矩形和文本

```
var rects = groups
        .append("rect")
        .attr("class", "nodeRect")
        .attr("x", function(d) {  return d.x;  })
        .attr("y", function(d) {  return d.y;  })
        .attr("width", function(d) {  return d.dx;  })
        .attr("height", function(d) {  return d.dy;  })
        .style("fill", function(d, i) { return color(i);  });
    var texts = groups
        .append("text")
        .attr("class", "nodeName")
        .attr("x", function(d) {  return d.x;  })
```

```
            .attr("y", function(d) {   return d.y;   })
            .attr("dx", "0.5em")
            .attr("dy", "1.5em")
            .text(function(d) {   return d.name;   });     });
```

8.11.3 矩阵树图的实例

【例8-15】绘制中国境内几个城市的矩阵树图。

完整代码如下:

```
<!DOCTYPE html>
<html lang="en">
  <head>
    <meta charset="UTF-8" />
    <meta name="viewport" content="width=device-width, initial-scale=1.0" />
    <meta http-equiv="X-UA-Compatible" content="ie=edge" />
    <title>D3.js 进阶篇: 矩阵树图 </title>
    <style>
      .nodeRect { stroke: white;    stroke-width: 1px;         }
      .nodeName { fill: black; font-size: 10px; font-family: simsun;    }
    </style> </head>
<body>
    <script src="http://d3js.org/d3.v3.min.js"></script>
    <script>
      // 画布大小
      var width = 500;     var height = 300;
      var color = d3.scale.category20c();
      var svg = d3 .select("body")
        .append("svg") .attr("width", width) .attr("height", height)
        .append("g");
      // 定义一个矩阵树图的布局
      var treemap = d3.layout
        .treemap() .size([width, height])
        .value(function(d) {
          return d.gdp;       });
      d3.json("city.json", function(error, root) {
        if (error) {   console.log(error);       }
        console.log(root);
    // 转换数据
        var nodes = treemap.nodes(root);
        var links = treemap.links(nodes);
        console.log(nodes);    console.log(links);
    // 绘制图形
        var groups = svg .selectAll("g")
          .data( nodes.filter(function(d) {   return !d.children;   }) )
          .enter() .append("g");
        var rects = groups
          .append("rect")
          .attr("class", "nodeRect")
          .attr("x", function(d) {   return d.x;   })
          .attr("y", function(d) {   return d.y;   })
          .attr("width", function(d) {   return d.dx;   })
          .attr("height", function(d) {   return d.dy;   })
          .style("fill", function(d, i) {   return color(i);   });
```

```
            var texts = groups
                .append("text")
                .attr("class", "nodeName")
                .attr("x", function(d) {  return d.x;  })
                .attr("y", function(d) {  return d.y;  })
                .attr("dx", "0.5em")
                .attr("dy", "1.5em")
                .text(function(d) {  return d.name;  });     });
</script></body></html>
```

运行结果如图8-20所示。

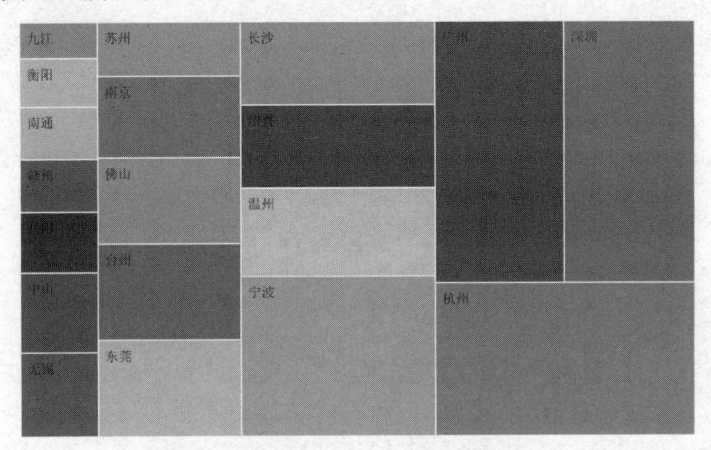

图8-20 中国境内几个城市的矩阵树图

【例8-16】有包含关系的矩阵树图。

城市GDP数据结构表示为带有行政隶属关系的初始数据文件city_gdp.json，代码如下：

```
{ "name": "中国",
  "children": [ { "name": "广东", "children": [
      { "name": "广州",   "gdp": 21503.15 }, { "name": "深圳",   "gdp": 22438.39},
      { "name": "佛山",   "gdp": 9549.6 },  { "name": "东莞",   "gdp": 7582.12},
      { "name": "惠州",   "gdp": 3830.58 }, { "name": "中山",   "gdp": 3450.31 }]},
    { "name": "江苏",    "children": [
      { "name": "南京",   "gdp": 11715.1 }, { "name": "苏州",   "gdp": 17319.51},
      { "name": "无锡",   "gdp": 10511.8 }, { "name": "南通",   "gdp": 7734.64 },
      { "name": "常州",   "gdp": 6622.28}, { "name": "徐州",   "gdp": 6605.95},
      { "name": "盐城",   "gdp": 5082.69}, { "name": "扬州",   "gdp": 5064.92},
      { "name": "泰州",   "gdp": 4744.53}, { "name": "镇江",   "gdp": 4105.36},
      { "name": "淮安",   "gdp": 3387.43},{ "name": "连云港",   "gdp": 2640.31 },
      { "name": "宿迁",    "gdp": 2610.94}]},
    { "name": "浙江",    "children": [
      { "name": "杭州", "gdp": 12556.16}, { "name": "宁波",  "gdp": 9846.94},
      { "name": "温州", "gdp": 5453.17},  { "name": "绍兴", "gdp": 5108.04},
      { "name": "台州", "gdp": 4388.22},  { "name": "嘉兴", "gdp": 4355.24},
      { "name": "金华", "gdp": 3870.22},  { "name": "湖州", "gdp": 2476.13},
      {"name": "衢州", "gdp": 1380 },  { "name": "丽水", "gdp": 1298.2} ] } ]
```

绘制有行政隶属关系的矩阵树图，同一省份以相同颜色显示，完整代码如下：

```
<!DOCTYPE html>
<html lang="en">
```

```html
<head>
  <meta charset="UTF-8" />
  <meta name="viewport" content="width=device-width, initial-scale=1.0" />
  <meta http-equiv="X-UA-Compatible" content="ie=edge" />
  <title>D3.js 进阶篇：矩阵树图</title>
  <style>
    .nodeRect {stroke: white; stroke-width: 1px;  }
    .nodeName {fill: white; font-size: 10px; font-family: simsun;     }
  </style> </head>
<body>
  <script src="http://d3js.org/d3.v3.min.js"></script>
  <script>
    // 画布大小
    var width = 500;  var height = 300;
    var color = d3.scale.category10();
    var svg = d3 .select("body")
      .append("svg") .attr("width", width) .attr("height", height)
      .append("g");
    // 定义一个矩阵树图的布局
    var treemap = d3.layout .treemap()
                .size([width, height])
                .value(function(d) {  return d.gdp;     });
    d3.json("city_gdp.json", function(error, root) {
      if (error) {  console.log(error);   }
      console.log(root);
      // 转换数据
      var nodes = treemap.nodes(root); var links = treemap.links(nodes);
      console.log(nodes); console.log(links);
      // 绘制图形
      var groups = svg.selectAll("g")
        .data( nodes.filter(function(d) {  return !d.children;   }) )
        .enter()
        .append("g");
      var rects = groups.append("rect")
        .attr("class", "nodeRect")
        .attr("x", function(d) {  return d.x;      })
        .attr("y", function(d) {  return d.y;      })
        .attr("width", function(d) {  return d.dx;  })
        .attr("height", function(d) {  return d.dy;  })
        .style("fill", function(d, i) {  return color(d.parent.name);   });
      var texts = groups.append("text")
        .attr("class", "nodeName")
        .attr("x", function(d) {  return d.x;      })
        .attr("y", function(d) {  return d.y;      })
        .attr("dx", "0.5em")
        .attr("dy", "1.5em")
        .text(function(d) {   return d.name;    });  });
  </script> </body> </html>
```

运行结果如图 8-21 所示。

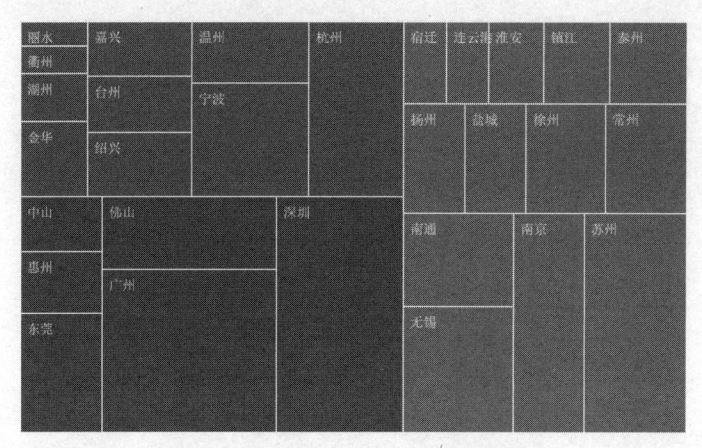

图8-21　有行政隶属关系的矩阵树图

本章小结

可视化布局设计是关于如何将数据和信息安排在图形中，以便获得清晰、有序和易于理解的视觉呈现。本章结合实例讲解了力导图、饼状图、弦图、树状图等11种布局设计，通过合理的布局设计，可以改善可视化图表的可读性、清晰性和美观性。可视化布局设计是数据可视化中不可或缺的关键步骤，在数据分析、社交网络分析、生物信息学、地理信息系统、组织结构图、网络流量分析、信息检索、金融分析、医疗和健康、教育和培训等各个领域都有广泛的应用。

参 考 文 献

[1] 樊银亭,夏敏捷.数据可视化原理及应用.北京:清华大学出版社,2019.

[2] 王珊珊,梁同乐,马梦成,王浩.大数据可视化.北京:清华大学出版社,2021.

[3] 吕云翔.大数据可视化技术.北京:人民邮电出版社,2021.

[4] 吕之华.精通D3.js(第2版).北京:电子工业出版社,2017.

[5] 芯智.Python数据可视化:科技图表绘制.北京:清华大学出版社,2024.

[6] 范路桥,张良均.Web数据可视化(ECharts版).北京:人民邮电出版社,2021.

[7] 李伊.数据可视化.北京:首都经济贸易大学出版社,2020.

[8] 雷元.数据可视化原理与实战——基于Power BI.北京:清华大学出版社,2022.

[9] 黄源,蒋文豪,徐受蓉,贾雯静,王宇晓,王力.大数据可视化技术与应用.北京:清华大学出版社,2020.

[10] 陈为.数据可视化.北京:电子工业出版社,2013.